数值线性代数

（MATLAB 版）

马昌凤　柯艺芬　编著

科 学 出 版 社

北　京

内 容 简 介

本书较为系统地介绍了数值线性代数的基本理论、方法及其主要算法的MATLAB 程序实现. 全书共 7 章, 内容包括数值线性代数理论基础、正交变换和 Krylov 子空间、解线性方程组的矩阵分裂迭代法、解线性方程组的子空间方法、解线性方程组的矩阵分解法、线性最小二乘问题的数值解法和矩阵特征值问题的数值方法. 书中配有丰富的例题和习题, 可供学习者使用. 本书既注意保持理论分析的严谨性, 又注重计算方法的实用性, 强调算法的 MATLAB 程序在计算机上的实现. 扫描书后的二维码可获取配套的全部算法的 MATLAB 程序.

本书内容新颖, 叙述流畅, 可作为高等学校数学与应用数学和信息与计算科学专业高年级本科生教材, 特别适合作为计算数学专业研究生 "数值线性代数" 课程的教材或参考书, 也可供理工科其他有关专业的研究生和对数值代数与算法感兴趣的工程技术人员参考使用.

图书在版编目(CIP)数据

数值线性代数：MATLAB 版/马昌凤，柯艺芬编著. —北京：科学出版社，2023.7

ISBN 978-7-03-075808-8

Ⅰ. ①数…　Ⅱ. ①马…　②柯…　Ⅲ. ①Matlab 软件–应用–线性代数计算法　Ⅳ. ①O241.6-39

中国国家版本馆 CIP 数据核字(2023)第 106562 号

责任编辑: 姚莉丽　范培培 / 责任校对: 杨聪敏
责任印制: 张　伟 / 封面设计: 陈　敬

科学出版社 出版
北京东黄城根北街 16 号
邮政编码：100717
http://www.sciencep.com
北京虎彩文化传播有限公司 印刷
科学出版社发行　各地新华书店经销
*
2023 年 7 月第　一　版　开本: 720 × 1000　1/16
2024 年 1 月第二次印刷　印张: 15 1/4
字数：307 000
定价: 59.00 元
(如有印装质量问题，我社负责调换)

前 言

数值线性代数是研究代数问题 (线性方程组、最小二乘问题和矩阵特征值问题) 的数值计算方法及其有关理论的一门学科. 可以说科学与工程计算领域的相当一部分应用问题最终都会归结为求解线性代数方程组或计算矩阵的特征值和特征向量. 数值线性代数是一门理论性和实际应用性都很强的课程, 并且随着计算机技术的发展, 能够进行数值计算的实际问题的规模不断增大, 相应的数值方法也在不断地改进和创新. 因此, 对于从事科学计算的大学生、研究生甚至工程技术人员来说, 系统地了解和掌握数值代数的基本理论和方法, 特别是新近发展起来且较为成熟的新型算法是非常重要的.

党的二十大报告指出:“教育、科技、人才是全面建设社会主义现代化国家的基础性、战略性支撑.” 而科学与工程计算能力日益成为现代科技人才的基本能力和基本素养. 鉴于数值线性代数在科学与工程计算中的重要地位, 编写一本符合当前实际需要的该类教材显得十分必要.

本书系统地介绍了数值线性代数的三大分支: 线性代数方程组、线性最小二乘法和矩阵特征值问题. 内容包括数值线性代数理论基础、正交变换和 Krylov 子空间、解线性方程组的矩阵分裂迭代法、解线性方程组的子空间方法、解线性方程组的矩阵分解法、线性最小二乘问题的数值解法和矩阵特征值问题的数值方法等. 本书对所讨论的方法, 除对其收敛性有较详尽的论述外, 还特别注重这些算法的 MATLAB 程序在计算机上的实现. 本书可作为高等学校数学与应用数学和信息与计算科学专业高年级本科生教材, 特别适合作为计算数学专业研究生“数值线性代数” 课程的教材或参考书, 也可供理工科其他有关专业的研究生和对数值代数与算法感兴趣的工程技术人员参考使用. 读者只需具备微积分、线性代数和 MATLAB 程序设计方面的初步知识即可顺利阅读.

本书各章节的主要算法都给出了 MATLAB 程序及相应的计算实例. 为了更好地配合教学或自学, 作者编制了与本书配套的全部算法的 MATLAB 程序, 需要的读者可扫描书后的二维码获取.

本书的出版得到福建师范大学研究生教材出版基金项目资助及福州外语外贸学院大数据学院的人力物力支持, 作者在此表示衷心的感谢.

由于编写时间和作者水平的限制, 书中难免出现疏漏, 殷切希望老师和同学们批评指正并提出宝贵建议. 读者来信请发至电子邮箱: macf@fjnu.edu.cn.

作 者

2023 年 1 月

目　　录

第 1 章　绪　　论

本章主要介绍后面章节中需要用到的一些矩阵代数基础知识, 并介绍几种常用的矩阵分解, 所有的结论都是述而不证.

1.1　概念和记号

本书引用下列记号. 用 $\mathbf{C}^n\,(\mathbf{R}^n)$ 表示 n 维复 (实) 向量空间, $\mathbf{C}^{m\times n}$ $(\mathbf{R}^{m\times n})$ 表示 $m\times n$ 复 (实) 矩阵空间, $\mathbf{C}_r^{m\times n}$ $(\mathbf{R}_r^{m\times n})$ 表示秩为 r 的 $m\times n$ 复 (实) 矩阵集合. 对于任意的矩阵 $A\in\mathbf{C}^{n\times n}$, $A^{\mathrm{T}}, A^*, A^{-1}$ 分别表示矩阵 A 的转置矩阵、共轭转置矩阵和逆矩阵. 对于任意的向量 $x,y\in\mathbf{C}^n$, 用 $(x,y):=y^*x$ 表示 x 和 y 的欧几里得内积.

1. 特征值与特征向量

设 $A\in\mathbf{C}^{n\times n}$. 若存在数 $\lambda\in\mathbf{C}$ 和非零向量 $x\in\mathbf{C}^n$ 使得

$$Ax=\lambda x,$$

则称 λ 为 A 的特征值, x 为 A 属于 λ 的特征向量.

因此, λ 是 A 的特征值当且仅当 $\det(\lambda I-A)=0$. 我们称 $p(\lambda)=\det(\lambda I-A)$ 为 A 的特征多项式.

2. 最小多项式

如果 A 有 r 个互不相同的特征值 $\lambda_1,\lambda_2,\cdots,\lambda_r$, 则 A 的特征多项式可表示为

$$\det(\lambda I-A)=(\lambda-\lambda_1)^{n_1}(\lambda-\lambda_2)^{n_2}\cdots(\lambda-\lambda_r)^{n_r},$$

称 n_i 为 λ_i 的代数重数. 记 $\gamma_i=n-\mathrm{rank}(\lambda_i I-A)$, 称 γ_i 为 λ_i 的几何重数, 它表示属于 λ_i 的线性无关特征向量的个数, 满足 $1\leqslant\gamma_i\leqslant n_i$. 若 $n_i=1$, 则称 λ_i 为 A 的简单特征值. 若 $\gamma_i=n_i$, 则称 λ_i 为 A 的半简单特征值. 显然, 简单特征值必为半简单特征值. 满足 $p(A)=O$ 的首项系数为 1 且次数最低的多项式 $p(\lambda)$ 称为 A 的最小多项式. 可以证明, A 的最小多项式具有下列形式, 即

$$p(\lambda)=(\lambda-\lambda_1)^{l_1}(\lambda-\lambda_2)^{l_2}\cdots(\lambda-\lambda_r)^{l_r},\quad 1\leqslant l_i\leqslant n_i,\quad i=1,2,\cdots,r.$$

3. 酉矩阵与正交矩阵

若矩阵 $A \in \mathbf{C}^{n\times n}$ 满足 $A^*A = I$, 则称为酉矩阵. 实的酉矩阵称为正交矩阵, 即 A 满足 $A^{\mathrm{T}}A = I$.

显然有, 酉矩阵 A 的逆矩阵为 $A^{-1} = A^*$, 正交矩阵 A 的逆矩阵为 $A^{-1} = A^{\mathrm{T}}$. 此外, 酉矩阵还具有下列性质.

(1) 设 $U, V \in \mathbf{C}^{n\times n}$ 是酉矩阵, 则 $|\det(U)| = 1$, 且 U^{-1} 和 UV 也是酉矩阵.

(2) $U \in \mathbf{C}^{n\times n}$ 是酉矩阵的充分必要条件是 U 的列向量是两两正交的单位向量.

设 $A, B \in \mathbf{C}^{n\times n}$. 若存在非奇异矩阵 P 使得 $A = P^{-1}BP$, 则称 A 与 B 相似. 若 P 为酉矩阵, 则称 A 与 B 为酉相似. 若 P 为正交矩阵, 则称 A 与 B 为正交相似.

显然, 相似矩阵有相同的特征多项式, 因而有相同的特征值.

4. 正规矩阵

设 $A \in \mathbf{C}^{n\times n}$. ① 若 $A^*A = AA^*$, 则称 A 为正规矩阵. ② 若 $A^* = A$, 则称 A 为 Hermite 矩阵. ③ 实的 Hermite 矩阵称为实对称矩阵, 即 A 满足 $A^{\mathrm{T}} = A$. ④ 若 A 满足 $A^* = -A$, 则称 A 为反 Hermite 矩阵. ⑤ 实的反 Hermite 矩阵称为反对称矩阵, 即 A 满足 $A^{\mathrm{T}} = -A$.

容易验证, 酉矩阵、正交矩阵、Hermite 矩阵、反 Hermite 矩阵、实对称矩阵、反对称矩阵都是正规矩阵.

根据反对称矩阵的定义, 容易证明反对称矩阵 $A = (a_{ij}) \in \mathbf{R}^{n\times n}$ 具有下列性质:

(1) $a_{ii} = 0, i = 1, 2, \cdots, n$.

(2) 不存在奇数阶非奇异反对称矩阵.

(3) A 的特征值只能是 0 或纯虚数.

此外, 注意到, 若 $A \in \mathbf{C}^{n\times n}$ 为反 Hermite 矩阵, 则其对角元为 0 或纯虚数, 其特征值也只能是 0 或纯虚数.

5. 正定矩阵与半正定矩阵

设 $A \in \mathbf{R}^{n\times n}$. 若对任意的非零向量 $x \in \mathbf{R}^n$ 有 $(Ax, x) > 0\ (\geqslant 0)$, 则称 A 为 (实) 正定矩阵 (半正定矩阵). 若 A 还是对称的, 则称为 (实) 对称正定矩阵 (对称半正定矩阵).

不难推得, 对称矩阵的特征值均为实数. 对称正定矩阵 (对称半正定矩阵) 的特征值均为正数 (非负数). 此外, 若记

$$H = \frac{1}{2}(A + A^{\mathrm{T}}), \quad S = \frac{1}{2}(A - A^{\mathrm{T}}),$$

分别称为 A 的对称部分和反对称部分, 则显然对任意的矩阵 $A \in \mathbf{R}^{n\times n}$ 都可唯一地分裂为

$$A = H + S,$$

称为矩阵 A 的对称–反对称分裂.

正定 (或半正定) 的一个重要性质是: $A \in \mathbf{R}^{n\times n}$ 正定 (或半正定) 的充分必要条件是其对称部分 H 对称正定 (或对称半正定).

6. 置换矩阵

设 $i_1, i_2, \cdots, i_n$ 是 $1, 2, \cdots, n$ 的一个排列, 以 n 阶单位矩阵 I_n 的 n 个列向量

$$e_1 = (1, 0, \cdots, 0)^{\mathrm{T}}, e_2 = (0, 1, \cdots, 0)^{\mathrm{T}}, \cdots, e_n = (0, 0, \cdots, 1)^{\mathrm{T}}$$

为列构成的 n 阶矩阵 $P = [e_{i_1}, e_{i_2}, \cdots, e_{i_n}]$, 称为置换矩阵或排列矩阵.

例如

$$P = [e_3, e_1, e_2] = \begin{bmatrix} 0 & 1 & 0 \\ 0 & 0 & 1 \\ 1 & 0 & 0 \end{bmatrix}$$

是一个 3 阶置换矩阵.

置换矩阵具有如下性质:

(1) 置换矩阵的转置仍是置换矩阵.

(2) 置换矩阵是正交矩阵.

(3) 设 $A \in \mathbf{C}^{n\times n}$, $P = [e_{i_1}, e_{i_2}, \cdots, e_{i_n}]$, 则 $P^{\mathrm{T}}A$ 是将 A 按 $i_1, i_2, \cdots, i_n$ 行重新排列所得到的矩阵, AP 是将 A 按 $i_1, i_2, \cdots, i_n$ 列重新排列得到的矩阵.

7. 合同矩阵

设 $A, B \in \mathbf{C}^{n\times n}$. 如果存在 n 阶非奇异矩阵 C, 使得

(1) $B = C^{\mathrm{T}}AC$, 则称 A 与 B 为 T-合同.

(2) $B = C^*AC$, 则称 A 与 B 为 $*$-合同.

显然, 这两个合同概念具有密切的联系. 当 C 是实矩阵时, T-合同和 $*$-合同是一致的. 此外, 容易证明, T-合同和 $*$-合同都是等价关系.

利用合同的定义还可以得到:

(1) 如果 A 是 Hermite 矩阵, 则 C^*AC 也是 Hermite 矩阵 (即使 C 是奇异矩阵).

(2) 如果 A 是对称矩阵 (不一定是实矩阵), 则 $C^{\mathrm{T}}AC$ 也是对称矩阵.

(3) 如果 A 是 Hermite 正定 (半正定) 矩阵, 则 C^*AC 也是 Hermite 正定 (半正定) 矩阵.

(4) 如果 A 是对称正定 (半正定) 矩阵, 则 $C^{\mathrm{T}}AC$ 也是对称正定 (半正定) 矩阵.

8. Schur 补

对于 2×2 分块矩阵

$$A=\begin{bmatrix} A_{11} & A_{12} \\ A_{21} & A_{22} \end{bmatrix}, \tag{1.1}$$

当 A_{11} 可逆时, 称 $A_{22}-A_{21}A_{11}^{-1}A_{12}$ 为 A 关于 A_{11} 的 Schur 补, 记为 A/A_{11}. 当 A_{22} 可逆时, 称 $A_{11}-A_{12}A_{22}^{-1}A_{21}$ 为 A 关于 A_{22} 的 Schur 补, 记为 A/A_{22}.

定理 1.1 设 A 具有式 (1.1) 的分块形式, 且 A_{11} 可逆, 则

(1) $\det(A)=\det(A_{11})\det(A/A_{11})$.

(2) $\operatorname{rank}(A)=\operatorname{rank}(A_{11})+\operatorname{rank}(A/A_{11})$.

由定理 1.1 立即可得下面的结论.

推论 1.1 设 A 具有式 (1.1) 的分块形式, 且 A_{22} 可逆, 则

(1) $\det(A)=\det(A_{22})\det(A/A_{22})$.

(2) $\operatorname{rank}(A)=\operatorname{rank}(A_{22})+\operatorname{rank}(A/A_{22})$.

推论 1.2 设

$$A=\begin{bmatrix} A_{11} & A_{12} \\ A_{21} & A_{22} \end{bmatrix}$$

是 Hermite 矩阵, A 关于 A_{11} 的 Schur 补 $A/A_{11}=A_{22}-A_{21}A_{11}^{-1}A_{12}$, 则

(1) A 正定当且仅当 A_{11} 及 A/A_{11} 均正定.

(2) 若 A_{11} 正定, 则 A 正定当且仅当 A/A_{11} 正定.

1.2 几种常见的矩阵分解

矩阵分解是指将一个矩阵分解为比较简单或对其性质比较熟悉的若干个矩阵的乘积. 下面介绍几种常见的矩阵分解.

1. 矩阵的特征分解

矩阵的特征分解也称为谱分解, 是将矩阵分解为由其特征值和特征向量表示的矩阵乘积的方法. 需要注意的是只有可对角化的矩阵才存在特征分解.

设 $A \in \mathbf{C}^{n\times n}$ 有 n 个线性无关的特征向量 $q_i\,(i=1,2,\cdots,n)$, 则 A 可以被分解为

$$A = Q\Lambda Q^{-1}, \tag{1.2}$$

式中, $\Lambda = \mathrm{diag}(\lambda_1,\lambda_2,\cdots,\lambda_n)$, $\lambda_i(i=1,2,\cdots,n)$ 为 A 的特征值; Q 为 n 阶方阵, 且其第 i 列为 A 的特征向量 q_i.

一般来说, 特征向量 $q_i\,(i=1,2,\cdots,n)$ 通常被正交单位化, 此时 Q 为酉矩阵. 因此可以通过特征分解来求矩阵的逆. 若矩阵 A 可被特征分解并且特征值中不含零, 则矩阵 A 为非奇异矩阵, 且其逆矩阵可以由下式给出:

$$A^{-1} = Q\Lambda^{-1}Q^{-1} = Q\Lambda^{-1}Q^{*}, \tag{1.3}$$

这里 Q^* 是 Q 共轭转置矩阵. 因为 Λ 为对角矩阵, 其逆矩阵容易计算出:

$$\Lambda^{-1} = \mathrm{diag}(\lambda_1^{-1},\lambda_2^{-1},\cdots,\lambda_n^{-1}).$$

由于任意的 n 阶实对称矩阵 A 都有 n 个线性无关的特征向量, 并且这些特征向量都可以正交单位化而得到一组正交且模为 1 的向量. 故实对称矩阵 A 可被分解成

$$A = Q\Lambda Q^{\mathrm{T}},$$

式中, Q 为正交矩阵; Λ 为实对角矩阵.

类似地, 设 $A \in \mathbf{C}^{n\times n}$ 为正规矩阵, 由于正规矩阵是可对角化的, 故其具有一组标准正交特征向量基, 因此可被分解成

$$A = U\Lambda U^{*},$$

式中, U 为酉矩阵. 进一步地, 若 A 是 Hermite 矩阵, 那么对角矩阵 Λ 的对角元全为实数. 若 A 是酉矩阵, 则 Λ 的所有对角元在复平面的单位圆上取得.

利用矩阵的特征分解, 可以证明下面的定理.

定理 1.2 设 $A \in \mathbf{C}^{n\times n}$ 为 Hermite 正定 (半正定) 矩阵, 则存在唯一的 Hermite 正定 (半正定) 矩阵 B 使得

$$A = B^2. \tag{1.4}$$

称这样定义的矩阵 B 为矩阵 A 的平方根矩阵, 常记为 $A^{1/2}$.

2. 矩阵的 Schur 分解

矩阵的 Schur 分解在理论上十分重要, 它是许多重要定理证明的出发点. 如矩阵论中极为重要的 Cayley-Hamilton (凯莱–哈密顿) 定理, 就可以利用矩阵的 Schur 分解定理进行简洁而优美的证明.

定理 1.3 (Schur 分解定理) 设 $A \in \mathbf{C}^{n\times n}$, 则存在酉矩阵 $P \in \mathbf{C}^{n\times n}$ 使得

$$P^*AP = T,$$

式中, T 为上三角矩阵, 其对角元素是 A 的特征值, 而且可以选取 P 使得 T 的对角元能够任意排列.

推论 1.3 设 $A \in \mathbf{R}^{n\times n}$ 的特征值都是实数, 则 A 正交相似于上三角矩阵.

设多项式

$$f(\lambda) = b_0\lambda^m + b_1\lambda^{m-1} + \cdots + b_{m-1}\lambda + b_m,$$

对于 n 阶矩阵 A, 定义矩阵多项式

$$f(A) = b_0A^m + b_1A^{m-1} + \cdots + b_{m-1}A + b_mI,$$

式中, I 为单位矩阵. 如果 $f(A) = O$, 那么称 A 为 $f(\lambda)$ 的矩阵根.

利用矩阵的 Schur 分解可以证明著名的 Cayley-Hamilton 定理.

定理 1.4 (Cayley-Hamilton 定理) 设 $A \in \mathbf{C}^{n\times n}$, $p(\lambda) = \det(\lambda I - A)$, 则 $p(A) = O$, 即矩阵 A 的特征多项式是它的零化多项式.

利用定理 1.3 和推论 1.3, 可以导出矩阵酉 (正交) 相似于对角矩阵的充要条件.

定理 1.5 矩阵 $A \in \mathbf{C}^{n\times n}$ 酉相似于对角矩阵当且仅当 A 是正规矩阵, 即 $A^*A = AA^*$. 换言之, 正规矩阵一定可对角化.

推论 1.4 设 $A \in \mathbf{R}^{n\times n}$ 的 n 个特征值都是实数, 则 A 正交相似于对角矩阵的充要条件是 $A^{\mathrm{T}}A = AA^{\mathrm{T}}$.

推论 1.5 设 $A \in \mathbf{C}^{n\times n}$ 为正规矩阵, λ 是 A 的特征值, x 是对应的特征向量, 则 $\overline{\lambda}$ 是 A^* 的特征值, $\overline{\lambda}$ 对应的特征向量仍然是 x.

推论 1.6 设 $A \in \mathbf{C}^{n\times n}$ 为正规矩阵, λ, μ 是 A 的特征值, x, y 是对应的特征向量. 如果 $\lambda \neq \mu$, 则 x 与 y 正交, 即 $y^*x = 0$.

推论 1.7 设 $A \in \mathbf{C}^{n\times n}$, 则 A 酉相似于实对角矩阵的充要条件是 A 为 Hermite 矩阵.

推论 1.8 设 $A \in \mathbf{C}^{n\times n}$ 是反 Hermite 矩阵, 则存在 n 阶酉矩阵 U 使得

$$U^*AU = \mathrm{diag}(\mathrm{i}b_1, \mathrm{i}b_2, \cdots, \mathrm{i}b_n),$$

式中, $b_i\,(i = 1, 2, \cdots, n)$ 为实数.

下面介绍两个 n 阶实对称矩阵“同时”相似于对角矩阵的问题.

定理 1.6 设 A 和 B 都是 n 阶实对称矩阵, 则存在正交矩阵 P, 使得 $P^{\mathrm{T}}AP$ 和 $P^{\mathrm{T}}BP$ 都是对角矩阵的充要条件是 $AB = BA$.

定理 1.6 给出了两个实对称矩阵“同时”正交相似于对角矩阵的充要条件, 下面再给出两个 Hermite 矩阵“同时”合同于对角矩阵的充分条件.

定理 1.7 设 A 和 B 都是 n 阶 Hermite 矩阵, 且 B 为正定矩阵, 则存在可逆矩阵 P, 使得 P^*AP 和 P^*BP 都是对角矩阵.

3. 矩阵的奇异值分解

矩阵的奇异值分解在理论上和实际应用中都十分重要. 特别地, 它已成为信息处理、多元统计分析等工程技术领域中不可缺少的工具. 由 Schur 分解定理可知, 任一方阵用酉相似变换只能约化为上三角矩阵, 不能约化为对角矩阵. 而奇异值分解定理表明: 用两个酉矩阵乘到一个矩阵 A 的两边就可以变为对角矩阵. 奇异值分解常用于奇异的或数值上非常接近奇异的矩阵计算. 它不仅能判断矩阵是否接近奇异, 而且也用于数值求解.

对于任意的 $A \in \mathbf{C}^{m\times n}$, 容易验证:

(1) A^*A 是 Hermite (半) 正定矩阵.

(2) 齐次线性方程组 $Ax=0$ 与 $A^*Ax=0$ 同解.

(3) $\operatorname{rank}(A^*A)=\operatorname{rank}(A)$.

(4) $A^*A=O \Longleftrightarrow A=O$.

定义 1.1 设 $A \in \mathbf{C}_r^{m\times n}(r \geqslant 1)$, 记 Hermite 矩阵 A^*A 的 n 个特征值为 $\lambda_1 \geqslant \lambda_2 \geqslant \cdots \geqslant \lambda_r > \lambda_{r+1} = \cdots = \lambda_n = 0$, 则称

$$\sigma_i = \sqrt{\lambda_i}, \quad i=1,2,\cdots,n$$

为 A 的奇异值.

容易看出, A 的奇异值的个数与 A 的列数相同, A 的正奇异值的个数与 A 的秩相同.

定理 1.8 (奇异值分解定理) 设 $A \in \mathbf{C}_r^{m\times n}$ 的正奇异值为 $\sigma_1,\sigma_2,\cdots,\sigma_r$. 则存在 m 阶酉矩阵 U 和 n 阶酉矩阵 V, 使得

$$A = U\varSigma V^*, \tag{1.5}$$

式中, $\varSigma$ 为 $m\times n$ 对角矩阵, 且

$$\varSigma = \underset{\displaystyle\quad r \quad n-r}{\begin{bmatrix} \varSigma_r & O \\ O & O \end{bmatrix}} \begin{matrix} r \\ m-r \end{matrix}, \tag{1.6}$$

这里 $\varSigma_r = \operatorname{diag}(\sigma_1,\sigma_2,\cdots,\sigma_r)$, $\sigma_i>0$, $1\leqslant i\leqslant r$, $r\leqslant \min\{m,n\}$.

在奇异值分解式 (1.5) 中, U 的第 i 列是 A 的对应于奇异值 σ_i 的左奇异向量, V 的第 i 列是 A 的对应于奇异值 σ_i 的右奇异向量. 从定理的证明过程不难看出, A 的奇异值由 A 唯一确定, 但对应于每个奇异值的奇异向量一般不是唯一的.

注 1.1　若 $A \in \mathbf{R}_r^{m\times n}$, 则定理 1.8 中的 U, V 都可以取为实矩阵, 即 U 和 V 分别为 m 阶和 n 阶的正交矩阵.

两个与矩阵 $A \in \mathbf{C}^{m\times n}$ 有关的重要子空间是其列空间和零空间.

定义 1.2　设矩阵 $A \in \mathbf{C}^{m\times n}$, 分别称

$$\mathcal{R}(A) = \{y : y = Ax, x \in \mathbf{C}^n\} \subset \mathbf{C}^m, \quad \mathcal{N}(A) = \{x : Ax = 0, x \in \mathbf{C}^n\} \subset \mathbf{C}^n$$

为 A 的列空间 (值域) 和零空间 (核).

容易验证: 若将 A 按列划分为 $A = [a_1, a_2, \cdots, a_n]$, 则

$$\mathcal{R}(A) = \operatorname{span}\{a_1, a_2, \cdots, a_n\}.$$

给定两个向量子空间 $\mathcal{S}_1$ 和 $\mathcal{S}_2$, 它们的和 $\mathcal{S}$ 是一个子空间, 其每一个向量都是 $\mathcal{S}_1$ 的一个向量与 $\mathcal{S}_2$ 的一个向量之和. 两个子空间的交也是一个子空间. 如果 $\mathcal{S}_1$ 和 $\mathcal{S}_2$ 的交退化为 $\{0\}$, 则 $\mathcal{S}_1$ 和 $\mathcal{S}_2$ 之和称为直和, 表示为 $\mathcal{S} = \mathcal{S}_1 \oplus \mathcal{S}_2$. 当 $\mathcal{S}$ 等于 $\mathbf{C}^n$ 时, 则 $\mathbf{C}^n$ 的每一个向量 x 可被唯一地写成 $x = x_1 + x_2$, 其中 $x_1 \in \mathcal{S}_1, x_2 \in \mathcal{S}_2$.

关于矩阵 $A \in \mathbf{C}^{m\times n}$ 的列空间和零空间有下面的正交分解:

$$\mathcal{R}(A) \oplus \mathcal{N}(A^*) = \mathbf{C}^m, \quad \mathcal{N}(A) \oplus \mathcal{R}(A^*) = \mathbf{C}^n.$$

此外, 当 $A\mathcal{S} \subset \mathcal{S}$ 时, 称子空间 $\mathcal{S}$ 在矩阵 A 之下是不变的. 易见, 矩阵 $A \in \mathbf{C}^{n\times n}$ 的列空间 $\mathcal{R}(A)$ 和零空间 $\mathcal{N}(A)$ 都是 A 的不变子空间. 特别地, 对 A 的任意特征值 λ, 子空间 $\mathcal{N}(A-\lambda I)$ 在 A 下不变. 子空间 $\mathcal{N}(A-\lambda I)$ 称为相应于 λ 的特征子空间, 它包含零向量及 A 的所有相应于 λ 的特征向量.

定理 1.9　在 A 的奇异值分解式 (1.5) 中, 记 U 和 V 的列向量分别为 $u_1, u_2, \cdots, u_m$ 和 $v_1, v_2, \cdots, v_n$, 则

(1) A 的秩等于其非零奇异值的个数.

(2) $\|A\|_2 = \max\limits_{1\leqslant i\leqslant n} \sigma_i$. 设 σ_1 为最大奇异值, 其对应的右奇异向量为 v_1, 则 $\|A\|_2 = \|Av_1\|_2$.

(3) $\mathcal{N}(A) = \operatorname{span}\{v_{r+1}, v_{r+2}, \cdots, v_n\}$.

(4) $\mathcal{R}(A) = \operatorname{span}\{u_1, u_2, \cdots, u_r\}$.

(5) $A = \sum\limits_{i=1}^{r} \sigma_i u_i v_i^*$.

下面的定理表明奇异值可以刻画一个矩阵与更低秩的矩阵之间的距离.

定理 1.10 设 $A \in \mathbf{C}_r^{m\times n}$, 它的奇异值分解由定理 1.8 给出, 其中 $\sigma_1 \geqslant \sigma_2 \geqslant \cdots \geqslant \sigma_r > 0$ 为其非零奇异值, 则有

$$\min_{\operatorname{rank}(B)=k} \|A-B\|_2 = \|A-A_k\|_2 = \sigma_{k+1}, \quad 0 \leqslant k \leqslant r-1, \tag{1.7}$$

式中

$$A_k = \sum_{i=1}^{k} \sigma_i u_i v_i^*, \quad k>0, \quad A_0 = O. \tag{1.8}$$

4. 极分解和满秩分解

极分解是指将一个复方阵分解为一个酉矩阵和 Hermite 半正定矩阵的乘积. 满秩分解是指将一个非零矩阵分解成列满秩矩阵和行满秩矩阵的乘积, 它是研究广义逆矩阵的重要工具之一. 对于极分解有下面的定理.

定理 1.11 设 $A \in \mathbf{C}^{n\times n}$, 则存在 n 阶酉矩阵 U 和 n 阶 Hermite 半正定矩阵 H, 使得

$$A = HU. \tag{1.9}$$

若 A 是非奇异矩阵, 则上述分解是唯一的, 此时, H 是 Hermite 正定矩阵.

注 1.2 若定理 1.11 中的矩阵 A 是实方阵, 则分解式中的 U 和 H 分别为正交矩阵和对称半正定矩阵.

下面讨论满秩分解.

定义 1.3 设 $A \in \mathbf{C}_r^{m\times n}(r>0)$, 若存在列满秩矩阵 $F \in \mathbf{C}_r^{m\times r}$ 和行满秩矩阵 $G \in \mathbf{C}_r^{r\times n}$, 使得 $A = FG$, 则称 FG 为 A 的一个满秩分解.

定理 1.12 设 $A \in \mathbf{C}_r^{m\times n}(r>0)$, 则存在 $F \in \mathbf{C}_r^{m\times r}$ 和 $G \in \mathbf{C}_r^{r\times n}$, 使得 $A = FG$.

例 1.1 求下列矩阵的满秩分解:

$$A = \begin{bmatrix} -1 & 0 & 1 & 2 \\ 1 & 2 & -1 & 1 \\ 2 & 2 & -2 & -1 \end{bmatrix}.$$

解 由

$$[A, I] = \left[\begin{array}{cccc:ccc} -1 & 0 & 1 & 2 & 1 & 0 & 0 \\ 1 & 2 & -1 & 1 & 0 & 1 & 0 \\ 2 & 2 & -2 & -1 & 0 & 0 & 1 \end{array}\right] \xrightarrow{\text{行}} \left[\begin{array}{cccc:ccc} -1 & 0 & 1 & 2 & 1 & 0 & 0 \\ 0 & 2 & 0 & 3 & 1 & 1 & 0 \\ 0 & 0 & 0 & 0 & 1 & -1 & 1 \end{array}\right],$$

可知

$$P = \begin{bmatrix} 1 & 0 & 0 \\ 1 & 1 & 0 \\ 1 & -1 & 1 \end{bmatrix}, \quad P^{-1} = \begin{bmatrix} 1 & 0 & 0 \\ -1 & 1 & 0 \\ -2 & 1 & 1 \end{bmatrix},$$

于是有

$$F = \begin{bmatrix} 1 & 0 \\ -1 & 1 \\ -2 & 1 \end{bmatrix}, \quad G = \begin{bmatrix} -1 & 0 & 1 & 2 \\ 0 & 2 & 0 & 3 \end{bmatrix}, \quad A = FG.$$

定理 1.12 提供的算法求矩阵的满秩分解时需要计算矩阵 P 及 P^{-1} 的前 r 列, 这在高维情形计算量是巨大的. 下面介绍一种避免求逆矩阵的方法.

定义 1.4 设 $B \in \mathbf{C}_r^{m\times n}\,(r>0)$ 满足: ① B 的后 $m-r$ 行上的元素都是零; ② B 中有 r 个列 (c_1 列, $\cdots$, c_r 列) 构成 I_m 的前 r 个列. 则称 B 为拟 Hermite 标准形.

定理 1.13 设 $A \in \mathbf{C}_r^{m\times n}\,(r>0)$ 经过初等行变换化为拟 Hermite 标准形 B, 那么 A 有满秩分解 $A=FG$, 其中 F 是由"A 的 c_1 列, $\cdots$, c_r 列"构成的矩阵, G 是由"B 的前 r 行"构成的矩阵.

例 1.2 求下列矩阵的满秩分解:

$$A = \begin{bmatrix} 2 & 1 & 0 & 2 \\ 0 & 0 & 1 & 2 \\ 2 & 1 & 1 & 4 \end{bmatrix}.$$

解 注意到

$$A \xrightarrow{\text{行}} \begin{bmatrix} 2 & 1 & 0 & 2 \\ 0 & 0 & 1 & 2 \\ 0 & 0 & 0 & 0 \end{bmatrix}$$

为拟 Hermite 标准形, 且 $c_1=2, c_2=3$, 故

$$F = \begin{bmatrix} 1 & 0 \\ 0 & 1 \\ 1 & 1 \end{bmatrix}, \quad G = \begin{bmatrix} 2 & 1 & 0 & 2 \\ 0 & 0 & 1 & 2 \end{bmatrix}, \quad A = FG.$$

1.3 向量和矩阵的范数

在许多实际问题中, 常需对同一线性空间中的向量 (或矩阵) 引入作为它们 "大小" 的一种度量, 进而比较两个向量 (或矩阵) 的 "接近" 程度. 引入这种体现其 "大小" 的量就是范数, 它们在理论与实际应用中都占有重要的地位.

1. 向量内积与向量范数

定义 1.5 设 $x=(x_1,x_2,\cdots,x_n)^{\mathrm{T}}\in\mathbf{C}^n$, $y=(y_1,y_2,\cdots,y_n)^{\mathrm{T}}\in\mathbf{C}^n$, 称复数

$$(x,y):=y^*x=\sum_{i=1}^{n}x_i\bar{y}_i$$

为向量 x 和 y 的欧几里得内积或数量积. 而称

$$\|x\|_2=(x,x)^{\frac{1}{2}}=\left(\sum_{i=1}^{n}|x_i|^2\right)^{\frac{1}{2}} \tag{1.10}$$

为向量 x 的欧几里得范数或 2-范数.

内积的一个重要性质是

$$(Ax,y)=(x,A^*y),\quad A\in\mathbf{C}^{m\times n},\quad x\in\mathbf{C}^n,\quad y\in\mathbf{C}^m. \tag{1.11}$$

$\mathbf{C}^n$ 中的欧几里得内积与欧几里得范数还具有下列性质.

性质 1.1 设 $x,y\in\mathbf{C}^n$, 则

(1) $(x,x)=0$ 当且仅当 $x=0$.

(2) $(\lambda x,y)=\lambda(x,y)$, $(x,\lambda y)=\bar{\lambda}(x,y)$, $\forall\,\lambda\in\mathbf{C}$.

(3) $(x,y)=\overline{(y,x)}$.

(4) $(x_1+x_2,y)=(x_1,y)+(x_2,y)$.

(5) Cauchy-Schwarz 不等式: $|(x,y)|\leqslant\|x\|_2\cdot\|y\|_2$.

(6) 三角不等式: $\|x+y\|_2\leqslant\|x\|_2+\|y\|_2$.

由 Schwarz 不等式容易证明

$$\|x\|_2=\max_{\|y\|_2=1}|y^*x|,\quad x\in\mathbf{C}^n. \tag{1.12}$$

下面给出向量范数的一般定义.

定义 1.6 给定 $\mathbf{C}^n$ 中的某个实值函数 $\mathfrak{N}(x)=\|x\|$. 若对任意的 $x,y\in\mathbf{C}^n$ 有

(1) $\|x\|\geqslant 0$, 且 $\|x\|=0$ 当且仅当 $x=0$.

(2) $\|\lambda x\|=|\lambda|\cdot\|x\|$, $\forall\,\lambda\in\mathbf{C}$.

(3) $\|x+y\|\leqslant\|x\|+\|y\|$.

则称 $\|x\|$ 为向量 x 的范数. 定义了范数的线性空间称为赋范线性空间.

常用的向量范数有

(1) $\|x\|_\infty = \max\limits_{1\leqslant i\leqslant n} |x_i|$ (∞-范数).

(2) $\|x\|_1 = \sum\limits_{i=1}^{n} |x_i|$ (1-范数).

(3) $\|x\|_2 = \left(\sum\limits_{i=1}^{n} |x_i|^2\right)^{1/2}$ (2-范数).

(4) $\|x\|_p = \left(\sum\limits_{i=1}^{n} |x_i|^p\right)^{1/p}$ (p-范数).

不难证明, 当 $p \to \infty$ 时, 对于任意的 $x \in \mathbf{C}^n$, 都有 $\|x\|_p \to \|x\|_\infty$. 此外, 由于 $\big|\|x\| - \|y\|\big| \leqslant \|x - y\|$, 故向量范数是 $\mathbf{C}^n$ 中的连续函数.

性质 1.2 (向量范数的连续性) $\mathbf{C}^n$ 中的向量范数 $\|x\|$ 是 $\mathbf{C}^n$ 中的连续函数.

性质 1.3 (向量范数的等价性) 设 $\|x\|$ 和 $\|x\|'$ 是 $\mathbf{C}^n$ 中的任意两种范数, 则成立

$$c_1\|x\| \leqslant \|x\|' \leqslant c_2\|x\|, \quad x \in \mathbf{C}^n, \tag{1.13}$$

式中, $c_1, c_2 > 0$ 为与向量 x 无关的常数.

定义 1.7 设 $\left\{x^{(k)} = (x_1^{(k)}, x_2^{(k)}, \cdots, x_n^{(k)})^{\mathrm{T}}\right\}_{k=0}^{\infty}$ 是 $\mathbf{C}^n$ 中的向量序列, $x = (x_1, x_2, \cdots, x_n)^{\mathrm{T}} \in \mathbf{C}^n$. 若

$$\lim_{k\to\infty} x_i^{(k)} = x_i, \quad i = 1, 2, \cdots, n,$$

则称序列 $\{x^{(k)}\}$ 收敛于 x, 记为 $\lim\limits_{k\to\infty} x^{(k)} = x$.

利用范数的等价性可以得到向量序列收敛的充分必要条件.

定理 1.14 $\lim\limits_{k\to\infty} x^{(k)} = x$ 当且仅当 $\lim\limits_{k\to\infty} \|x^{(k)} - x\| = 0$, 其中 $\|\cdot\|$ 是 $\mathbf{C}^n$ 中任意的向量范数.

2. 矩阵范数与内积

将 $m \times n$ 矩阵 A 看作线性空间 $\mathbf{C}^{m\times n}$ 中的元素, 则完全可以按照定义 1.6 的方式引入矩阵的范数. 其中最常用的是与向量 2-范数相对应的范数

$$\|A\|_{\mathrm{F}} = \left(\sum_{i=1}^{m}\sum_{j=1}^{n} |a_{ij}|^2\right)^{1/2}, \tag{1.14}$$

称为矩阵 A 的 Frobenius 范数, 简称 F-范数.

利用奇异值分解定理, 容易证明

$$\|A\|_{\mathrm{F}} = \left(\sum_{i=1}^{n} \sigma_i^2\right)^{1/2},$$

式中, $\sigma_1, \sigma_2, \cdots, \sigma_n$ 为矩阵 A 的奇异值.

类似于向量范数的定义, 可以给出矩阵范数的一般定义.

定义 1.8 给定 $\mathbf{C}^{m\times n}$ 中的某个实值函数 $\mathfrak{N}(A) = \|A\|$. 若对任意的 $A, B \in \mathbf{C}^{m\times n}$ 有

(1) $\|A\| \geqslant 0$, 且 $\|A\| = 0$ 当且仅当 $A = O$.

(2) $\|\lambda A\| = |\lambda| \cdot \|A\|, \forall\, \lambda \in \mathbf{C}$.

(3) $\|A + B\| \leqslant \|A\| + \|B\|$.

则称 $\|A\|$ 为矩阵 A 的范数. 若矩阵范数满足

$$\|Ax\| \leqslant \|A\| \cdot \|x\|, \quad \forall x \in \mathbf{C}^n, \quad A \in \mathbf{C}^{m\times n},$$

则称矩阵范数 $\|\cdot\|$ 和向量范数 $\|\cdot\|$ 是相容的, 其中 $\|Ax\|$ 和 $\|x\|$ 分别是 $\mathbf{C}^m$ 和 $\mathbf{C}^n$ 中的向量范数.

跟向量范数的等价性一样, 可以证明 $\mathbf{C}^{m\times n}$ 中的任意两个矩阵范数也等价, 即存在与矩阵 A 无关的常数 $c_1, c_2 > 0$ 使得

$$c_1\|A\| \leqslant \|A\|' \leqslant c_2\|A\|.$$

定义 1.9 设 $A \in \mathbf{C}^{m\times n}$, 给定一种向量范数 $\|\cdot\|$, 定义矩阵范数

$$\|A\| = \max_{\|x\|\neq 0} \frac{\|Ax\|}{\|x\|} = \max_{\|x\|=1} \|Ax\|. \tag{1.15}$$

称 $\|A\|$ 为 $\mathbf{C}^{m\times n}$ 中矩阵 A 的算子范数, 或称由该向量范数诱导出来的矩阵范数.

容易证明, 矩阵的算子范数与相应的向量范数是相容的, 且

$$\|AB\| \leqslant \|A\| \cdot \|B\|, \quad A \in \mathbf{C}^{m\times n}, \quad B \in \mathbf{C}^{n\times p},$$

其中矩阵范数都是由某个向量范数诱导出来的算子范数.

给定 $\mathbf{C}^n$ 中的向量 p-范数, 可以诱导出相应的矩阵 p-算子范数, 记为 $\|\cdot\|_p$. 下面是三种常用的矩阵算子范数.

定理 1.15 设 $A = (a_{ij}) \in \mathbf{C}^{m\times n}$, 则

(1) $\|A\|_\infty = \max\limits_{1\leqslant i\leqslant m} \sum\limits_{j=1}^{n} |a_{ij}|$, 称为行和范数或 ∞-范数.

(2) $\|A\|_1 = \max_{1 \leqslant j \leqslant n} \sum_{i=1}^{m} |a_{ij}|$, 称为列和范数或 1-范数.

(3) $\|A\|_2 = \sigma_1 = \sqrt{\lambda_{\max}(A^{\mathrm{H}}A)}$, 称为谱范数或 2-范数, 其中 σ_1 是矩阵 A 的最大奇异值, $\lambda_{\max}(A^{\mathrm{H}}A)$ 表示矩阵 $A^{\mathrm{H}}A$ 的最大特征值.

与矩阵的行和范数及列和范数相比, 矩阵的谱范数显得不易计算, 但它有良好的分析性质.

定理 1.16　设 $A \in \mathbf{C}^{m\times n}$, 则

(1) $\|A\|_2 = \max_{\|x\|_2=\|y\|_2=1} |y^*Ax|$;　(2) $\|A^*\|_2 = \|A^{\mathrm{T}}\|_2 = \|A\|_2$;

(3) $\|A^*A\|_2 = \|A\|_2^2$;　(4) $\|A\|_2^2 \leqslant \|A\|_1 \cdot \|A\|_\infty$;　(5) $\|A\|_2 \leqslant \|A\|_{\mathrm{F}}$;

(6) 设 $U \in \mathbf{C}^{m\times m}$ 和 $V \in \mathbf{C}^{n\times n}$ 满足 $U^*U = I_m$ 和 $V^*V = I_n$, 则 $\|UAV\|_2 = \|A\|_2$.

定义 1.10　设 $A \in \mathbf{C}^{n\times n}$, 其特征值为 $\lambda_1, \lambda_2, \cdots, \lambda_n$, 则称

$$\rho(A) = \max_{1\leqslant i\leqslant n} |\lambda_i|$$

为矩阵 A 的谱半径.

由上述定义, $\|A\|_2$ 可定义为

$$\|A\|_2 = \sqrt{\rho(A^{\mathrm{H}}A)}.$$

特别地, 当 A 为 Hermite 矩阵时, 有

$$\|A\|_2 = \rho(A).$$

对于一般情况, 有如下定理.

定理 1.17　设 $A \in \mathbf{C}^{n\times n}$, 则

(1) A 的谱半径不超过 A 的任何范数, 即

$$\rho(A) \leqslant \|A\|.$$

(2) 对任意正数 ε, 存在 $\mathbf{C}^{n\times n}$ 上的某种算子范数 $\|\cdot\|_\varepsilon$, 使得

$$\|A\|_\varepsilon \leqslant \rho(A) + \varepsilon.$$

类似于向量序列的极限定义, 有以下定义.

定义 1.11　设矩阵序列 $\{A^{(k)} = (a_{ij}^{(k)}) \in \mathbf{C}^{m\times n}\}_{k=0}^{\infty}$, $A = (a_{ij}) \in \mathbf{C}^{m\times n}$. 若

$$\lim_{k\to\infty} a_{ij}^{(k)} = a_{ij}, \quad i = 1, 2, \cdots, m; \quad j = 1, 2, \cdots, n,$$

则称序列 $\{A^{(k)}\}$ 收敛于 A, 记为 $\lim_{k\to\infty} A^{(k)} = A$.

利用矩阵范数的等价性, 可得以下定理.

定理 1.18 $\lim\limits_{k\to\infty} A^{(k)} = A$ 当且仅当 $\lim\limits_{k\to\infty} \|A^{(k)} - A\| = 0$, 其中 $\|\cdot\|$ 是 $\mathbf{C}^{m\times n}$ 中任意的矩阵范数.

关于矩阵范数, 还有下述定理.

定理 1.19 若 $\|A\| < 1$, 则矩阵 $I - A$ 非奇异, 且满足

$$\|(I-A)^{-1}\| \leqslant \frac{1}{1-\|A\|}.$$

定理 1.20 设 $A \in \mathbf{C}^{n\times n}$, 则

(1) $\lim\limits_{k\to\infty} A^k = O \Longleftrightarrow \rho(A) < 1$.

(2) $\lim\limits_{k\to\infty} \|A^k\|^{\frac{1}{k}} = \rho(A)$.

利用定理 1.20 不难证明下面的重要结论.

定理 1.21 设 $A \in \mathbf{C}^{n\times n}$, 则

(1) 矩阵级数 $\sum\limits_{k=0}^{\infty} A^k$ 收敛的充分必要条件是 $\rho(A) < 1$.

(2) 若矩阵级数 $\sum\limits_{k=0}^{\infty} A^k$ 收敛, 则

$$\sum_{k=0}^{\infty} A^k = (I-A)^{-1},$$

且对于 $\mathbf{C}^{n\times n}$ 中的任意矩阵范数都有

$$\left\|(I-A)^{-1} - \sum_{k=0}^{m} A^k\right\| \leqslant \frac{\|A\|^{m+1}}{1-\|A\|}.$$

1.4 矩阵的广义逆

矩阵的广义逆是研究最小二乘问题及矩阵方程的一个重要工具. 首先给出矩阵广义逆的定义.

定义 1.12 设 $A \in \mathbf{C}^{m\times n}$, 若有 $X \in \mathbf{C}^{n\times m}$ 满足 Penrose (彭罗斯) 方程, 即

(1) $AXA = A$; (2) $XAX = X$; (3) $(AX)^* = AX$; (4) $(XA)^* = XA$.

则称 X 为 A 的 Moore-Penrose 逆, 记为 $A^\dagger$.

注 1.3 若 $A \in \mathbf{R}^{m\times n}$, 则 $X = A^\dagger \in \mathbf{R}^{n\times m}$ 定义为满足下列四个方程的 X:

(1) $AXA = A$; (2) $XAX = X$; (3) $(AX)^{\mathrm{T}} = AX$; (4) $(XA)^{\mathrm{T}} = XA$.

由定义 1.12 容易得到:

(1) $A \in \mathbf{C}^{n\times n}$ 可逆时, $X = A^{-1}$ 满足 Penrose 方程, 故 $A^\dagger = A^{-1}$.

(2) $A = O_{m\times n}$ 时, $X = O_{n\times m}$ 满足 Penrose 方程, 故 $O_{m\times n}^\dagger = O_{n\times m}$.

(3) $A = x \in \mathbf{C}^{n\times 1}$ 时, $X = \dfrac{1}{\|x\|_2^2}x^*$ 满足 Penrose 方程, 故 $x^\dagger = \dfrac{1}{\|x\|_2^2}x^*$.

例如

$$\begin{bmatrix} 1 \\ 1+2\mathrm{i} \end{bmatrix}^\dagger = \frac{1}{6}(1, 1-2\mathrm{i}).$$

定理 1.22　设 $F \in \mathbf{C}_r^{m\times r}, G \in \mathbf{C}_r^{r\times n}\ (r \geqslant 1)$, 则有

(1) $F^\dagger = (F^*F)^{-1}F^*, F^\dagger F = I_r$;　(2) $G^\dagger = G^*(GG^*)^{-1}, GG^\dagger = I_r$.

定理 1.23　设 $A \in \mathbf{C}^{m\times n}$, 则 $A^\dagger$ 存在且唯一.

根据定理 1.22, 可以使用矩阵满秩分解的方法来计算非零矩阵广义逆. 下面给出一个例子.

例 1.3　已知

$$A = \begin{bmatrix} 1 & 2 & 1 & 2 \\ 0 & 1 & 0 & 1 \\ 1 & 0 & 1 & 0 \\ 2 & 1 & 2 & 1 \end{bmatrix},$$

求 A 的满秩分解和 $A^\dagger$.

解　$$A \xrightarrow{\text{初等行变换}} \begin{bmatrix} 1 & 0 & 1 & 0 \\ 0 & 1 & 0 & 1 \\ 0 & 0 & 0 & 0 \\ 0 & 0 & 0 & 0 \end{bmatrix}: \quad c_1 = 1, \quad c_2 = 2.$$

$$A = FG: \quad F = \begin{bmatrix} 1 & 2 \\ 0 & 1 \\ 1 & 0 \\ 2 & 1 \end{bmatrix}, \quad G = \begin{bmatrix} 1 & 0 & 1 & 0 \\ 0 & 1 & 0 & 1 \end{bmatrix}.$$

因此, 有

$$F^\dagger = (F^\mathrm{T}F)^{-1}F^\mathrm{T} = \begin{bmatrix} 6 & 4 \\ 4 & 6 \end{bmatrix}^{-1} F^\mathrm{T} = \frac{1}{10}\begin{bmatrix} -1 & -2 & 3 & 4 \\ 4 & 3 & -2 & -1 \end{bmatrix},$$

$$G^{\dagger}=G^{\mathrm{T}}(GG^{\mathrm{T}})^{-1}=G^{\mathrm{T}}\begin{bmatrix}2&0\\0&2\end{bmatrix}^{-1}=\frac{1}{2}\begin{bmatrix}1&0\\0&1\\1&0\\0&1\end{bmatrix},$$

$$A^{\dagger}=G^{\dagger}F^{\dagger}=\frac{1}{20}\begin{bmatrix}-1&-2&3&4\\4&3&-2&-1\\-1&-2&3&4\\4&3&-2&-1\end{bmatrix}.$$

下面的定理说明使用矩阵奇异值分解的方法来计算广义逆更为便捷.

定理 1.24 设 $A\in\mathbf{C}_r^{m\times n}\,(r\geqslant 1)$ 的奇异值分解为

$$A=U\begin{bmatrix}\Sigma_r&O\\O&O\end{bmatrix}V^*,$$

式中, U 和 V 及 Σ_r 的意义同式 (1.5), 则

$$A^{\dagger}=V\begin{bmatrix}\Sigma_r^{-1}&O\\O&O\end{bmatrix}U^*. \tag{1.16}$$

注 1.4 需要指出, 可逆矩阵的逆 A^{-1} 具有的性质, 对于一般矩阵的广义逆 $A^{\dagger}$ 不一定具有, 例如,

(1) $(AB)^{\dagger}\neq B^{\dagger}A^{\dagger}$: 取 $A=\begin{bmatrix}1&0\\0&0\end{bmatrix}$, $B=\begin{bmatrix}1&1\\0&1\end{bmatrix}$, 则

$$AB=\begin{bmatrix}1&1\\0&0\end{bmatrix},\quad (AB)^{\dagger}=\frac{1}{2}\begin{bmatrix}1&0\\1&0\end{bmatrix},$$

$$A^{\dagger}=\begin{bmatrix}1&0\\0&0\end{bmatrix},\quad B^{\dagger}=B^{-1}=\begin{bmatrix}1&-1\\0&1\end{bmatrix},\quad B^{\dagger}A^{\dagger}=\begin{bmatrix}1&0\\0&0\end{bmatrix}.$$

(2) $A^{\dagger}A\neq AA^{\dagger}$: A 不是方阵时, 这是明显的. A 是方阵但不可逆时, 取

$$A=\begin{bmatrix}1&1\\0&0\end{bmatrix},\quad A^{\dagger}=\frac{1}{2}\begin{bmatrix}1&0\\1&0\end{bmatrix},$$

则

$$A^{\dagger}A = \frac{1}{2}\begin{bmatrix} 1 & 1 \\ 1 & 1 \end{bmatrix}, \quad AA^{\dagger} = \begin{bmatrix} 1 & 0 \\ 0 & 0 \end{bmatrix}.$$

1.5 几种特殊的矩阵类型

本节介绍几种特殊类型的矩阵.

1. 不可约矩阵

定义 1.13 设 A 是一个 $n\,(n \geqslant 2)$ 阶矩阵, 如果存在 n 阶置换矩阵 P, 使得

$$P^{\mathrm{T}}AP = \begin{bmatrix} A_{11} & A_{12} \\ O & A_{22} \end{bmatrix},$$

式中, A_{11} 和 A_{22} 分别为 r 阶和 $n-r$ 阶方阵 $(1 \leqslant r \leqslant n-1)$, 则称 A 为可约矩阵. 如果不存在这样的置换矩阵, 则称 A 为不可约矩阵.

可约矩阵的一个等价定义如下.

定义 1.13′ 设 $A = (a_{ij}) \in \mathbf{C}^{n\times n}\,(n \geqslant 2)$, 又设 $\mathcal{I} = \{1, 2, \cdots, n\}$. 若存在 $\mathcal{I}$ 的一个非空真子集 $\mathcal{K}$, 使得 $a_{ij} = 0\,(i \notin \mathcal{K}, j \in \mathcal{K})$, 则称 A 为可约矩阵. 否则, 称 A 为不可约矩阵.

需要注意的是, 用定义 1.13′ 判定一个矩阵是否可约更为方便.

2. 对角占优矩阵

定义 1.14 设 A 是一个 n 阶矩阵.

(1) 若 A 满足

$$|a_{ii}| \geqslant \sum_{j\neq i} |a_{ij}|, \quad i = 1, 2, \cdots, n,$$

且其中至少有一个严格不等式成立, 则称 A 为行弱对角占优.

(2) 若 A 满足

$$|a_{ii}| > \sum_{j\neq i} |a_{ij}|, \quad i = 1, 2, \cdots, n,$$

则称 A 为行严格对角占优.

类似可定义列弱对角占优和列严格对角占优.

以后往往不严格区分按行 (严格) 对角占优或按列 (严格) 对角占优而模糊地统称为 (严格) 对角占优. 弱对角占优且不可约的矩阵简称为不可约对角占优.

引理 1.1 若 n 阶矩阵 A 满足下列条件之一: ① 严格对角占优; ② 不可约对角占优. 则 A 非奇异, 即其行列式 $\det(A) \neq 0$.

3. 非负矩阵

非负矩阵在迭代法中起着非常重要的作用. 一个非负矩阵就是其元素全为非负数的矩阵. 对两个 $m \times n$ 矩阵 A 和 B, 如果其所有相应的元素满足 $a_{ij} \geqslant b_{ij}$, 则称 $A \geqslant B$, 这样 "$\geqslant$" 就定义了矩阵集合上的一个偏序关系. 利用这种偏序关系, 非负矩阵 A 可以表示为 $A \geqslant O$. $A \geqslant B$ 也可表示为 $B \leqslant A$, 即 "$\leqslant$" 也定义了矩阵集合上的一个偏序关系.

性质 1.4 关于非负矩阵, 下列性质成立:

(1) 若 $A \geqslant O, B \geqslant O$, 则 $AB \geqslant O$, $A + B \geqslant O$ 且 $A^k \geqslant O$.

(2) 若 A, B, C 为非负矩阵且 $A \leqslant B$, 则 $AC \leqslant BC$, $CA \leqslant CB$.

(3) 若 $O \leqslant A \leqslant B$, 则 $A^{\mathrm{T}} \leqslant B^{\mathrm{T}}$ 且 $A^k \leqslant B^k$ 对任意的 k 均成立.

(4) 若 $O \leqslant A \leqslant B$, 则 $\|A\|_1 \leqslant \|B\|_1$, 且类似地 $\|A\|_\infty \leqslant \|B\|_\infty$.

定理 1.25 (Perron-Frobenius 定理) 设 $A \in \mathbf{R}^{n\times n}$, 则有下列结论成立:

(1) 若 $A \geqslant O$, 则 A 有一个非负特征值等于 $\rho(A)$; 对 $\rho(A) > 0$, 相应的特征向量 $x \geqslant 0$, 且当 A 的任意元素增加时, $\rho(A)$ 不减少.

(2) 若 $A \geqslant O$ 不可约, 则 A 有一个正特征值等于 $\rho(A)$; 对 $\rho(A) > 0$, 相应的特征向量 $x > 0$; 当 A 的任意元素增加时, $\rho(A)$ 增加; 且 $\rho(A)$ 是 A 的一个简单特征值.

性质 1.5 设 $A \in \mathbf{R}^{n\times n}$, 则有下列性质成立:

(1) 若 $O \leqslant A \leqslant B$, 则 $\rho(A) \leqslant \rho(B)$.

(2) 若 $|A| \leqslant B$ ($|A|$ 表示 A 的元素取绝对值后得到的矩阵), 则 $\rho(A) \leqslant \rho(B)$.

(3) 设 $A \geqslant O$, 则 $\rho(A) < 1$ 当且仅当 $I - A$ 非奇异且 $(I - A)^{-1} \geqslant O$.

(4) 设 $A \geqslant O$, $x \geqslant 0$ 为非零向量, $\alpha > 0$. 若 $Ax > (\geqslant) \alpha x$, 则 $\rho(A) > (\geqslant) \alpha$; 若 $Ax < \alpha x$, 则 $\rho(A) < \alpha$.

4. M 矩阵

定义 1.15 (1) 设 A 是一个 n 阶矩阵. 若 A 的主对角元是正的, 即 $a_{ii} > 0, i = 1, 2, \cdots, n$, 而其非主对角元是非正的, 即 $a_{ij} \leqslant 0, i \neq j$, $i, j = 1, 2, \cdots, n$, 则称 A 为 Z 矩阵. 若 Z 矩阵 A 为非奇异的, 且 $A^{-1} \geqslant O$, 则称 A 为 M 矩阵.

(2) 记矩阵 $\langle A\rangle = (\alpha_{ij})$, 其中主对角元 $\alpha_{ii} = |a_{ii}|$, 而非主对角元 $\alpha_{ij} = -|a_{ij}|$, 则称 $\langle A\rangle$ 为 A 的比较矩阵. 若 $\langle A\rangle$ 为非奇异的 M 矩阵, 则称 A 为 H 矩阵.

关于 M 矩阵和 H 矩阵, 有下面一些常用的性质.

性质 1.6 设 A 是 Z 矩阵, 则 A 是 M 矩阵当且仅当 $\rho(B) < 1$, 其中 $B =$

$I-D^{-1}A$ 且 $D=\text{diag}(A)$.

性质 1.7 设 $A\in\mathbf{R}^{n\times n}$, 则有下列性质成立:

(1) 严格对角占优或不可约对角占优矩阵是 H 矩阵.

(2) 严格对角占优或不可约对角占优矩阵的 Z 矩阵是 M 矩阵.

(3) 若 A 为 H 矩阵, 则 $|A|^{-1}\leqslant\langle A\rangle^{-1}$.

(4) 若 $A=D-B$ 为 H 矩阵, $D=\text{diag}(A)$, 则 $|D|$ 非奇异, 且 $\rho(|D|^{-1}|B|)<1$.

性质 1.8 设 $A,B\in\mathbf{R}^{n\times n}$ 是两个非奇异的 M 矩阵, 且 $A\leqslant B$, 则

(1) $A^{-1}\geqslant B^{-1}$.

(2) A 和 B 的每个主子矩阵也是 M 矩阵.

(3) 满足 $A\leqslant C\leqslant B$ 的 C 都是 M 矩阵 . 特别地, 若 $A\leqslant C\leqslant\text{diag}(A)$, 则 C 是 M 矩阵.

性质 1.9 若 A 是 M 矩阵, B 是 Z 矩阵, 且 $A\leqslant B$, 则 B 也是 M 矩阵.

性质 1.10 (1) 若分块矩阵 $A=\left(A_{ij}\right)_{i,j=1}^{m}$ 是 M 矩阵, 且其主对角块 A_{ii} 为方阵, 则 A_{ii} 也是 M 矩阵.

(2) 若 $A=\begin{bmatrix}A_{11} & A_{12}\\ A_{21} & A_{22}\end{bmatrix}$ 是 M 矩阵, 则 Schur 补 $S=A_{22}-A_{21}A_{11}^{-1}A_{12}$ 也是 M 矩阵.

5. 正定矩阵

关于正定矩阵, 在实矩阵的情形, 前面已作了介绍. 下面考虑复矩阵的情形.

定义 1.16 (1) 设矩阵 $A\in\mathbf{C}^{n\times n}$, 若对任意非零向量 $x\in\mathbf{C}^n$ 都有 $\text{Re}(x^*Ax)>0$, 则称 A 为正定的. 若 A 还是 Hermite 的, 则称为 Hermite 正定的, 记为 HPD.

(2) 设矩阵 $A\in\mathbf{C}^{n\times n}$, 若对任意非零向量 $x\in\mathbf{R}^n$ 都有 $x^{\mathrm{T}}Ax>0$, 则称 A 为正实的.

任意 (实或复) 方阵 A 均可分裂为

$$A=H+\mathrm{i}S, \tag{1.17}$$

式中

$$H=\frac{1}{2}(A+A^*),\quad S=\frac{1}{2\mathrm{i}}(A-A^*).$$

注意到 H 和 S 都是 Hermite 的, 而 $\mathrm{i}S$ 是反 Hermite 的. 矩阵 H 和 $\mathrm{i}S$ 分别称为 A 的 Hermite 部分和反 Hermite 部分. 当 A 是实矩阵且 u 是实向量时, 有 $(Au,u)=(Hu,u)$. 分裂 (1.17) 称为矩阵 A 的一个 Hermite-反 Hermite 分裂, 简称 HS 分裂.

正定矩阵具有下面一些常用的性质.

性质 1.11 关于矩阵 A, 下列性质成立:

(1) 设 A 为实正定矩阵, 则 A 是非奇异的, 且对任意的实向量 x, 存在标量 $\alpha > 0$ 满足 $(Ax, x) \geqslant \alpha \|x\|^2$.

(2) 正定矩阵 $A \in \mathbf{C}^{n\times n}$ 的所有特征值均有正的实部.

(3) 设 $A \in \mathbf{C}^{n\times n}$ 为正定矩阵, $P \in \mathbf{C}^{n\times n}$ 为 n 阶非奇异矩阵, 则 P^*AP 亦为正定矩阵.

(4) 正定矩阵 $A \in \mathbf{C}^{n\times n}$ 的所有主子矩阵均为正定矩阵. 特别地, A 的所有对角元素均有正的实部.

(5) 设 $A \in \mathbf{C}^{n\times n}$, 则 A 是正定矩阵当且仅当 $A + A^*$ 为 Hermite 正定的.

定理 1.26 对于矩阵 A 的 HS 分裂 (1.17), 其特征值 λ_i 满足

$$\lambda_{\min}(H) \leqslant \operatorname{Re}(\lambda_i) \leqslant \lambda_{\max}(H), \quad \lambda_{\min}(S) \leqslant \operatorname{Im}(\lambda_i) \leqslant \lambda_{\max}(S).$$

当 B 为对称正定矩阵时, $\mathbf{C}^n \times \mathbf{C}^n$ 到 $\mathbf{C}$ 上的映射 $x, y \to (x, y)_B \equiv (Bx, y)$ 是 $\mathbf{C}^n$ 上的一个内积, 称此内积为能量内积, 而称其诱导范数为能量范数. 有时, 可以找到一个 HPD 矩阵 B, 使得一个给定的在欧几里得内积下的非 Hermite 矩阵 A 在能量内积下成为 Hermite 的, 即

$$(Ax, y)_B = (x, Ay)_B, \quad \forall\, x, y.$$

最简单的例子是 $A = B^{-1}C$ 和 $A = CB$, 其中 C 是 Hermite 的且 B 是 Hermite 正定的.

习 题 1

1.1 设非零向量 $x \in \mathbf{C}^n$. 证明:

(1) $\|x\|_\infty \leqslant \|x\|_1 \leqslant n\|x\|_\infty$; (2) $\dfrac{1}{\sqrt{n}}\|x\|_1 \leqslant \|x\|_2 \leqslant \|x\|_1$;

(3) $\|x\|_\infty \leqslant \|x\|_2 \leqslant \sqrt{n}\|x\|_\infty$.

1.2 设 A 为 n 阶矩阵. 证明:

(1) $\dfrac{1}{n}\|A\|_\infty \leqslant \|A\|_1 \leqslant n\|A\|_\infty$; (2) $\dfrac{1}{\sqrt{n}}\|A\|_2 \leqslant \|A\|_1 \leqslant \sqrt{n}\|A\|_2$;

(3) $\dfrac{1}{\sqrt{n}}\|A\|_2 \leqslant \|A\|_\infty \leqslant \sqrt{n}\|A\|_2$; (4) $\dfrac{1}{\sqrt{n}}\|A\|_{\mathrm{F}} \leqslant \|A\|_2 \leqslant \|A\|_{\mathrm{F}}$.

1.3 设 A 和 B 为同阶半正定矩阵. 证明: $\det(A+B) \geqslant \det(A) + \det(B)$.

1.4 设 A 为反对称矩阵. 证明:

(1) 矩阵 $I - A$ 是非奇异的;

(2) 矩阵 $C = (I-A)^{-1}(I+A)$ 是正交矩阵.

1.5 设 A 为正定矩阵, B 是与 A 同阶的 Hermite 矩阵. 试证明: $A + B$ 为正定矩阵的充分必要条件是 $A^{-1}B$ 的特征值都大于 1.

1.6 设矩阵 A 是可对角化的. 试证明: A 的特征值都是实数的充分必要条件是存在正定矩阵 B 使得 BA 为 Hermite 矩阵.

1.7 设矩阵 $A \in \mathbf{C}_r^{m\times n}$ 的一个满秩分解为 $A = FG$, 求矩阵 $\begin{bmatrix} A & A \\ A & A \end{bmatrix}$ 的一个满秩分解.

1.8 设 A 和 B 为同阶幂等矩阵, 并且满足 $\mathcal{R}(A) = \mathcal{R}(B)$ 和 $\mathcal{N}(A) = \mathcal{N}(B)$. 证明: $A = B$.

1.9 设

$$A = \begin{bmatrix} 1 & 0 & 1 \\ 0 & 1 & 1 \\ 0 & 0 & 0 \end{bmatrix},$$

求矩阵 A 的奇异值分解.

1.10 设 $0 \neq v \in \mathbf{R}^n$, $A \in \mathbf{R}^{n\times n}$. 证明:

$$\|A(I - (v^{\mathrm{T}}v)^{-1}vv^{\mathrm{T}})\|_{\mathrm{F}}^2 = \|A\|_{\mathrm{F}}^2 - \frac{\|Av\|_2^2}{v^{\mathrm{T}}v}.$$

1.11 证明: $\rho(A) < 1$ 当且仅当存在正定矩阵 B, 使得 $B - ABA^*$ 也为正定矩阵.

1.12 设 $A \in \mathbf{R}^{n\times n}$ 且 $A \geqslant O$.

(1) 若 A 的各行元素之和相等, 则 $\rho(A) = \|A\|_\infty$;

(2) 若 A 的各列元素之和相等, 则 $\rho(A) = \|A\|_1$.

1.13 设 A 为 Z 矩阵. 证明: A 是非奇异的 M 矩阵当且仅当存在 $x > 0$ 使得 $Ax > 0$.

1.14 设 A 是 Hermite 矩阵, 且 X 是 A 的广义逆. 证明: X^2 是 A^2 的广义逆.

1.15 证明: $B^\dagger A^\dagger = (AB)^\dagger$ 当且仅当 $\mathcal{R}(A^*AB) \subseteq \mathcal{R}(B)$, 且 $\mathcal{R}(BB^*A^*) \subseteq \mathcal{R}(A^*)$.

1.16 试证明下述结论:

(1) $A^\dagger = (A^*A)^\dagger A^* = A^*(AA^*)^\dagger$; (2) 设 $a, b \in \mathbf{C}^n$, 则 $(ab^*)^\dagger = (a^*a)^\dagger(b^*b)^\dagger ba^*$.

1.17 设 A 为正规矩阵. 证明: $AA^\dagger = A^\dagger A$, 且对任一自然数 k, 有 $(A^k)^\dagger = (A^\dagger)^k$.

1.18 设 A 为 Z 矩阵. 证明: A 是 M 矩阵当且仅当 $\rho(B) < 1$, 其中 $B = I - D^{-1}A$ 且 $D = \mathrm{diag}(A)$.

第 2 章　正交变换和 Krylov 子空间

本章主要介绍两种常用的正交变换、QR 分解、线性无关向量组的正交化和 Krylov 子空间的性质及其正交化.

2.1　Householder 变换

定义 2.1　设 $u \in \mathbf{R}^n$ 满足 $\|u\|_2 = 1$, 称 n 阶矩阵

$$H = I - 2uu^{\mathrm{T}} \tag{2.1}$$

为 Householder 矩阵 (初等反射矩阵), u 称为 Householder 向量.

下面的定理给出了 Householder 矩阵的性质.

定理 2.1　设 H 为式 (2.1) 定义的 Householder 矩阵, 则

(1) $\det(H) = -1$.

(2) $H^{\mathrm{T}} = H$, $H^{\mathrm{T}}H = I$, $H^{-1} = H$, $H^2 = I$.

(3) H 仅有两个互不相同的特征值 -1 和 1, 且 -1 是单重的, 相应的特征向量为 u. 而 1 是 $n-1$ 重的, 相应的特征向量为所有与 u 正交的非零向量.

(4) 设 $x, u \in \mathbf{R}^n$ 满足 $u^{\mathrm{T}}x = 0$, $\alpha \in \mathbf{R}$, 则 $H(x + \alpha u) = x - \alpha u$.

证明　结论 (1)、(2)、(4) 容易验证. 只证明结论 (3). 事实上, 由于 $Hu = (I - 2uu^{\mathrm{T}})u = -u$, 故 -1 是 H 的一个特征值, 且几何重数至少为 1, u 为相应的特征向量. 另外, 对于任意与 u 正交的 n 维向量 x, 有 $Hx = x$, 即 1 为 H 的一个特征值, 且几何重数至少为 $n-1$, 与 u 正交的任一非零向量作为相应的特征向量. 由于特征值的几何重数不超过代数重数, 故特征值 -1 与 1 的代数重数分别至少为 1 与 $n-1$, 其和至少为 n. 注意到矩阵的特征值代数重数之和不会超过 n, 故 -1 与 1 的代数重数分别刚好为 1 与 $n-1$. □

下面的定理是 Householder 矩阵的另一个性质.

定理 2.2　设 H_{n-m} 是 $n-m$ 阶 Householder 矩阵, 则 $H = \begin{bmatrix} I_m & O \\ O & H_{n-m} \end{bmatrix}$ 是 n 阶 Householder 矩阵.

证明　设 u_{n-m} 是 $n-m$ 维单位列向量, 则有 $H_{n-m} = I_{n-m} - 2u_{n-m}u_{n-m}^{\mathrm{T}}$,

$$H=\begin{bmatrix} I_m & O \\ O & I_{n-m}-2u_{n-m}u_{n-m}^{\mathrm{T}} \end{bmatrix}=\begin{bmatrix} I_m & O \\ O & I_{n-m} \end{bmatrix}-2\begin{bmatrix} O & O \\ O & u_{n-m}u_{n-m}^{\mathrm{T}} \end{bmatrix}$$

$$=\begin{bmatrix} I_m & O \\ O & I_{n-m} \end{bmatrix}-2\begin{bmatrix} 0 \\ u_{n-m} \end{bmatrix}\begin{bmatrix} 0 & u_{n-m}^{\mathrm{T}} \end{bmatrix}=I_n-2u_nu_n^{\mathrm{T}},$$

式中, $u_n=\begin{bmatrix} 0 \\ u_{n-m} \end{bmatrix}\in\mathbf{R}^n$. 由于 $u_n^{\mathrm{T}}u_n=u_{n-m}^{\mathrm{T}}u_{n-m}=1$, 所以 H 是 n 阶 Householder 矩阵. □

定理 2.3 设 $x=(x_1,x_2,\cdots,x_n)^{\mathrm{T}}\in\mathbf{R}^n\ (n>1)$ 为任意的非零向量, 则存在 $u\in\mathbf{R}^n$ 满足 $\|u\|_2=1$, 使得式 (2.1) 定义的 Householder 矩阵满足

$$Hx=\alpha e_1, \tag{2.2}$$

式中, $\alpha=\pm\|x\|_2$. 且使得式 (2.2) 成立的 u 在相差一个符号的意义下是唯一确定的.

证明 由定义 2.1, $H=I-2uu^{\mathrm{T}}$, 于是 $Hx=x-2(u^{\mathrm{T}}x)u$. 欲使式 (2.2) 成立, 必须满足 $2(u^{\mathrm{T}}x)u=x-\alpha e_1$. 由于 $\|u\|_2=1$, 可取

$$u=\frac{x-\alpha e_1}{\|x-\alpha e_1\|_2}.$$

又因 H 是正交矩阵, 为使式 (2.2) 成立, 必须有

$$\|x\|_2=\|Hx\|_2=\|\alpha e_1\|_2=|\alpha|\cdot\|e_1\|_2=|\alpha|,$$

即 $\alpha=\pm\|x\|_2$. 容易验证, 如上选取的 H 满足式 (2.2). 此外, 由 u 的选取过程知, 这样的 u 在相差一个符号的意义下是唯一确定的. □

由定理 2.3, 可按如下步骤来构造确定 H 的单位向量 u:

(1) 计算 $v=x\pm\|x\|_2e_1$; (2) 计算 $u=v/\|v\|_2$.

上述计算涉及 $\|x\|_2$ 前的符号选取问题. 如果选取 $v=x-\|x\|_2e_1$, 就会出现计算 $v_1=x_1-\|x\|_2$ 的问题, 其中 v_1,x_1 分别表示 v,x 的第 1 个分量. 当 $x_1>0$ 时, 按上式计算 v_1 可能会导致有效数字的丢失. 在这种情形可改用下面的计算方式, 即

$$v_1=x_1-\|x\|_2=\frac{x_1^2-\|x\|_2^2}{x_1+\|x\|_2}=\frac{-(x_2^2+\cdots+x_n^2)}{x_1+\|x\|_2},$$

并且只要在 $x_1>0$ 时使用这一公式计算, 就可以避免两个相近的数相减的情形.

注意到

$$H = I - 2uu^{\mathrm{T}} = I - \frac{2}{v^{\mathrm{T}}v}vv^{\mathrm{T}} = I - \beta vv^{\mathrm{T}},$$

式中, $\beta = 2/(v^{\mathrm{T}}v)$. 这样就没有必要显式地求出向量 u, 只需求出 β 和 v 即可. 在实际计算中, 往往将 v 归化为第 1 个分量为 1 的向量 (只需作变换 $v := v/v_1$ 即可). 这样做的优点是可以把 v 的后 $n-1$ 个分量保存在 x 的后 $n-1$ 个化为 0 的分量位置上, 而 v 的第一个分量 1 就无需保存了.

此外, 在计算时, 溢出现象也是必须要考虑的问题. 在上述计算中, 如果 x 某分量过大, 其平方运算可能会出现上溢现象. 为了解决这个问题, 可以用 $x/\|x\|_\infty$ 代替 x 来构造 v, 相当于在原来的 v 之前乘了一个常数 $\alpha = 1/\|x\|_\infty$, 而 αv 与 v 的单位化向量是相同的.

基于上述讨论, 可得如下基本算法.

算法 2.1 本算法计算 Householder 矩阵 $H=I-\beta vv^{\mathrm{T}}$ 中满足 $v_1=1$ 的 v 和 β.

步 1, 输入 n 维实向量 x. 计算 $\eta = \|x\|_\infty$, 置 $x := x/\eta$.

步 2, $v := [1, x(2:n)]^{\mathrm{T}}$, 计算 $\sigma = x_2^2 + \cdots + x_n^2$.

步 3, 对于 $\sigma = 0$, 若 $x_1 \geqslant 0$, $\beta := 0$, 否则 $\beta := 2$, 终止计算.

步 4, 对于 $\sigma > 0$, 计算 $\alpha := \sqrt{x_1^2 + \sigma}$. 若 $x_1 \leqslant 0$, $v_1 = x_1 - \alpha$, 否则 $v_1 = -\sigma/(x_1 + \alpha)$.

步 5, 计算 $\beta := 2/(1 + \sigma/v_1^2)$, $v := v/v_1$.

执行算法 2.1 的运算量约为 $4n$. 进一步, 根据上述算法可编制 MATLAB 程序如下:

```
%实向量Householder变换程序house_r.m
function [v,beta]=house_r(x)
%本函数计算Householder矩阵H=I-beta*v*v'中满足v(1)=1的v和beta
n=length(x);eta=norm(x,inf);x=x/eta;
sigma=x(2:n)'*x(2:n);v=[1;x(2:n)];
if(sigma==0)&&(x(1)>=0),beta=0;end
if(sigma==0)&&(x(1)<0),beta=2;end
if sigma>0,
    alpha=(x(1)^2+sigma)^0.5;
    if x(1)<=0,v(1)=x(1)-alpha;
    else,v(1)=-sigma/(x(1)+alpha);end
    beta=2/(1+sigma/v(1)^2);v=v/v(1);
end
```

例 2.1 已知向量 $x = (5, -2, -3, 1)^{\mathrm{T}}$, 构造 Householder 矩阵 H 使得 $Hx = \|x\|_2 e_1$.

解 在 MATLAB 命令窗口依次运行如下代码 (ex21.m):

```
>> x=[5,-2,-3,1]';[v,beta]=house_r(x);
>> H=eye(length(x))-beta*v*v';
>> y=H*x
```

即得所需求的结果.

注 2.1 在应用 Householder 变换约化一个给定的矩阵为某一需要的形式时, 利用其特殊结构是非常重要的. 当计算 Householder 矩阵 $H = I - \beta vv^{\mathrm{T}} \in \mathbf{R}^{m\times m}$ 与一个已知矩阵 $A \in \mathbf{R}^{m\times n}$ 的乘积时, 实际计算中 H 并不需要以显式的方式给出, 而是根据如下的公式来计算:

$$HA = (I - \beta vv^{\mathrm{T}})A = A - \beta v(A^{\mathrm{T}}v)^{\mathrm{T}} = A - vw^{\mathrm{T}},$$

式中, $w = \beta A^{\mathrm{T}}v$. 换言之, 可以按下列两个步骤计算 HA:

(1) 计算 $w = \beta A^{\mathrm{T}}v$.

(2) 计算 $B = A - vw^{\mathrm{T}}$.

矩阵 B 即为所求的乘积 HA. 完成这一计算任务所需要的运算量为 $4mn$.

2.2 Givens 变换

Householder 变换可以将一个向量中若干相邻分量约化为 0. 但如果将向量中的某一个分量化为 0, 则采用 Givens 变换更为有效. Givens 变换 (矩阵) 定义如下.

定义 2.2 设实数 c 和 s 满足 $c^2 + s^2 = 1$, 称 n 阶矩阵

$$G_{ij}(c,s) = \begin{bmatrix} 1 & & & & & & \\ & \ddots & & & & & \\ & & c & \cdots & s & & \\ & & \vdots & \ddots & \vdots & & \\ & & -s & \cdots & c & & \\ & & & & & \ddots & \\ & & & & & & 1 \end{bmatrix} \begin{matrix} \\ \\ (i) \\ \\ (j) \\ \\ \\ \end{matrix} \quad (i \neq j) \tag{2.3}$$

为 Givens 变换 (矩阵), 或初等旋转矩阵.

容易证明, Givens 矩阵具有如下性质.

定理 2.4 设 $G_{ij}(c,s)$ 是由式 (2.3) 定义的 Givens 矩阵. 则

(1) $G^{\mathrm{T}}G = I$, 即 $G_{ij}(c,s)$ 为正交矩阵.

(2) $\det(G) = 1$.

(3) $G_{ij}(c,s)^{-1} = G_{ij}(c,s)^{\mathrm{T}} = G_{ij}(c,-s)$.

(4) 对于任意的 $x \in \mathbf{R}^n$, Givens 变换 $y = G_{ij}(c,s)x$ 只改变 x 的第 i,j 个分量.

证明 结论 (1) ~ (3) 容易验证. 只证明结论 (4). 设 $x = (x_1, x_2, \cdots, x_n)^{\mathrm{T}}$, $y = (y_1, y_2, \cdots, y_n)^{\mathrm{T}}$, 则由 $y = G_{ij}(c,s)x$, 得

$$y_i = cx_i + sx_j, \quad y_j = -sx_i + cx_j, \quad y_k = x_k \quad (k \neq i, j). \qquad \square$$

由定理 2.4 的结论 (4) 不难发现, 当 $x_i^2 + x_j^2 \neq 0$ 时, 选取

$$c = \frac{x_i}{\sqrt{x_i^2 + x_j^2}}, \quad s = \frac{x_j}{\sqrt{x_i^2 + x_j^2}}, \tag{2.4}$$

可使 $y_i = \sqrt{x_i^2 + x_j^2} > 0$, $y_j = 0$. 由此, 给定 x 第 i 个和第 j 个分量, 可按下列步骤计算 c 和 s 使得 $G_{ij}(c,s)x$ 的第 j 个分量为 0.

算法 2.2 (计算 Givens 变换) 给定两个实数 a 和 b, 本算法计算三个数 c, s, η, 使得

$$\begin{bmatrix} c & s \\ -s & c \end{bmatrix} \begin{bmatrix} a \\ b \end{bmatrix} = \begin{bmatrix} \eta \\ 0 \end{bmatrix}.$$

function $[c, s, \eta] =$ **givens_r**(a, b)
if $b = 0$
  $c = 1;\ s = 0;\ \eta = a;$
end
if $a = 0$
  $c = 0;\ s = 1;\ \eta = b;$
end
$\eta = \sqrt{a^2 + b^2};\ c = a/\eta;\ s = b/\eta.$

执行算法 2.2 只需 4 次乘除法、1 次加法和 1 次开平方运算. 进一步, 根据上述算法可编制 MATLAB 程序如下:

```
%Givens变换程序: givens_r.m
function [c,s,eta]=givens_r(a,b)
%计算 c,s,满足[c s; -s c]*[a;b]=[eta;0]
if b==0,c=1;s=0;eta=a;end
if a==0,c=0;s=1;eta=b;end
eta=sqrt(a^2+b^2);c=a/eta;s=b/eta;
```

例 2.2 已知向量 $[a;b]=[3;5]$, 构造 Givens 矩阵 G 使得 $G*[a;b]=[\eta;0]$.

解 在 MATLAB 命令窗口依次运行如下代码 (ex22.m):

```
%例2.2-ex22
a=3;b=5;[c,s,eta]=givens_r(a,b)
G=[c,s;-s,c];x=G*[a;b]
```

即得所需求的结果.

下面定理的结论表明 Givens 变换具有与 Householder 变换相同的功能.

定理 2.5 设 $x=(x_1,x_2,\cdots,x_n)^{\mathrm{T}}\neq 0$, 则存在有限个 Givens 矩阵的乘积 G, 使得 $Gx=\|x\|_2e_1$.

证明 (1) 设 $x_1\neq 0$, 依次构造

$$G_{12}: c=\frac{x_1}{\sqrt{x_1^2+x_2^2}}, s=\frac{x_2}{\sqrt{x_1^2+x_2^2}}\Longrightarrow G_{12}x=\left(\sqrt{x_1^2+x_2^2},0,x_3,\cdots,x_n\right)^{\mathrm{T}}.$$

$$G_{13}: c=\frac{\sqrt{x_1^2+x_2^2}}{\sqrt{x_1^2+x_2^2+x_3^2}}, s=\frac{x_3}{\sqrt{x_1^2+x_2^2+x_3^2}}$$

$$\Longrightarrow\quad G_{13}(G_{12}x)=\left(\sqrt{x_1^2+x_2^2+x_3^2},0,0,x_4,\cdots,x_n\right)^{\mathrm{T}}.$$

$$\vdots$$

$$G_{1n}: c=\frac{\sqrt{x_1^2+\cdots+x_{n-1}^2}}{\sqrt{x_1^2+\cdots+x_n^2}}, s=\frac{x_n}{\sqrt{x_1^2+\cdots+x_n^2}}$$

$$\Longrightarrow\quad G_{1n}(G_{1,n-1}\cdots G_{13}G_{12}x)=\left(\sqrt{x_1^2+\cdots+x_n^2},0,\cdots,0\right)^{\mathrm{T}}.$$

令 $G=G_{1n}G_{1,n-1}\cdots G_{13}G_{12}$, 则有 $Gx=\|x\|_2e_1$.

(2) 设 $x_1=\cdots=x_{i-1}=0$, $x_i\neq 0$ $(1<i\leqslant n)$, 则由 G_{1i} 开始即可. □

与 Householder 矩阵类似, 用 Givens 矩阵左乘或右乘一个已知矩阵 A, 利用其特殊结构也是极为有利的. 假定 $A\in\mathbf{R}^{m\times n}$. 如果 $G_{ik}(c,s)\in\mathbf{R}^{m\times m}$, 则用 $G_{ik}(c,s)A$ 修正 A 仅影响 A 的 i,k 两行, 可以用

$$\begin{bmatrix} a_{i1} & a_{i2} & \cdots & a_{in}\\ a_{k1} & a_{k2} & \cdots & a_{kn}\end{bmatrix}:=\begin{bmatrix} c & s\\ -s & c\end{bmatrix}\begin{bmatrix} a_{i1} & a_{i2} & \cdots & a_{in}\\ a_{k1} & a_{k2} & \cdots & a_{kn}\end{bmatrix}$$

实现, 这仅需 $6n$ 个浮点运算 (flop). 实现上述运算的 MATLAB 程序段如下:

```
for j=1:n
   t1=A(i,j);t2=A(k,j);
   A(i,j)=c*t1+s*t2;A(k,j)=-s*t1+c*t2;
end
```

同样, 如果 $G_{ik}(c,s) \in \mathbf{R}^{n\times n}$, 则用 $AG_{ik}(c,s)$ 修正 A 仅影响 A 的 i,k 两列, 可以用

$$\begin{bmatrix} a_{1i} & a_{1k} \\ a_{2i} & a_{2k} \\ \vdots & \vdots \\ a_{mi} & a_{mk} \end{bmatrix} := \begin{bmatrix} a_{1i} & a_{1k} \\ a_{2i} & a_{2k} \\ \vdots & \vdots \\ a_{mi} & a_{mk} \end{bmatrix} \begin{bmatrix} c & s \\ -s & c \end{bmatrix}$$

实现, 这只需 $6m$ 个 flop. 实现上述运算的 MATLAB 程序段如下:

```
for j=1:m
   t1=A(j,i);t2=A(j,k);
   A(j,i)=c*t1-s*t2;A(j,k)=s*t1+c*t2;
end
```

2.3 QR分解

实现矩阵 QR 分解最常用的方法有三种, 分别是 Householder 正交化方法、Givens 正交化方法和 Gram-Schmidt 正交化方法. 本节先给出前两种方法的具体实现.

定义 2.3 设 $A \in \mathbf{R}^{m\times n}\,(m \geqslant n)$ 为列满秩矩阵, 若有正交矩阵 $Q \in \mathbf{R}^{m\times m}$ 与上三角矩阵 $R \in \mathbf{R}^{m\times n}$ 使得 $A = QR$, 则称 QR 为 A 的 QR 分解.

1. Householder 变换 QR 分解

首先介绍如何使用 Householder 变换求矩阵的 QR 分解.

定理 2.6 设 $A \in \mathbf{R}^{m\times n}\,(m \geqslant n)$ 为列满秩矩阵, 则存在有限个 Householder 矩阵的乘积 Q, 使得

$$A = Q\widetilde{R} = Q\begin{bmatrix} R \\ O \end{bmatrix}, \tag{2.5}$$

式中, $R \in \mathbf{R}^{n\times n}$ 为非奇异的上三角矩阵.

证明 取 $A_1 := A$. 因为 $A = (a_{ij}) \in \mathbf{R}^{m\times n}$ 列满秩, 故 A 的第 1 列 $a_1 \neq 0$. 于是可以构造 Householder 矩阵 $H_1 \in \mathbf{R}^{m\times m}$, 使得 $H_1 a_1 = \alpha_1 e_1$, 这里 $\alpha_1 = \|a_1\|_2$,

$e_1 \in \mathbf{R}^m$. 则有

$$A_2 = H_1 A_1 = \begin{bmatrix} \alpha_1 & * \\ 0 & A_{22}^{(2)} \end{bmatrix}.$$

易见 $A_{22}^{(2)} \in \mathbf{R}^{(m-1)\times(n-1)}$ 列满秩. 对 $A_{22}^{(2)}$ 第 1 列的 $m-1$ 维非零向量 a_2 构造 $m-1$ 阶 Householder 矩阵 $\widetilde{H}_2$, 使得 $\widetilde{H}_2 a_2 = \alpha_2 e_1$, 这里 $\alpha_2 = \|a_2\|_2$, $e_1 \in \mathbf{R}^{m-1}$. 令 $H_2 = \mathrm{diag}(1, \widetilde{H}_2)$, 则有

$$A_3 = H_2 A_2 = \begin{bmatrix} \alpha_1 & * & * & \cdots & * \\ 0 & \alpha_2 & * & \cdots & * \\ 0 & 0 & * & \cdots & * \\ \vdots & \vdots & \vdots & \ddots & \vdots \\ 0 & 0 & * & \cdots & * \end{bmatrix} = \begin{matrix} \begin{bmatrix} A_{11}^{(3)} & A_{12}^{(3)} \\ O & A_{22}^{(3)} \end{bmatrix} & \begin{matrix} 2 \\ m-2 \end{matrix} \\ \begin{matrix} 2 & \quad n-2 \end{matrix} & \end{matrix},$$

式中, $A_{11}^{(3)}$ 为上三角矩阵.

重复上述过程, 假定已经进行了 $k-1$ 步, 得到了 Householder 变换 $H_1, H_2, \cdots, H_{k-1}$, 使得

$$A_k = H_{k-1} \cdots H_2 H_1 A_1 = \begin{matrix} \begin{bmatrix} A_{11}^{(k)} & A_{12}^{(k)} \\ O & A_{22}^{(k)} \end{bmatrix} & \begin{matrix} k-1 \\ m-k+1 \end{matrix} \\ \begin{matrix} k-1 & \quad n-k+1 \end{matrix} & \end{matrix},$$

式中, $A_{11}^{(k)}$ 为上三角矩阵.

假定

$$A_{22}^{(k)} = [a_k, a_{k+1}, \cdots, a_n].$$

第 k 步是先对非零向量 a_k, 构造

$$\widetilde{H}_k = I_{m-k+1} - \beta_k v_k v_k^{\mathrm{T}} \in \mathbf{R}^{(m-k+1)\times(m-k+1)},$$

使得 $\widetilde{H}_k a_k = \alpha_k e_1$, 这里 $\alpha_k = \|a_k\|_2$, $e_1 \in \mathbf{R}^{m-k+1}$. 令

$$H_k = \mathrm{diag}(I_{k-1}, \widetilde{H}_k),$$

则

$$A_{k+1} = H_k A_k = \begin{bmatrix} A_{11}^{(k)} & A_{12}^{(k)} \\ O & \widetilde{H}_k A_{22}^{(k)} \end{bmatrix}$$

$$= \begin{bmatrix} A_{11}^{(k+1)} & A_{12}^{(k+1)} \\ O & A_{22}^{(k+1)} \end{bmatrix} \begin{matrix} k \\ m-k \end{matrix},$$
$$\qquad\qquad k \qquad n-k$$

式中, $A_{11}^{(k+1)}$ 为上三角矩阵.

这样, 从 $k=1$ 出发, 对 A 依次进行 n 次 Householder 变换, 就可将 A 约化为上三角矩阵 $\widetilde{R}$, 即

$$\widetilde{R} = A_{n+1} = H_n A_n = \begin{bmatrix} A_{11}^{(n+1)} \\ O \end{bmatrix} \begin{matrix} n \\ m-n \end{matrix},$$

式中, $A_{11}^{(n+1)}$ 为上三角矩阵.

现记

$$R = A_{11}^{(n+1)}, \quad Q^{\mathrm{T}} = H_n H_{n-1} \cdots H_1,$$

则

$$A = Q \begin{bmatrix} R \\ O \end{bmatrix},$$

式中, $R \in \mathbf{R}^{n\times n}$ 为上三角矩阵.

若令 $Q = [Q_1, Q_2]$, 这里 $Q_1 \in \mathbf{R}^{m\times n}$, 则有

$$A = Q_1 R. \qquad \square$$

注 2.2 若 $A \in \mathbf{R}^{n\times n}$ 为非奇异矩阵, 则由定理 2.6, A 有 QR 分解

$$A = QR,$$

式中, $Q \in \mathbf{R}^{n\times n}$ 为正交矩阵; $R \in \mathbf{R}^{n\times n}$ 为非奇异的上三角矩阵.

下面考虑计算 A 的 QR 分解的存储问题. 一般来说, 在完成 QR 分解之后 A 就不再需要, 可用它来存放 Q 和 R. 通常不必将 Q 显式地算出, 而只存放构成它的 n 个 Householder 矩阵 H_k $(k=1,2,\cdots,n)$, 而对每个 H_k, 只需保存 v_k 和 β_k 即可. 注意到 v_k 具有如下形式:

$$v_k = \left(1, v_{k+1}^{(k)}, \cdots, v_n^{(k)}\right)^{\mathrm{T}} \in \mathbf{R}^{m-k+1},$$

正好可以将 v_k 的第 2 到 $m-k+1$ 个分量, 即 $v_k(2:m-k+1)$ 存放在 A 的第 k 列对角元以下的位置上, 而 A 的上三角部分用来存放 R 的上三角部分.

综合上述讨论, 可得如下算法.

算法 2.3 (Householder 变换 QR 分解)

for $k = 1 : n$

　if $k < m$

　　$[v, \beta] = \textbf{house\_r}(A(k : m, k));$

　　$A(k : m, k : n) = (I_{m-k+1} - \beta vv^{\mathrm{T}})A(k : m, k : n);$

　　$d(k) = \beta;$

　　$A(k+1 : m, k) = v(2 : m - k + 1);$

　end

end

注 2.3　算法 2.3 是指对于给定的矩阵 $A \in \mathbf{R}^{m\times n}$ $(m \geqslant n)$, 计算 Householder 矩阵 $H_1, H_2, \cdots, H_n$ 满足: 如果 $Q = H_1H_2\cdots H_n$, 则 $Q^{\mathrm{T}}A = R$ 是上三角形矩阵, 且 A 的上三角部分被 R 的上三角部分所覆盖, 第 k 个 Householder 向量的第 $k+1$ 到 m 个分量存放于 $A(k+1 : m, k), k < m$ 的位置.

根据上述算法可编制 MATLAB 程序如下:

```
function [A,d]=house_qr(A)
%Householder变换QR分解,不显式计算和存储正交矩阵Q
[m,n]=size(A);
for k=1:n
    if k<m
        [v,beta]=house_r(A(k:m,k));
        A(k:m,k:n)=(eye(m-k+1)-beta*v*v')*A(k:m,k:n);
        d(k)=beta;A(k+1:m,k)=v(2:m-k+1);
    end
end
%R=triu(A);
```

例 2.3　利用算法 2.3 对矩阵 A 进行 QR 分解, 其中

$$A = \begin{bmatrix} 55 & 26 & 20 \\ 14 & 82 & 26 \\ 15 & 25 & 62 \\ 26 & 93 & 48 \end{bmatrix}.$$

解　由于算法 2.3 中没有显式计算和存储正交矩阵 Q, 故需对程序 house_qr.m 稍作修改:

```
function [Q,R]=Qhouse_qr(A)
```

```
%Householder变换 QR分解,显式计算并存储Q
[m,n]=size(A); Q=eye(m);
for k=1:n
    if k<m
        [v,beta]=house_r(A(k:m,k));
        H=eye(m-k+1)-beta*v*v';
        A(k:m,k:n)=H*A(k:m,k:n);
        Q=Q*blkdiag(eye(k-1),H);
    end
end
R=triu(A);
```

然后再在命令窗口依次运行如下代码 (ex23.m):

```
A=[55,26,20;14,82,26;15,25,62;26,93,48];
[Q,R]=Qhouse_qr(A)
Res=norm(A-Q*R,'fro')
```

即得矩阵 A 的 QR 分解, 且满足 $\|A-QR\|_{\rm F}=6.6584\times 10^{-14}$.

2. Givens 变换 QR 分解

Givens 变换也可以实现矩阵 A 的 QR 分解. 先考虑 A 为非奇异实方阵的情形, 有下面的定理.

定理 2.7 设 $A\in\mathbf{R}^{n\times n}$ 为非奇异矩阵, 则存在有限个 Givens 矩阵的乘积 Q, 使得 $Q^{\rm T}A$ 为可逆上三角矩阵 R, 即 $A=QR$.

证明 因为 $A=(a_{ij})\in\mathbf{R}^{n\times n}$ 可逆, 故 A 的第 1 列 $a^{(0)}\neq 0$. 于是可以构造 $n-1$ 个 Givens 矩阵的乘积 $G_0\in\mathbf{R}^{n\times n}$, 使得 $G_0a^{(0)}=\|a^{(0)}\|_2e_1$, 这里 $e_1\in\mathbf{R}^n$. 记 $a_{11}^{(1)}=\|a^{(0)}\|_2$, 则有

$$G_0A=\left[\begin{array}{c:ccc} a_{11}^{(1)} & a_{12}^{(1)} & \cdots & a_{1n}^{(1)} \\ \hdashline 0 & & & \\ \vdots & & A^{(1)} & \\ 0 & & & \end{array}\right].$$

易见 $A^{(1)}$ 可逆. 于是 $A^{(1)}$ 的第 1 列 $a^{(1)}\neq 0$. 故存在 $n-2$ 个 Givens 矩阵的乘积 $G_1\in\mathbf{R}^{(n-1)\times(n-1)}$, 使得 $G_1a^{(1)}=\|a^{(1)}\|_2e_1$, 这里 $e_1\in\mathbf{R}^{n-1}$. 记 $a_{22}^{(2)}=\|a^{(1)}\|_2$, 则有

$$G_1A^{(1)} = \left[\begin{array}{c|ccc} a_{22}^{(2)} & a_{23}^{(2)} & \cdots & a_{2n}^{(2)} \\ \hline 0 & & & \\ \vdots & & A^{(2)} & \\ 0 & & & \end{array}\right].$$

以此类推, 最后得到 $A^{(n-2)} \in \mathbf{R}^{2\times 2}$ 可逆, $A^{(n-2)}$ 的第 1 列 $a^{(n-2)} \neq 0$. 那么可构造 Givens 矩阵 $G_{n-2} \in \mathbf{R}^{2\times 2}$, 使得 $G_{n-2}a^{(n-2)} = \|a^{(n-2)}\|_2 e_1$, 这里 $e_1 \in \mathbf{R}^2$. 记 $a_{n-1,n-1}^{(n-1)} = \|a^{(n-2)}\|_2$, 则有

$$G_{n-2}A^{(n-2)} = \begin{bmatrix} a_{n-1,n-1}^{(n-1)} & a_{n-1,n}^{(n-1)} \\ 0 & a_{n,n}^{(n-1)} \end{bmatrix}.$$

令

$$Q^{\mathrm{T}} = \begin{bmatrix} I_{n-2} & \\ & G_{n-2} \end{bmatrix} \cdots \begin{bmatrix} I_2 & \\ & G_2 \end{bmatrix} \begin{bmatrix} 1 & \\ & G_1 \end{bmatrix} G_0,$$

则 Q 仍为有限 $(n(n-1)/2)$ 个 Givens 矩阵之积, 且有

$$Q^{\mathrm{T}}A = \begin{bmatrix} a_{11}^{(1)} & a_{12}^{(1)} & \cdots & a_{1,n-1}^{(1)} & a_{1n}^{(1)} \\ & a_{22}^{(2)} & \cdots & a_{2,n-1}^{(2)} & a_{2n}^{(2)} \\ & & \ddots & \vdots & \vdots \\ & & & a_{n-1,n-1}^{(n-1)} & a_{n-1,n}^{(n-1)} \\ & & & & a_{nn}^{(n-1)} \end{bmatrix} := R,$$

即 $A = QR$. □

定理 2.7 的结论可以推广到 A 是长方阵的情形.

定理 2.8 设 $A \in \mathbf{R}^{m\times n}$ $(m \geqslant n)$ 是列满秩的, 则有 m 阶正交矩阵 Q 及 n 阶上三角矩阵 R, 使得

$$A = Q\begin{bmatrix} R \\ O \end{bmatrix} = Q_1R,$$

式中, Q_1 为由 Q 的前 n 列构成的矩阵.

证明 已知 A 是列满秩的, 即它的 n 个列向量线性无关, 使用与证明定理 2.7 相同的方法, 可找到有限个 m 阶 Givens 矩阵的乘积 G, 使得 $GA = \begin{bmatrix} R \\ O \end{bmatrix}$, 再令 $Q = G^{\mathrm{T}}$ 即得所求. □

下面考虑 Givens 变换 QR 分解的实现过程. 可以用一个 5×3 矩阵的例子来表明其一般思想.

$$
\begin{bmatrix} \times & \times & \times \\ \times & \times & \times \\ \times & \times & \times \\ \times & \times & \times \\ \times & \times & \times \end{bmatrix}
\xrightarrow{(4,5)}
\begin{bmatrix} \times & \times & \times \\ \times & \times & \times \\ \times & \times & \times \\ \times & \times & \times \\ 0 & \times & \times \end{bmatrix}
\xrightarrow{(3,4)}
\begin{bmatrix} \times & \times & \times \\ \times & \times & \times \\ \times & \times & \times \\ 0 & \times & \times \\ 0 & \times & \times \end{bmatrix}
\xrightarrow{(2,3)}
\begin{bmatrix} \times & \times & \times \\ \times & \times & \times \\ 0 & \times & \times \\ 0 & \times & \times \\ 0 & \times & \times \end{bmatrix}
$$

$$
\xrightarrow{(1,2)}
\begin{bmatrix} \times & \times & \times \\ 0 & \times & \times \\ 0 & \times & \times \\ 0 & \times & \times \\ 0 & \times & \times \end{bmatrix}
\xrightarrow{(4,5)}
\begin{bmatrix} \times & \times & \times \\ 0 & \times & \times \\ 0 & \times & \times \\ 0 & \times & \times \\ 0 & 0 & \times \end{bmatrix}
\xrightarrow{(3,4)}
\begin{bmatrix} \times & \times & \times \\ 0 & \times & \times \\ 0 & \times & \times \\ 0 & 0 & \times \\ 0 & 0 & \times \end{bmatrix}
\xrightarrow{(2,3)}
\begin{bmatrix} \times & \times & \times \\ 0 & \times & \times \\ 0 & 0 & \times \\ 0 & 0 & \times \\ 0 & 0 & \times \end{bmatrix}
$$

$$
\xrightarrow{(4,5)}
\begin{bmatrix} \times & \times & \times \\ 0 & \times & \times \\ 0 & 0 & \times \\ 0 & 0 & \times \\ 0 & 0 & 0 \end{bmatrix}
\xrightarrow{(3,4)}
\begin{bmatrix} \times & \times & \times \\ 0 & \times & \times \\ 0 & 0 & \times \\ 0 & 0 & 0 \\ 0 & 0 & 0 \end{bmatrix}
:= \begin{bmatrix} R_1 \\ O \end{bmatrix} := R,
$$

此处已标记定义所对应 Givens 变换的 2 维向量. 显然, 若 G_i 表示在约化过程中的第 i 次 Givens 变换, 则 $Q^{\mathrm{T}}A = R$ 是上三角形矩阵, 其中 $Q = G_1 G_2 \cdots G_t$, 且 t 是 Givens 变换的总次数. 对于一般的 $A \in \mathbf{R}^{m \times n}$ $(m \geqslant n)$, 有如下算法.

算法 2.4 (Givens 变换 QR 分解)

```
[m, n] = size(A);
for  k = 1 : n
    for  i = m : -1 : k+1
        [c, s] = givens_r(A(i-1, k), A(i, k));
        A(i-1 : i, k : n) = [c, s; -s, c] * A(i-1 : i, k : n);
    end
```

end

根据上述算法可编制 MATLAB 程序如下:

```
function [A]=givens_qr(A)
%Givens变换QR分解,不显式计算并存储正交阵Q
[m,n]=size(A);
for k=1:n
    for i=m:-1:k+1
        [c,s]=givens_r(A(i-1,k), A(i,k));
        A(i-1:i, k:n)=[c, s; -s, c]*A(i-1:i, k:n);
    end
end
```

例 2.4 利用算法 2.4 对例 2.3 中的矩阵 A 进行 QR 分解.

解 由于算法 2.4 中没有显式计算和存储正交矩阵 Q, 故不能直接调用程序 givens_qr.m, 需对其稍作修改:

```
function [Q,R]=Qgivens_qr(A)
%Givens变换QR分解,显式计算并存储正交阵Q
[m,n]=size(A);Q=eye(m);
for k=1:n
    for i=m:-1:k+1
        [c,s]=givens_r(A(i-1,k),A(i,k));
        A(i-1:i,k:n)=[c,s;-s,c]*A(i-1:i,k:n);
        Q(:,i-1:i)=Q(:,i-1:i)*[c,s;-s,c]';
    end
end
R=triu(A);
```

然后再在命令窗口依次运行如下代码 (ex24.m):

```
A=[55,26,20;14,82,26;15,25,62;26,93,48];
[Q,R]=Qgivens_qr(A)
Res=norm(A-Q*R,'fro')
```

即得矩阵 A 的 QR 分解, 且满足 $\|A-QR\|_2=6.3875\times10^{-14}$.

3. 上 Hessenberg 矩阵的 QR 分解

作为 Givens 变换 QR 分解的一个应用, 下面讨论上 Hessenberg 矩阵的 QR 分解问题. 从前述讨论可知, Givens 变换 QR 分解的运算量约为 Householder 变换的 1.5 倍. 尽管如此, 用 Givens 变换对上 Hessenberg 矩阵进行 QR 分解却具有独特的优势. 上 Hessenberg 矩阵是一类具有重要应用的矩阵类, 例如在后续章节将介绍的广义极小残量法 (GMRES) 需要求解一个上 Hessenberg 矩阵的最小二乘问题. 下面介绍上 Hessenberg 矩阵的 Givens 变换 QR 分解的具体实现.

定义 2.4 如果 n 阶矩阵的下次对角线以下的元素都为零, 则称该矩阵为上 Hessenberg 矩阵. 上 Hessenberg 矩阵的转置称为下 Hessenberg 矩阵.

根据上 Hessenberg 矩阵的特殊结构 (矩阵的每一列对角线以下的元素中只有第 1 个元素可能非零), 因而只需对每一列作一次 Givens 变换即可, 具体来说有下面的算法.

算法 2.5 (上 Hessenberg 矩阵 QR 分解)

for $k = 1 : n-1$

$\quad [c_k, s_k] = \textbf{givens\_r}(A(k,k), A(k+1,k));$

$\quad A(k:k+1, k:n) = [c_k, s_k; -s_k, c_k] * A(k:k+1, k:n);$

end

根据上述算法可编制 MATLAB 程序如下:

```
function [Q,R]=Qhessenberg_qr(A)
%上Hessenberg矩阵的QR分解,显式计算Q
n=size(A, 2);Q=eye(n);
for k=1:n-1
    [c,s]=givens_r(A(k,k), A(k+1,k));
    A(k:k+1, k:n)=[c, s; -s, c]*A(k:k+1,k:n);
    Q(:,k:k+1)=Q(:,k:k+1)*[c, s; -s, c]';
end
R=triu(A);
```

例 2.5 利用算法 2.5 对上 Hessenberg 矩阵 H 进行 QR 分解, 其中

$$H = \begin{bmatrix} 55 & 26 & 20 & 31 \\ 56 & 14 & 82 & 26 \\ 0 & 36 & 25 & 62 \\ 0 & 0 & 38 & 48 \end{bmatrix}.$$

在命令窗口依次运行如下代码 (ex25.m):

```
H=[55,26,20,31;56,14,82,26;0,36,25,62;0,0,38,48];
[Q,R]=Qhessenberg_qr(H)
Res=norm(H-Q*R,'fro')
```

即得矩阵 H 的 QR 分解, 且满足 $\|H - QR\|_2 = 1.6281 \times 10^{-14}$.

作为 Givens 变换 (或 Householder 变换) 的另一个应用, 下面介绍 n 阶实矩阵正交相似于上 Hessenberg 矩阵的计算问题.

定理 2.9 设 $A \in \mathbf{R}^{n\times n}$, 则存在有限个 Givens 矩阵 (或 Householder 矩阵) 的乘积 Q, 使得 QAQ^{T} 为上 Hessenberg 矩阵.

证明 仅讨论使用 Givens 矩阵的情形.

第 1 步, 设 $A=(a_{ij}) \in \mathbf{R}^{n\times n}$, 记 $\alpha^{(0)}=(a_{21},\cdots,a_{n1})^{\mathrm{T}}\in\mathbf{R}^{n-1}$, 当 $\alpha^{(0)}=0$ 时转入第 2 步; 当 $\alpha^{(0)}=0$ 时, 构造有限个 Givens 矩阵的乘积 G_0, 使得

$$G_0\alpha^{(0)} = \|\alpha^{(0)}\|_2 e_1 \quad (e_1 \in \mathbf{R}^{n-1}).$$

记 $a_{21}^{(1)} = \|\alpha^{(0)}\|_2$, 则有

$$\begin{bmatrix} 1 & \\ & G_0 \end{bmatrix} A \begin{bmatrix} 1 & \\ & G_0 \end{bmatrix}^{\mathrm{T}} = \left[\begin{array}{c|cccc} a_{11} & a_{12}^{(1)} & a_{13}^{(1)} & \cdots & a_{1n}^{(1)} \\ \hline a_{21}^{(1)} & & & & \\ 0 & & & & \\ \vdots & & & A^{(1)} & \\ 0 & & & & \end{array}\right].$$

第 2 步, 设 $A^{(1)} \in \mathbf{R}^{(n-1)\times(n-1)}$, 记 $\alpha^{(1)} = (a_{32}^{(1)},\cdots,a_{n2}^{(1)})^{\mathrm{T}} \in \mathbf{R}^{n-2}$, 当 $\alpha^{(1)}=0$ 时转入第 3 步; 当 $\alpha^{(1)} \neq 0$ 时, 构造有限个 Givens 矩阵的乘积 G_1, 使得

$$G_1\alpha^{(1)} = \|\alpha^{(1)}\|_2 e_1 \quad (e_1 \in \mathbf{R}^{n-2}).$$

记 $a_{32}^{(2)} = \|\alpha^{(1)}\|_2$, 则有

$$\begin{bmatrix} 1 & \\ & G_1 \end{bmatrix} A^{(1)} \begin{bmatrix} 1 & \\ & G_1 \end{bmatrix}^{\mathrm{T}} = \left[\begin{array}{c|cccc} a_{22}^{(1)} & a_{23}^{(2)} & a_{24}^{(2)} & \cdots & a_{2n}^{(2)} \\ \hline a_{32}^{(2)} & & & & \\ 0 & & & & \\ \vdots & & & A^{(2)} & \\ 0 & & & & \end{array}\right].$$

继续上述过程, 直到第 $n-2$ 步:

$$A^{(n-3)} = \begin{bmatrix} a_{n-2,n-2}^{(n-3)} & a_{n-2,n-1}^{(n-3)} & a_{n-2,n}^{(n-3)} \\ a_{n-1,n-2}^{(n-3)} & a_{n-1,n-1}^{(n-3)} & a_{n-1,n}^{(n-3)} \\ a_{n,n-2}^{(n-3)} & a_{n,n-1}^{(n-3)} & a_{n,n}^{(n-3)} \end{bmatrix} \in \mathbf{R}^{3\times 3},$$

记 $\alpha^{(n-3)} = \begin{bmatrix} a_{n-1,n-2}^{(n-3)} \\ a_{n,n-2}^{(n-3)} \end{bmatrix}$. 当 $\alpha^{(n-3)} = 0$ 时结束; 当 $\alpha^{(n-3)} \neq 0$ 时, 构造 Givens 矩阵 G_{n-3}, 使得

$$G_{n-3}\alpha^{(n-3)} = \|\alpha^{(n-3)}\|_2 e_1 \quad (e_1 \in \mathbf{R}^2).$$

记 $a_{n-1,n-2}^{(n-2)} = \|\alpha^{(n-3)}\|_2$, 则有

$$\begin{bmatrix} 1 & \\ & G_{n-3} \end{bmatrix} A^{(n-3)} \begin{bmatrix} 1 & \\ & G_{n-3} \end{bmatrix}^{\mathrm{T}} = \begin{bmatrix} a_{n-2,n-2}^{(n-3)} & a_{n-2,n-1}^{(n-3)} & a_{n-2,n}^{(n-3)} \\ a_{n-1,n-2}^{(n-2)} & a_{n-1,n-1}^{(n-2)} & a_{n-1,n}^{(n-2)} \\ 0 & a_{n,n-1}^{(n-2)} & a_{n,n}^{(n-2)} \end{bmatrix}.$$

最后, 构造正交矩阵

$$Q = \begin{bmatrix} I_{n-2} & \\ & G_{n-3} \end{bmatrix} \cdots \begin{bmatrix} I_2 & \\ & G_1 \end{bmatrix} \begin{bmatrix} 1 & \\ & G_0 \end{bmatrix},$$

可使 QAQ^{T} 为上 Hessenberg 矩阵. □

推论 2.1 *设 A 是 n 阶实对称矩阵, 则存在有限个 Givens 矩阵 (或 Householder 矩阵) 的乘积 Q, 使得 QAQ^{T} 为实对称三对角矩阵.*

证明 对 A 应用定理 2.9, 则存在正交矩阵 Q, 使得 QAQ^{T} 为上 Hessenberg 矩阵. 由于 $A^{\mathrm{T}} = A$, 又有 $QAQ^{\mathrm{T}} = (QAQ^{\mathrm{T}})^{\mathrm{T}}$ 为下 Hessenberg 矩阵, 故 QAQ^{T} 是三对角矩阵, 从而 QAQ^{T} 是实对称的三对角矩阵. □

2.4 Gram-Schmidt 正交化

本节讨论线性无关向量组的正交化, 介绍经典的 Gram-Schmidt 正交化过程.

考虑 m 个线性无关的 n 维向量组 $\{x_i\}_{i=1}^m\,(m \leqslant n)$. 记列满秩 $n \times m$ 矩阵 $X = [x_1, x_2, \cdots, x_m]$. 对向量组 $\{x_i\}_{i=1}^m$ 用 Gram-Schmidt 正交化产生相互正交的单位向量组 $\{q_i\}_{i=1}^m$, 使得

$$\mathrm{span}\{x_1, x_2, \cdots, x_k\} = \mathrm{span}\{q_1, q_2, \cdots, q_k\}, \quad k = 1, 2, \cdots, m. \tag{2.6}$$

按如下方式构造 $\{q_i\}_{i=1}^m$. 令 $q_1 = x_1/\|x_1\|_2$. 设已经构造好相互正交的单位向量组 $\{q_i\}_{i=1}^{k-1}$ 使得式 (2.6) 对 $k-1$ 成立. 利用正交性, 得

$$\widetilde{q}_k = x_k - \sum_{i=1}^{k-1} r_{ik} q_i, \quad r_{ik} = (x_k, q_i), i = 1, \cdots, k-1; \quad q_k = \frac{\widetilde{q}_k}{\|\widetilde{q}_k\|_2}. \tag{2.7}$$

从而 q_k 与 $q_1,\cdots,q_{k-1}$ 都正交且为单位向量. 在 $q_1,\cdots,q_{k-1}$ 都已经单位正交化的前提下, 式 (2.7) 表明 x_k 去掉它在 q_i 上的分量 (投影) $r_{ik}q_i\,(i=1,\cdots,k-1)$ 后剩下的部分与 $q_1,\cdots,q_{k-1}$ 都正交. 据此, 可以写出 Gram-Schmidt 正交化的算法如下.

算法 2.6 (标准 Gram-Schmidt 正交化) 给定 $n\times m\,(m\leqslant n)$ 列满秩矩阵 $X=[x_1,x_2,\cdots,x_m]$, 本算法产生 $n\times m$ 矩阵 $Q=[q_1,q_2,\cdots,q_m]$ (其列是单位正交的) 和 $m\times m$ 非奇异上三角矩阵 $R=(r_{ik})$.

$r_{11}=\|x_1\|_2; q_1=x_1/r_{11};$
for $k=2:m$
  for $i=1:k-1$
  $r_{ik}=(x_k,q_i);$
  end
  $\widetilde{q}=x_k-\sum_{i=1}^{k-1}r_{ik}q_i;$
  $r_{kk}=\|\widetilde{q}\|_2;\ q_k=\widetilde{q}/r_{kk};$
end

由算法 2.6 可以得到关系式

$$x_k=\sum_{i=1}^{k}r_{ik}q_i,\quad k=1,2,\cdots,m. \tag{2.8}$$

写成矩阵形式即为

$$X=QR, \tag{2.9}$$

式中, $Q=[q_1,q_2,\cdots,q_m]\in\mathbf{R}^{n\times m}$, 其列是相互正交的单位向量; R 为 $m\times m$ 上三角矩阵, $x_1,x_2,\cdots,x_m$ 的线性无关性保证了所有的 $r_{ii}\,(i=1,2,\cdots,m)$ 都不为零, 因而 R 是非奇异的.

算法 2.6 表明, 通过对矩阵 X 列向量的 Gram-Schmidt 正交化, 实现了矩阵 X 的 QR 分解.

标准 Gram-Schmidt 正交化过程的 MATLAB 程序如下:

```
%标准Gram-Schmidt正交化程序-G_Schmidt.m
function [Q,R]=G_Schmidt(X)
[m]=size(X,2);%矩阵的列
R=zeros(m);R(1,1)=norm(X(:,1));
Q(:,1)=X(:,1)/R(1,1);%单位化
for k=2:m
```

```
    for(i=1:k-1),R(i,k)=Q(:,i)'*X(:,k);end
    qt=X(:,k);
    for(i=1:k-1),qt=qt-R(i,k)*Q(:,i);end
    R(k,k)=norm(qt);Q(:,k)=qt/R(k,k);%单位化
end
```

从算法 2.6 可以看出, 当 x_k 与前面的 x_i 接近线性相关时, r_{kk} 将接近于 0, 用它作分母会导致很大的舍入误差, q_i 之间很快失去了正交性. 一种改进就是修正的 Gram-Schmidt 正交化. 它把算法 2.6 的第 3 行和第 4 行修改为下面的循环:

$$\widetilde{q}=x_k,\quad r_{ik}=(\widetilde{q},q_i),\quad \widetilde{q}:=\widetilde{q}-r_{ik}q_i,\quad i=1,2,\cdots,k-1. \tag{2.10}$$

在不考虑舍入误差时, 上述计算结果 $\widetilde{q}$ 与算法 2.6 中第 4 行的 $\widetilde{q}$ 是相同的. 实际上, 修正的 Gram-Schmidt 正交化利用了最新的 $\widetilde{q}$, 有助于减少舍入误差影响.

为了保证正交性, 更可靠的方法是进行重正交化. 设已用式 (2.10) 计算了 $\widetilde{q}$. 若 $\|\widetilde{q}\|_2$ 很小 (与 $\|x_k\|_2$ 相比), 用它作分母计算 q_k 会有很大的舍入误差. 此时, 对已计算的 $\widetilde{q}$ 再正交化, 得

$$\widetilde{r}_{ik}=(\widetilde{q},q_i),\quad \widetilde{q}:=\widetilde{q}-\widetilde{r}_{ik}q_i,\quad i=1,2,\cdots,k-1. \tag{2.11}$$

由于 $\widetilde{q}$ 已与 q_i 接近正交, 故 $\widetilde{r}_{ik}$ 接近 0. 把它累加到 r_{ik} 上, 得

$$r_{ik}:=r_{ik}+\widetilde{r}_{ik},\quad i=1,2,\cdots,k-1. \tag{2.12}$$

可以写出如下的修正 Gram-Schmidt 正交化算法.

算法 2.7 (修正 Gram-Schmidt 正交化) 给定 $n\times m\,(m\leqslant n)$ 列满秩矩阵 $X=[x_1,x_2,\cdots,x_m]$, 本算法产生 $n\times m$ 矩阵 $Q=[q_1,q_2,\cdots,q_m]$ (其列是单位正交的) 和 $m\times m$ 非奇异上三角矩阵 $R=(r_{ik})$.

$r_{11}=\|x_1\|_2;\ q_1=x_1/r_{11};$
for $k=2:m$
  $\widetilde{q}=x_k;$
  for $i=1:k-1$
    $r_{ik}=(\widetilde{q},q_i);\ \widetilde{q}=\widetilde{q}-r_{ik}q_i;$
  end
  for $i=1:k-1$ % 重正交化
    $\widetilde{r}_{ik}=(\widetilde{q},q_i);\ \widetilde{q}=\widetilde{q}-\widetilde{r}_{ik}q_i;$
    $r_{ik}=r_{ik}+\widetilde{r}_{ik};$
  end
  $r_{kk}=\|\widetilde{q}\|_2;q_k=\widetilde{q}/r_{kk};$
end

再给出修正 Gram-Schmidt 正交化过程的 MATLAB 程序如下:

```
%修正Gram-Schmidt正交化程序-G_Schmidt2.m
function [Q,R]=G_Schmidt2(X)
[n,m]=size(X);%矩阵的行和列
R=zeros(m);Q=zeros(n,m);
R(1,1)=norm(X(:,1));
Q(:,1)=X(:,1)/R(1,1);%单位化
for k=2:m
    qt=X(:,k);
    for i=1:k-1
        R(i,k)=qt'*Q(:,i);
        qt=qt-R(i,k)*Q(:,i);%对剩余向量进行修正
    end
    for i=1:k-1 %重正交化
        rt=qt'*Q(:,i);
        qt=qt-rt*Q(:,i);
        R(i,k)=R(i,k)+rt;
    end
    R(k,k)=norm(qt);
    Q(:,k)=qt/R(k,k);%对本次得到的向量单位化
end
```

例 2.6 设 $A = 2 * \text{rand}(5,4) - 1$, 用 Gram-Schmidt 方法对矩阵 A 的列向量进行正交化.

解 分别用标准 Gram-Schmidt 方法和修正 Gram-Schmidt 方法对矩阵 A 列向量进行正交化. 在命令窗口输入:

```
rng(2);%可重复性
A=2*rand(5,4)-1;%随机生成5*4矩阵
[Q1,R1]=G_Schmidt(A);err1=norm(A-Q1*R1),
[Q2,R2]=G_Schmidt2(A);err2=norm(A-Q2*R2),
```

运行后即得结果, 且分别满足 $\|A - Q_1R_1\|_2 = 1.1444 \times 10^{-16}$ 和 $\|A - Q_2R_2\|_2 = 5.5511 \times 10^{-17}$.

2.5 Krylov 子空间

本节阐述与 Krylov 子空间有关的一些基本概念和重要性质, 并且给出计算其正交基的几个实用的算法.

1. Krylov 子空间定义

首先来介绍一下 Krylov 子空间的有关概念和性质. 考虑这样一个问题: 假如并不明确地知道矩阵 A, 而只知道对任意给定向量 x 可以产生向量 $y = Ax$ 的机制, 那么可以从中得到 A 的一些什么信息呢?

当然, 在这种情况下, 若选定一个向量 v, 便可得到一个序列

$$v_0 = v, v_1 = Av_0 = Av, v_2 = Av_1 = A^2v, \ \cdots, v_{k+1} = Av_k = A^{k+1}v, \ \cdots. \tag{2.13}$$

假定 A 的特征多项式为

$$p_A(\lambda) = \det(\lambda I - A) = \lambda^n + \alpha_{n-1}\lambda^{n-1} + \cdots + \alpha_1\lambda + \alpha_0,$$

则由 Cayley-Hamilton 定理可知

$$v_n + \alpha_{n-1}v_{n-1} + \cdots + \alpha_1 v_1 + \alpha_0 v_0 = 0,$$

从而有

$$Vp = -v_n, \tag{2.14}$$

式中

$$V = [v_0, v_1, \cdots, v_{n-1}], \quad p = (\alpha_0, \alpha_1, \cdots, \alpha_{n-1})^{\mathrm{T}}.$$

若 V 非奇异, 则由方程组 (2.14) 可唯一地确定特征多项式的系数构成的向量 p, 从而可求得特征多项式, 进而得到 A 的所有特征值. 这就是说, 在所给定的条件下, 能得到 A 所有的特征值的信息.

上述求 A 的特征多项式的方法, 是在 1931 年首先由 Krylov 提出的. 因此, 后人就将序列式 (2.13) 称为 Krylov 序列, 而将子空间

$$\mathcal{K}_k(A, v) = \mathrm{span}\{v, Av, \cdots, A^{k-1}v\} \tag{2.15}$$

称为 Krylov 子空间, 将矩阵

$$K_k(A, v) = [v, Av, \cdots, A^{k-1}v] \tag{2.16}$$

称为 Krylov 矩阵.

由 Krylov 子空间的定义, 容易验证其有如下的性质.

定理 2.10 假定 $A \in \mathbf{R}^{n\times n}$ 和 $v \in \mathbf{R}^n$ 已经给定, 其中 $v \neq 0$, 则 Krylov 子空间有如下性质:

(1) Krylov 子空间序列满足

$$\mathcal{K}_k(A, v) \subset \mathcal{K}_{k+1}(A, v), \quad A\mathcal{K}_k(A, v) \subset \mathcal{K}_{k+1}(A, v).$$

(2) 对任意的非零实数 α, 有

$$\mathcal{K}_k(A,v)=\mathcal{K}_k(\alpha A,v)=\mathcal{K}_k(A,\alpha v)\quad(\text{伸缩不变性}).$$

(3) 对任意的实数 μ, 有

$$\mathcal{K}_k(A,v)=\mathcal{K}_k(A-\mu I,v)\quad(\text{位移不变性}).$$

(4) 对任意的非奇异矩阵 $W\in\mathbf{R}^{n\times n}$, 有

$$\mathcal{K}_k(W^{-1}AW,W^{-1}v)=W^{-1}\mathcal{K}_k(A,v).$$

(5) 若记次数不超过 $k-1$ 的实系数多项式的全体为 $\mathcal{P}_{k-1}$, 则 $\mathcal{K}_k(A,v)$ 有如下表示

$$\mathcal{K}_k(A,v)=\{p(A)v:p\in\mathcal{P}_{k-1}\}.$$

注 2.4 定理 2.10 的第 (2) 条是说, 对矩阵 A 和向量 v 乘以任意非零实数, 并不改变其生成的 Krylov 子空间, 称 Krylov 子空间的这一性质为伸缩不变性. 第 (3) 条是说, 对矩阵进行位移, 并不改变其生成的 Krylov 子空间, 称这一性质为位移不变性. 第 (4) 条性质给出了在矩阵的相似变换下相应的 Krylov 子空间之间的关系, 这在处理与 Krylov 子空间有关的理论时十分有用. 第 (5) 条给出了 Krylov 子空间一个重要性质, 即其每个元都可看作某个矩阵多项式作用到初始向量 v 上而得到的.

假设 (λ,v) 是 A 的特征对, 则有 $A^iv=\lambda^iv$, 从而有

$$\mathcal{K}_k(A,v)=\mathcal{K}_1(A,v),\quad k=1,2,\cdots.$$

换句话说, 此时在 Krylov 序列中, 从第一项之后就没有任何新的向量产生, 即它终止于第一项. 一般来讲, Krylov 序列在第 ℓ 项终止, 是指 ℓ 为满足 $\mathcal{K}_{\ell+1}(A,v)=\mathcal{K}_\ell(A,v)$ 的最小整数.

定理 2.11 若 Krylov 序列在第 ℓ 项终止, 则 $\mathcal{K}_\ell(A,v)$ 是 A 的一个 ℓ 维不变子空间. 反过来, 若 v 属于 A 的一个 m 维不变子空间, 则必存在一个 $\ell\leqslant m$, 使得对应的 Krylov 序列在第 ℓ 项终止.

证明 若 Krylov 序列在第 ℓ 项终止, 则对任意 $x\in\mathcal{K}_\ell(A,v)$, 有

$$Ax\in\mathcal{K}_{\ell+1}(A,v)=\mathcal{K}_\ell(A,v),$$

即 $\mathcal{K}_\ell(A,v)$ 是 A 的不变子空间. 此外, 由于 ℓ 是使 $\mathcal{K}_{\ell+1}(A,v)=\mathcal{K}_\ell(A,v)$ 的最小整数, 故必有 $v,Av,\cdots,A^{\ell-1}v$ 这 ℓ 个向量是线性无关的, 从而就有 $\dim\mathcal{K}_\ell(A,v)=\ell$.

反过来, 若 $v\in\mathcal{X}_m$, 这里 $\mathcal{X}_m$ 是 A 的 m 维不变子空间, 则对任意的整数 k, 必有 $A^kv\in\mathcal{X}_m$. 故必存在一个 $\ell\leqslant m$, 使得 $v,Av,\cdots,A^{\ell-1}v$ 线性无关, 但

$v, Av, \cdots, A^{\ell-1}v, A^{\ell}v$ 线性相关, 从而有 $\mathcal{K}_{\ell+1}(A,v) = \mathcal{K}_{\ell}(A,v)$. 当然这样的 ℓ 必须是使得上述等式成立的最小整数. 因此, 对应的 Krylov 序列必在第 ℓ 项终止.

□

由定理 2.11 可知, 当 Krylov 序列在第 ℓ 项终止时, 则 $\mathcal{K}_{\ell}(A,v)$ 中就包含了 A 的一些特征向量. 这对完成诸多的计算任务是十分有利的, 但也有不利的一面. 例如, 如果 ℓ 很小, 那么 $\mathcal{K}_{\ell}(A,v)$ 中可能并不含有所需要的信息, 这就会给计算带来困难, 必须重新开始.

2. Arnoldi 正交分解

在实际应用 Krylov 子空间时, 需要它的一些基向量来描述它. 当然, 定义它的向量组应该是它的一组天然的基. 然而这组基在实际计算时是没有什么用处的, 因为随着 k 的增加, Krylov 矩阵会变得越来越病态. 因此, 为了实际计算的需要, 必须寻找其他对扰动并不敏感的基向量.

设 $K_{k+1}(A,v) = [v, Av, \cdots, A^k v]$ 是列满秩的, 并假定它的 QR 分解为

$$K_{k+1}(A,v) = V_{k+1}R_{k+1}, \tag{2.17}$$

式中, $V_{k+1} = [v_1, v_2, \cdots, v_{k+1}] \in \mathbf{R}^{n\times(k+1)}$ 满足 $V_{k+1}^{\mathrm{T}}V_{k+1} = I_{k+1}$, R_{k+1} 为非奇异的上三角矩阵.

通常称 V_{k+1} 为 $K_{k+1}(A,v)$ 的 QR 分解的 Q 因子, 简称为$K_{k+1}(A,v)$ 的 Q 因子. 将 V_{k+1} 和 R_{k+1} 作如下分块:

$$V_{k+1} = [V_k, v_{k+1}], \quad R_{k+1} = \begin{bmatrix} R_k & r_{k+1} \\ 0 & \rho_{k+1,k+1} \end{bmatrix}.$$

再注意到 $K_{k+1}(A,v) = [K_k(A,v), A^k v]$, 由式 (2.17), 得

$$K_k(A,v) = V_k R_k, \tag{2.18}$$

即 V_k 就是 $K_k(A,v)$ 的 QR 分解的 Q 因子. 从而有

$$\mathcal{K}_k(A,v) = \mathcal{R}(V_k) = \mathrm{span}\{v_1, v_2, \cdots, v_k\},$$

即 V_k 的列向量就构成了 Krylov 子空间 $\mathcal{K}_k(A,v)$ 的一组标准正交基.

这样自然想到利用 $K_k(A,v)$ 的 QR 分解来产生 $\mathcal{K}_k(A,v)$ 的一组正交基. 然而这一方法是不可取的, 因为 $K_k(A,v)$ 是十分病态的, 在计算机上形成 $K_k(A,v)$ 就会引起较大的误差. 因此, 需要寻求其他方法来计算 V_k.

事实上, 由式 (2.17) 和式 (2.18) 可以导出如下结果.

定理 2.12　给定矩阵 $A \in \mathbf{R}^{n\times n}$ 和向量 $v \in \mathbf{R}^n$, 并假定 $K_{k+1}(A,v)$ 是列满秩的, 而且其 QR 分解的 Q 因子为 V_{k+1}, 则必有一个 $(k+1)\times k$ 不可约上 Hessenberg 矩阵 $\widetilde{H}_k$, 使得

$$AV_k = V_{k+1}\widetilde{H}_k, \tag{2.19}$$

式中, V_k 为由 V_{k+1} 的前 k 列构成的矩阵. 反过来, 若有

$$V_{k+1} = [V_k, v_{k+1}] \in \mathbf{R}^{n\times(k+1)}, \quad V_{k+1}^{\mathrm{T}}V_{k+1} = I_{k+1},$$

以及不可约的上 Hessenberg 矩阵 $\widetilde{H}_k$ 使得式 (2.19) 成立, 则 V_{k+1} 必是 $K_{k+1}(A,v_1)$ 的 QR 分解的 Q 因子, 这里 $v_1 = V_{k+1}e_1$ 是 V_{k+1} 的第 1 列.

证明　设 $V_{k+1} = [V_k, v_{k+1}]$ 是 $K_{k+1}(A,v)$ 的 QR 分解的 Q 因子, 则由式 (2.18) 得

$$[Av, \cdots, A^k v] = AK_k(A,v) = AV_kR_k. \tag{2.20}$$

再由式 (2.17) 得

$$[v, AK_k(A,v)] = K_{k+1}(A,v) = V_{k+1}R_{k+1}.$$

比较上式两边的后 k 列, 得

$$AK_k(A,v) = V_{k+1}\widehat{H}_k, \tag{2.21}$$

式中, $\widehat{H}_k$ 为由 R_{k+1} 的后 k 列构成的 $(k+1)\times k$ 上 Hessenberg 矩阵.

注意: R_{k+1} 非奇异蕴含着 $\widehat{H}_k$ 是不可约的. 将式 (2.20) 与式 (2.21) 相结合, 得

$$AV_kR_k = V_{k+1}\widehat{H}_k \Longrightarrow AV_k = V_{k+1}\widetilde{H}_k,$$

式中, $\widetilde{H}_k = \widehat{H}_kR_k^{-1}$.

由于 $\widehat{H}_k$ 是不可约的上 Hessenberg 矩阵, 而 R_k 是非奇异的上三角矩阵, 因此 $\widetilde{H}_k$ 必为不可约的上 Hessenberg 矩阵.

反过来, 若有式 (2.19) 成立, 比较式 (2.19) 两边的各列, 得

$$Av_j = \sum_{i=1}^{j+1} h_{ij}v_i, \quad j = 1, 2, \cdots, k.$$

于是有

$$v_2 = \frac{1}{h_{21}}(Av_1 - h_{11}v_1) = \rho_{12}v_1 + \rho_{22}Av_1, \quad \rho_{22} = \frac{1}{h_{21}} \neq 0;$$

$$
\begin{aligned}
v_3 &= \frac{1}{h_{32}}(Av_2 - h_{12}v_1 - h_{22}v_2) \\
&= \frac{1}{h_{32}}(A - h_{22}I)(\rho_{12}v_1 + \rho_{22}Av_1) - \frac{h_{12}}{h_{32}}v_1 \\
&= \rho_{13}v_1 + \rho_{23}Av_1 + \rho_{33}A^2v_1, \quad \rho_{33} = \frac{\rho_{22}}{h_{32}} \neq 0.
\end{aligned}
$$

如此下去, 得

$$
v_j = \rho_{1j}v_1 + \rho_{2j}Av_1 + \cdots + \rho_{jj}A^{j-1}v_1, \quad \rho_{jj} = \frac{\rho_{j-1,j-1}}{h_{j,j-1}} \neq 0, \quad 2 \leqslant j \leqslant k+1. \tag{2.22}
$$

令

$$
R^{-1} = \begin{bmatrix} 1 & \rho_{12} & \rho_{13} & \cdots & \rho_{1,k+1} \\ & \rho_{22} & \rho_{23} & \cdots & \rho_{2,k+1} \\ & & \rho_{33} & \cdots & \rho_{3,k+1} \\ & & & \ddots & \vdots \\ & & & & \rho_{k+1,k+1} \end{bmatrix},
$$

则将式 (2.22) 写成矩阵形式, 并且再补充第 1 列 v_1, 得

$$
[v_1, v_2, \cdots, v_{k+1}] = [v_1, Av_1, \cdots, A^k v_1]R^{-1},
$$

即

$$
K_{k+1}(A, v_1) = V_{k+1}R,
$$

这表明 V_{k+1} 是 $K_{k+1}(A, v_1)$ 的 QR 分解的 Q 因子. □

基于这一结果, 称形如式 (2.19) 的公式为一个长度为 k 的 Arnoldi 分解; 若其中的 $\widetilde{H}_k$ 是不可约的, 则称这一分解是不可约的, 否则称为可约的.

由定理 2.12 可知, 只需求得分解式 (2.19), 即 $K_k(A, v)$ 的 QR 分解的 Q 因子, 就能得到 Krylov 子空间 $\mathcal{K}_k(A, v)$ 的一组标准正交基. 下面计算分解式 (2.19).

将 $\widetilde{H}_k$ 分块为

$$
\widetilde{H}_k = \begin{bmatrix} H_k \\ \beta_k e_k^{\mathrm{T}} \end{bmatrix},
$$

则 Arnoldi 分解式 (2.19) 可改写为

$$
AV_k = V_k H_k + \beta_k v_{k+1} e_k^{\mathrm{T}}. \tag{2.23}
$$

这种形式有时使用起来更方便. 在式 (2.23) 两边左乘 V_k^{T}, 并且注意到 V_k 与 v_{k+1} 的正交性, 即有 $H_k = V_k^{\mathrm{T}} A V_k$. 通常称矩阵 H_k 为 A 关于 V_k 的 Rayleigh 商. 事实上, 式 (2.23) 提供了一种由 V_k 来计算 v_{k+1} 的方法. 比较式 (2.23) 两边矩阵的最后一列, 得

$$Av_k = V_k h_k + \beta_k v_{k+1}, \tag{2.24}$$

式中, h_k 为 H_k 的最后一列.

由于 V_{k+1} 是列正交的, 故在式 (2.24) 两边左乘 V_k^{T}, 得

$$h_k = V_k^{\mathrm{T}} A v_k. \tag{2.25}$$

又由式 (2.24), 得

$$\beta_k v_{k+1} = Av_k - V_k h_k. \tag{2.26}$$

于是, 便有

$$\beta_k = \|Av_k - V_k h_k\|_2, \quad v_{k+1} = (Av_k - V_k h_k)/\beta_k. \tag{2.27}$$

这本质上是一个求向量 Av_k 在 $\mathcal{R}(V_k)^{\perp}$ 上的正交投影的 Gram-Schmidt 正交化过程. 为保证其数值稳定性, 应该使用修正的 Gram-Schmidt 正交化过程. 记

$$h_k = (h_{1k}, h_{2k}, \cdots, h_{kk})^{\mathrm{T}}, \quad h_{k+1,k} = \beta_k, \quad w = Av_k, \quad r = Av_k - V_k h_k.$$

利用这些记号, 将式 (2.25) 和式 (2.26) 换一种表达方式即为

$$h_{ik} = v_i^{\mathrm{T}} w, \quad i = 1, 2, \cdots, k, \quad r = w - \sum_{i=1}^{k} h_{ik} v_i.$$

上式是经典的 Gram-Schmidt 正交化过程, 即将 w 在每个 v_i 上的投影 h_{ik} 都算好之后, 再从 w 中一并减去 w 在 $\mathcal{R}(V_k)^{\perp}$ 上的正交投影. 而修正的 Gram-Schmidt 正交化过程是, 当算好 w 在 v_1 上的正交投影 $h_{1k} = v_1^{\mathrm{T}} w$ 后, 马上从 w 中减去 $h_{1k} v_1$, 即计算 $w_1 = w - h_{1k} v_1$. 然后, 再用 $h_{2k} = v_2^{\mathrm{T}} w_1$ 确定 h_{2k}, 而不是用 $h_{2k} = v_2^{\mathrm{T}} w$ 确定. 当然, 从理论上来讲, 二者是等价的, 即 $h_{2k} = v_2^{\mathrm{T}} w = v_2^{\mathrm{T}} w_1$. 最后再从 w_1 中减去 $h_{2k} v_2$, 即计算 $w_2 = w_1 - h_{2k} v_2$, 以此类推. 数值实验证明, 修正的 Gram-Schmidt 正交化过程要比经典的 Gram-Schmidt 过程数值性态好得多.

综合上面的讨论, 可得如下算法.

算法 2.8 (Arnoldi 正交分解) 给定矩阵 $A \in \mathbf{R}^{n\times n}$, 向量 $v_1 \in \mathbf{R}^n$ ($\|v_1\|_2 = 1$) 和正整数 k, 本算法计算一个长度为 k 的 Arnoldi 分解 : $AV_k = V_k H_k + h_{k+1,k} v_{k+1} e_k^{\mathrm{T}}$.

for $j = 1 : k$

  $w = Av_j$;

```
        for i = 1 : j
            h_ij = v_i^T w; w = w - h_ij v_i;
        end
        h_{j+1,j} = ||w||_2;
        if h_{j+1,j} = 0
            stop
        else
            v_{j+1} = w/h_{j+1,j};
        end
    end
```

注 2.5 算法 2.8 只在计算 w 时用到 A 与一个向量作乘积, 这使得该算法可充分利用 A 的稀疏性和其所具有的特殊结构. 此外, 若 Arnoldi 过程中途中断, 即计算过程中出现了 $h_{j+1,j}=0$, 则这表明 $\mathcal{K}_j(A,v_1)$ 已经是 A 的不变子空间. 在很多情况下, 这是有利的.

这里需要指出的是, 数值实验表明, 算法 2.8 在实际使用时, v_j 之间的正交性很快就会损失掉. 解决这一问题的一种方法就是在计算过程中使用重正交化技术 (即在算法中再重复执行一次 Gram-Schmidt 正交化过程). 这就得到如下的算法.

算法 2.9 (重正交化 Arnoldi 分解) 给定矩阵 $A\in\mathbf{R}^{n\times n}$, 向量 $v_1\in\mathbf{R}^n$ 满足 $\|v_1\|_2=1$ 以及正整数 k, 本算法计算一个长度为 k 的 Arnoldi 分解 : $AV_k=V_kH_k+h_{k+1,k}v_{k+1}e_k^{\mathrm{T}}$, 并且在计算过程中使用重正交化技术.

```
    for j = 1 : k
        w = A v_j;
        for i = 1 : j
            h_ij = v_i^T w;  w = w - h_ij v_i;
        end
        for i = 1 : j (重正交化)
            s = v_i^T w;  h_ij = h_ij + s;  w = w - s v_i;
        end
        h_{j+1,j} = ||w||_2;
        if h_{j+1,j} = 0
            stop
        else
            v_{j+1} = w/h_{j+1,j};
        end
```

end

为了对重正交化的作用有一个更清晰的了解, 下面给出一个具体的例子.

例 2.7　考虑矩阵

$$A=\begin{bmatrix} 1 & 1 & 1 & \cdots & 1 \\ -1 & 2 & 2 & \cdots & 2 \\ -1 & -2 & 3 & \cdots & 3 \\ \vdots & \vdots & \vdots & \ddots & \vdots \\ -1 & -2 & -3 & \cdots & n \end{bmatrix} \tag{2.28}$$

的列正交化.

编写 MATLAB 代码 (ex27.m), 随机地选取一个初始向量 v_1, 并且取 $n=1000, k=30$. 若用算法 2.8, 则计算得到的矩阵 $\widetilde{V}_{1000\times 31}$ 满足

$$\|\widetilde{V}_{1000\times 31}^{\mathrm{T}}\widetilde{V}_{1000\times 31}-I_{31}\|_{\mathrm{F}}=4.4022\times 10^{-14}.$$

而若用算法 2.9, 则计算得到的矩阵 $\widehat{V}_{1000\times 31}$ 满足

$$\|\widehat{V}_{1000\times 31}^{\mathrm{T}}\widehat{V}_{1000\times 31}-I_{31}\|_{\mathrm{F}}=1.6554\times 10^{-15}.$$

3. Lanczos 正交分解

当 $A\in\mathbf{R}^{n\times n}$ 是对称矩阵时, 在 Arnoldi 分解中, 其关于 V_k 的 Rayleigh 商 $H_k=V_k^{\mathrm{T}}AV_k$ 就是一个对称三对角矩阵. 这样对应的 Arnoldi 分解就变成

$$AV_k=V_kT_k+\beta_k v_{k+1}e_k^{\mathrm{T}}, \tag{2.29}$$

式中

$$T_k=\begin{bmatrix} \alpha_1 & \beta_1 & & \\ \beta_1 & \alpha_2 & \ddots & \\ & \ddots & \ddots & \beta_{k-1} \\ & & \beta_{k-1} & \alpha_k \end{bmatrix}.$$

此时, 称式 (2.29) 为一个长度为 k 的 Lanczos 分解.

比较式 (2.29) 两边的各列, 得

$$\begin{aligned} Av_1 &= \alpha_1 v_1+\beta_1 v_2, \\ Av_j &= \beta_{j-1}v_{j-1}+\alpha_j v_j+\beta_j v_{j+1}, \quad j=2,\cdots,k. \end{aligned}$$

于是有

$$\begin{aligned}
&\alpha_1 = v_1^{\mathrm{T}} A v_1, \\
&\beta_1 = \|Av_1 - \alpha_1 v_1\|_2, \quad v_2 = (Av_1 - \alpha_1 v_1)/\beta_1, \\
&\alpha_j = v_j^{\mathrm{T}} A v_j, \quad r_j = Av_j - \alpha_j v_j - \beta_{j-1} v_{j-1}, \\
&\beta_j = \|r_j\|_2, \quad v_{j+1} = r_j/\beta_j, \quad j = 2, \cdots, k.
\end{aligned}$$

这样, 就得到了如下的算法.

算法 2.10 (Lanczos 方法) 给定矩阵 $A \in \mathbf{R}^{n\times n}$ 满足 $A^{\mathrm{T}} = A$, 向量 $v_1 \in \mathbf{R}^n$ 满足 $\|v_1\|_2 = 1$ 以及正整数 k, 本算法计算一个长度为 k 的 Lanczos 分解 : $AV_k = V_k T_k + \beta_k v_{k+1} e_k^{\mathrm{T}}$.

```
β_0 = 0; v_0 = 0;
for j = 1 : k
    w = Av_j; α_j = v_j^T w;
    w = w − α_j v_j − β_{j−1} v_{j−1};
    β_j = ||w||_2;
    if β_j = 0
        stop
    else
        v_{j+1} = w/β_j;
    end
end
```

当然在实际应用时, 该算法所产生的 v_j 也将很快地失去它们之间的正交性. 弥补这一损失的方法仍然是重正交化方法. 其实重正交化就是在算法中的 $w = w - \alpha_j v_j - \beta_{j-1} v_{j-1}$ 之后, 再加入一句

$$w = w - \sum_{i=1}^{j-1} (v_i^{\mathrm{T}} w) v_i.$$

具体算法如下.

算法 2.11 (重正交化的 Lanczos 方法) 给定矩阵 $A \in \mathbf{R}^{n\times n}$ 满足 $A^{\mathrm{T}} = A$, 向量 $v_1 \in \mathbf{R}^n$ 满足 $\|v_1\|_2 = 1$ 以及正整数 k, 本算法计算一个长度为 k 的 Lanczos 分解 : $AV_k = V_k T_k + \beta_k v_{k+1} e_k^{\mathrm{T}}$.

```
β_0 = 0; v_0 = 0;
for j = 1 : k
```

$w = Av_j$; $\alpha_j = v_j^{\mathrm{T}} w$;

$w = w - \alpha_j v_j - \beta_{j-1} v_{j-1}$;

$w = w - \sum_{i=1}^{j-1} (v_i^{\mathrm{T}} w) v_i$;

$\beta_j = \|w\|_2$;

if $\beta_j = 0$

stop

else

$v_{j+1} = w/\beta_j$;

end

end

当然, 在具体计算时, 也可以用修正的 Gram-Schmidt 正交化方法来实现上式的计算. 有时为了使算法所产生的 v_j 之间有更好的正交性, 也可以连续进行两次重正交化, 即所谓的完全重正交化.

下面再给出一个具体的例子, 观察一下重正交化的 Lanczos 过程的效果.

例 2.8 考虑矩阵

$$A = \begin{bmatrix} 1 & 1 & 1 & \cdots & 1 \\ 1 & 2 & 2 & \cdots & 2 \\ 1 & 2 & 3 & \cdots & 3 \\ \vdots & \vdots & \vdots & \ddots & \vdots \\ 1 & 2 & 3 & \cdots & n \end{bmatrix}. \tag{2.30}$$

随机地选取一个初始向量 v_1, 并且取 $n = 1000, k = 30$. 若用算法 2.10, 则计算得到的矩阵 $V_{1000\times 30}$ 满足

$$\|V_{1000\times 30}^{\mathrm{T}} V_{1000\times 30} - I_{30}\|_{\mathrm{F}} = 4.8990.$$

而若用重正交化的 Lanczos 算法, 则计算得到的矩阵 V_{30} 满足

$$\|V_{1000\times 30}^{\mathrm{T}} V_{1000\times 30} - I_{30}\|_{\mathrm{F}} = 1.6885 \times 10^{-12}.$$

由此观察到, 重正交化的 Lanczos 过程的效果是明显的.

习 题 2

2.1 假定 x 和 y 是 $\mathbf{R}^n$ 中的两个非零向量. 给出一种算法来构造一个 Householder 矩阵 H, 使得 $Hx = \alpha y$, 其中 $\alpha \in \mathbf{R}$.

2.2 设向量 $x = (2,4,0,5,1,3)^{\mathrm{T}}$. 求一个 Householder 变换 H 和一个正常数 α, 使得 $Hx = (2,4,\alpha,5,0,0)^{\mathrm{T}}$.

2.3 假定 x 和 y 是 $\mathbf{R}^n$ 中满足 $\|x\|_2 = \|y\|_2 = 1$ 的两个向量. 给出一种使用 Givens 变换的算法, 构造一个正交矩阵 Q, 使得 $Qx = y$.

2.4 设 $H \in \mathbf{R}^{n\times n}$ 是上 Hessenberg 矩阵, $R \in \mathbf{R}^{n\times n}$ 是非奇异的上三角矩阵. 证明: RHR^{-1} 仍是上 Hessenberg 矩阵.

2.5 假设 $v = p(A)u$, 其中 $A \in \mathbf{R}^{n\times n}$, $u, v \in \mathbf{R}^n$, p 是多项式. 证明: 对每个 $k = 1,2,\cdots,n$, 都有 $p(A)\mathcal{K}_k(A,u) = \mathcal{K}_k(A,v)$.

2.6 设矩阵

$$A = \begin{bmatrix} 0 & 4 & 1 \\ 1 & 1 & 1 \\ 0 & 3 & 2 \end{bmatrix},$$

利用 Householder 变换求 A 的 QR 分解.

2.7 设

$$A = \begin{bmatrix} 2 & 2 & 1 \\ 0 & 2 & 2 \\ 2 & 1 & 2 \end{bmatrix},$$

利用 Givens 变换求矩阵 A 的 QR 分解.

2.8 设矩阵 $A \in \mathbf{R}^{n\times n}$ 可以分解为 $A = QR$, 其中 Q 为正交矩阵, R 是对角元全为正的上三角矩阵. 记 A 的第 i 列为 a_i. 证明:

$$|\det(A)| \leqslant \prod_{i=1}^{n} \|a_i\|_2.$$

2.9 设 A 为 $n \times n$ 非奇异实矩阵, 其 QR 分解为 $A = QR$. 记 $B = RQ$, 证明:

(1) 若 A 是对称的, 则 B 也是对称的;

(2) 若 A 是上 Hessenberg 矩阵, 则 B 也是上 Hessenberg 矩阵.

2.10 设 $x_1, x_2, \cdots, x_k$ 是矩阵 A 的 k 个线性无关的特征向量, 令

$$v = \alpha_1 x_1 + \alpha_2 x_2 + \cdots + \alpha_k x_k,$$

其中系数 $\alpha_1, \alpha_2, \cdots, \alpha_k$ 都是非零的. 证明:

$$\mathcal{K}_k(A,v) = \mathrm{span}\{x_1, x_2, \cdots, x_k\}.$$

第 3 章　解线性方程组的矩阵分裂迭代法

在科学与工程计算中, 很多问题往往最终归结为求解一个线性方程组问题, 如结构分析、网络分析、大地测量、数据分析, 以及用有限差分法或有限元法求解微分方程边值问题等. 因此, 研究求解大规模线性方程组快速、稳定的数值算法已成为当前科学与工程计算的核心问题之一. 本章主要讨论求解线性方程组

$$Ax = b \tag{3.1}$$

的迭代方法, 其中 A 是 n 阶可逆矩阵, b 是 n 维列向量. 在实际应用中, 矩阵 A 的阶数 n 一般很大, 且具有稀疏性和正定性, 通常采用迭代法来求解. 由于迭代法一般只涉及矩阵与向量的乘法运算, 因此非常适合大型稀疏方程组的求解.

3.1　迭代法的一般理论

1. 迭代法的定义与分类

迭代法本质上是一个递推公式. 一般地, 求解式 (3.1) 的迭代法定义如下.

定义 3.1　*求解式 (3.1) 的迭代法就是寻找一个式 (3.1) 的近似解序列 $\left\{x^{(k)}\right\}_{k=0}^{\infty}$, 使得*

$$\begin{cases} x^{(0)} = \phi_0(A, b), \\ x^{(k)} = \phi_k(x^{(0)}, x^{(1)}, \cdots, x^{(k-1)}; A, b), \quad k = 1, 2, \cdots, \end{cases} \tag{3.2}$$

式中, $\left\{x^{(k)}\right\}_{k=0}^{\infty}$ 称为迭代序列; $\left\{\phi_k\right\}_{k=0}^{\infty}$ 称为迭代算子序列; k 为迭代指标或迭代步数 (次数).

定义 3.2　*若对某个整数 $s > 0$, $k \geqslant s$ 时, ϕ_k 与 k 无关, 则称此迭代法为定常的, 否则称为非定常的. 若对任意的 k, ϕ_k 是 $x^{(0)}, x^{(1)}, \cdots, x^{(k-1)}$ 的线性函数, 则称迭代法是线性的, 否则称为非线性的.*

按照定义 3.2, 可以将迭代法分为线性定常迭代法、线性非定常迭代法、非线性定常迭代法、非线性非定常迭代法四类.

构造迭代法的一个基本思路是将式 (3.1) 变成如下形式的同解不动点方程组:

$$x = Bx + f, \tag{3.3}$$

然后任取一个初始点 $x^{(0)}$, 由迭代公式

$$x^{(k+1)} = Bx^{(k)} + f, \quad k = 0, 1, \cdots \tag{3.4}$$

产生迭代序列 $\left\{x^{(k)}\right\}_{k=0}^{\infty}$, 其中 B 称为迭代矩阵. 当然, 若 B 与迭代指标 k 有关, 则迭代为非定常迭代, 否则为定常迭代. 可以构造各种可能的迭代矩阵 B, 但必须保证迭代序列收敛 (收敛性问题), 且收敛到方程组 (3.1) 的解 x^* (相容性问题), 并由此确定出有效的迭代法. 一般地, 迭代序列的收敛过程是无限的, 而实际计算中只能且只需得到满足精度要求的某个近似解, 因此还要求适当地选取收敛准则, 这样, 一个迭代法才算完整.

2. 收敛性与收敛速度

设 $\left\{x^{(k)}\right\}$ 是 $\mathbf{C}^n$ 中的某个向量序列, $x^* \in \mathbf{C}^n$ 是某个向量, 有如下定义.

定义 3.3 若按某种范数有 $\lim\limits_{k\to\infty} \left\|x^{(k)} - x^*\right\| = 0$, 则称向量序列收敛于 x^*, 并记为 $\lim\limits_{k\to\infty} x^{(k)} = x^*$.

事实上, $\lim\limits_{k\to\infty} \left\|x^{(k)} - x^*\right\| = 0$ 当且仅当对 $i = 1, 2, \cdots, n$, $\lim\limits_{k\to\infty} x_i^{(k)} = x_i^*$.

记线性方程组 (3.1) 的精确解为 x^*, 第 k 步迭代的误差向量记为 $e^{(k)} = x^* - x^{(k)}$, 相应的残差向量记为 $r^{(k)} = b - Ax^{(k)}$.

定义 3.4 设 $\left\{x^{(k)}\right\}$ 是某个迭代法产生的迭代序列, 若对任意的初始点 $x^{(0)}$, 序列 $\left\{x^{(k)}\right\}$ 均收敛到一个与 $x^{(0)}$ 无关的极限, 则称此迭代法是收敛的. 若在精确运算下, 存在某个正整数 l, 使得 $x^{(l)} = x^*$, 则称此迭代法是精确收敛的或有限终止的.

下面给出收敛速度的概念. 注意到迭代法 (3.4) 的误差传播方程为

$$e^{(k)} = Be^{(k-1)} = \cdots = B^k e^{(0)}, \tag{3.5}$$

这里, $e^{(0)} = x^{(0)} - x^*$ 是解的初始近似 $x^{(0)}$ 与精确解的误差. 注意到迭代法 (3.4) 的误差向量 $e^{(k)}$ 与右端项 f 无关, 故其收敛性和收敛速度完全由迭代矩阵 B 确定.

引进误差向量后, 迭代的收敛问题就等价于误差向量序列收敛于 0 的问题.

欲使迭代法 (3.4) 对任意的初始向量 $x^{(0)}$ 都收敛, 误差向量 $e^{(k)}$ 应对任意的初始误差 $e^{(0)}$ 都收敛于零向量. 于是迭代法 (3.4) 对任意的初始向量都收敛的充分必要条件是

$$\lim_{k\to\infty} B^k = O. \tag{3.6}$$

定理 3.1 迭代法 (3.4) 对任意的初始向量 $x^{(0)}$ 都收敛的充分必要条件是 $\rho(B) < 1$, 这里 $\rho(B)$ 表示 B 的谱半径.

证明 必要性. 设对初始向量 $x^{(0)}$, 迭代法 (3.4) 是收敛的, 那么式 (3.6) 成立. 由定理 1.17 (1), 对于任意的矩阵范数, 有

$$\rho(B) \leqslant \|B\|.$$

若 $\rho(B)<1$ 不成立, 即 $\rho(B)\geqslant 1$, 则

$$\|B^k\| \geqslant \rho(B^k) = [\rho(B)]^k \geqslant 1,$$

这与式 (3.6) 矛盾.

充分性. 若 $\rho(B)<1$, 则存在一个正数 ε, 使得

$$\rho(B)+2\varepsilon<1.$$

根据定理 1.17 (2), 存在一种矩阵范数 $\|B\|_\varepsilon$, 使

$$\|B\|_\varepsilon < \rho(B)+\varepsilon < 1-\varepsilon.$$

故得

$$\|B^k\|_\varepsilon \leqslant \|B\|_\varepsilon^k < (1-\varepsilon)^k,$$

从而当 $k\to\infty$ 时, $\|B^k\|_\varepsilon \to 0$, 即 $B^k\to 0$. □

由此可见, 迭代是否收敛仅与迭代矩阵的谱半径有关, 即仅与方程组的系数矩阵和迭代格式的构造有关, 而与方程组的右端向量 b 及初始向量 $x^{(0)}$ 无关.

推论 3.1 若迭代矩阵 B 的某种算子范数 $\|B\|_p<1$, 则迭代法 (3.4) 收敛.

设 B 有 n 个线性无关的特征向量 $u_1,u_2,\cdots,u_n$ (可作为 n 维线性空间的一组基), 相应的特征值为 $\lambda_1,\lambda_2,\cdots,\lambda_n$. 那么在这组基下, 初始误差向量 $e^{(0)}$ 可以线性表示为

$$e^{(0)}=\sum_{i=1}^n \alpha_i u_i,$$

将其代入式 (3.5), 得

$$e^{(k)}=B^k e^{(0)}=\sum_{i=1}^n \alpha_i B^k u_i=\sum_{i=1}^n \alpha_i \lambda_i^k u_i. \tag{3.7}$$

故当 $\rho(B)<1$ 时, 其值越小, 迭代法收敛越快. 因此, 用 $\rho(B)$ 来刻画迭代法 (3.4) 的收敛速度是合适的.

另外, 对任何向量范数及相应的矩阵范数, 根据式 (3.5), 利用范数的性质, 有

$$\|e^{(k)}\|_p \leqslant \|B^k\|_p \|e^{(0)}\|_p.$$

可见, $\|B^k\|_p\,(<1)$ 也给出了一种尺度, 它表示经 k 次迭代后误差向量范数减少的程度. 由此可定义平均收敛速度为

$$R_k(B) = -\frac{1}{k}\log_{10}\|B^k\|_p.$$

可以证明, 若 $\rho(B) < 1$, 则有

$$\lim_{k\to\infty}\left(\|B^k\|_p\right)^{\frac{1}{k}} = \rho(B).$$

由于这一性质, 可定义渐近收敛速度为

$$R(B) = \lim_{k\to\infty} R_k(B) = -\log_{10}\rho(B).$$

根据这个定义, $\rho(B)$ 越小, $R(B)$ 越大, 迭代法收敛越快. 值得注意的是, 尽管 $R_k(B)$ 依赖于所用的范数, 但 $R(B)$ 却与范数无关. 因此, 通常将 $R(B)$ 称为收敛速度.

迭代法 (3.4) 是收敛的, 还可以给出近似解与准确解的误差估计.

定理 3.2 设迭代法 (3.4) 的迭代矩阵 B 满足 $\|B\| = q < 1$, 则迭代法是收敛的, 且有误差估计式

$$\|x^{(k)} - x^*\| \leqslant \frac{q^k}{1-q}\|x^{(0)} - x^{(1)}\|, \tag{3.8}$$

$$\|x^{(k)} - x^*\| \leqslant \frac{q}{1-q}\|x^{(k)} - x^{(k-1)}\|. \tag{3.9}$$

证明 由式 (3.5), 有

$$\|x^{(k)} - x^*\| = \|e^{(k)}\| \leqslant \|B^k\| \cdot \|e^{(0)}\| \leqslant q^k\|e^{(0)}\|.$$

注意到 $x^* = (I-B)^{-1}f$, 于是

$$\begin{aligned}
\|e^{(0)}\| = \|x^{(0)} - x^*\| &= \|x^{(0)} - (I-B)^{-1}f\| \\
&= \|(I-B)^{-1}[(I-B)x^{(0)} - f]\| \\
&= \|(I-B)^{-1}(x^{(0)} - x^{(1)})\| \\
&\leqslant \|(I-B)^{-1}\| \cdot \|x^{(0)} - x^{(1)}\|.
\end{aligned}$$

因为 $\|B\| < 1$, 根据定理 1.19, 有

$$\|(I-B)^{-1}\| \leqslant \frac{1}{1-\|B\|} = \frac{1}{1-q},$$

于是

$$\|x^{(k)}-x^*\| \leqslant \frac{q^k}{1-q}\|x^{(0)}-x^{(1)}\|.$$

下证式 (3.9). 由于

$$\begin{aligned}
e^{(k)} &= x^{(k)}-x^* = (Bx^{(k-1)}+f)-(Bx^*+f) \\
&= Bx^{(k-1)}-Bx^* = Bx^{(k-1)}-B(I-B)^{-1}f \\
&= B(I-B)^{-1}[(I-B)x^{(k-1)}-f] \\
&= B(I-B)^{-1}(x^{(k-1)}-x^{(k)}),
\end{aligned}$$

利用定理 1.19, 对上式两边取范数即得式 (3.9). □

在理论上, 可用式 (3.8) 估计近似解达到某一精度所需要的迭代次数 (但由于 q 不易计算, 故计算实践中很少使用). 而式 (3.9) 则表明, 只要 $\|B\|$ 不很接近于 1, 即可用 $\{x^{(k)}\}$ 的相邻两项之差的范数 $\|x^{(k)}-x^{(k-1)}\|$ 来估计 $\|x^{(k)}-x^*\|$ 的大小, 这为用 $\|x^{(k)}-x^{(k-1)}\|$ 作为算法的终止准则值提供了理论上的依据.

3. 分裂迭代法

下面简要介绍一下矩阵分裂迭代法的基本知识. 设矩阵 A 非奇异且具有分裂

$$A = M - N, \tag{3.10}$$

其中 M 是非奇异的, 则方程组 (3.1) 等价于

$$Mx = Nx + b. \tag{3.11}$$

构造迭代法

$$Mx^{(k+1)} = Nx^{(k)} + b, \quad k = 0, 1, \cdots \tag{3.12}$$

求解方程组 (3.1), 这种方法统称为**矩阵分裂迭代法**, 许多迭代法都可以写成这样的形式, 如后面要介绍的 Richardson 迭代法、Jacobi 迭代法、Gauss-Seidel 迭代法、SOR 迭代法等. 在迭代法 (3.12) 中, 由于每一次迭代需要解一个以 M 为系数矩阵的方程组, 故一般要求非奇异矩阵 M 的形式比较简单, 如对角矩阵、三对角矩阵、上 (下) 三角形矩阵等. 从后面的讨论知道, 当 M 是 A 的一个很好的近似时, 迭代解将很快收敛到方程组 (3.1) 的真解.

显然, 迭代法 (3.12) 的迭代矩阵为 $B = M^{-1}N$, 并且它是线性定常迭代法. 根据定理 3.1 可知线性定常迭代法收敛的充要条件是

$$\rho(B) < 1. \tag{3.13}$$

4. 几种常见的矩阵分裂

设 $A \in \mathbf{R}^{n\times n}\,(\mathbf{C}^{n\times n})$ 非奇异, 若存在矩阵 M 和 N 满足 $A = M - N$, 且 M 是可逆的, 则称 M 和 N 为 A 的一个分裂.

定理 3.3 设 $A = M - N$ 是非奇异矩阵 $A \in \mathbf{C}^{n\times n}$ 的一个分裂, 则

$$M^{-1}NA^{-1} = A^{-1}NM^{-1}, \tag{3.14}$$

矩阵 $M^{-1}N$ 与 $A^{-1}N$ 可交换, 且 NM^{-1} 与 NA^{-1} 也可交换. 从而, 矩阵 $M^{-1}N$ 与 $A^{-1}N$ (或 NM^{-1} 与 NA^{-1}) 具有相同的特征向量.

证明 直接验证式 (3.14), 得

$$\begin{aligned} M^{-1}NA^{-1} &= M^{-1}(MA^{-1} - I) = A^{-1} - M^{-1} \\ &= A^{-1}(M - A)M^{-1} = A^{-1}NM^{-1}. \end{aligned}$$

由式 (3.14) 立即可得矩阵 $M^{-1}N$ 与 $A^{-1}N$ 及 NM^{-1} 与 NA^{-1} 可交换.

设 x 为 $A^{-1}N$ 对应于特征值 λ 的特征向量, 则有

$$A^{-1}Nx = \lambda x \Longrightarrow Nx = \lambda Ax = \lambda(M - N)x.$$

由此可得

$$M^{-1}Nx = \frac{\lambda}{1+\lambda}x, \quad \lambda \neq -1.$$

上式表明 x 也是矩阵 $M^{-1}N$ 对应于特征值 $\dfrac{\lambda}{1+\lambda}$ 的特征向量. □

定理 3.4 设 $A = M - N$ 是非奇异矩阵 $A \in \mathbf{C}^{n\times n}$ 的一个分裂, 则有

$$\lambda(M^{-1}N) = \frac{\lambda(A^{-1}N)}{1 + \lambda(A^{-1}N)}. \tag{3.15}$$

因此, 若 $\lambda(A^{-1}N) \in \mathbf{R}$, 则相应的特征值 $\lambda(M^{-1}N) \in \mathbf{R}$, 反之亦然. 若 $\lambda(A^{-1}N) \in \mathbf{C}$, 则相应的特征值 $\lambda(M^{-1}N) \in \mathbf{C}$, 反之亦然.

下面给出文献中常见的一些矩阵分裂.

定义 3.5 设 $A = M - N$ 是非奇异矩阵 $A \in \mathbf{C}^{n\times n}$ 的一个分裂.

(1) 若 $M^{-1} \geqslant O$ 且 $N \geqslant O$, 则称为正规分裂.

(2) 若 $M^{-1} \geqslant O$, $M^{-1}N \geqslant O$ 且 $NM^{-1} \geqslant O$, 则称为非负分裂.

(3) 若 $\rho(M^{-1}N) = \rho(NM^{-1}) < 1$, 则称为收敛的分裂.

定理 3.5 设 $A = M - N$ 是非奇异矩阵 $A \in \mathbf{C}^{n\times n}$ 的一个分裂, 如果 $M^{-1}N$ 和 $A^{-1}N$ 均非负, 则分裂是收敛的且有

$$\rho(M^{-1}N) = \frac{\rho(A^{-1}N)}{1+\rho(A^{-1}N)}. \tag{3.16}$$

定义 3.6 设 $A = M - N$ 是非奇异矩阵 $A \in \mathbf{C}^{n\times n}$ 的一个分裂.

(1) 若 $M^* + N$ 是 Hermite 正定的, 且 $N \geqslant O$, 则称为 P 正规分裂.

(2) 若 $\langle M\rangle - |N|$ 是单调的 $\big($即 $(\langle M\rangle - |N|)^{-1} \geqslant O\big)$, 则称为 H 分裂.

(3) 若 $\langle A\rangle = \langle M\rangle - |N|$, 则称为 H 相容分裂.

(4) 若 M 是一个 M 矩阵且 $N \geqslant O$, 则称为 M 分裂.

下面给出使几种常见分裂收敛的一些条件及一些比较定理, 这些知识在证明相应的分裂迭代法的收敛性方面是很有用的.

定理 3.6 (1) 设 $A \in \mathbf{R}^{n\times n}$ 且 $A = M - N$ 为正规分裂, 如果 $A^{-1} \geqslant O$, 则

$$\rho(M^{-1}N) = \frac{\rho(A^{-1}N)}{1+\rho(A^{-1}N)} < 1. \tag{3.17}$$

反之, 若 $\rho(M^{-1}N) < 1$, 则 $A^{-1} \geqslant O$.

(2) 设 $A \in \mathbf{C}^{n\times n}$ 是 Hermite 的且 $A = M-N$ 为 P 正规分裂, 则 $\rho(M^{-1}N) < 1$ 当且仅当 A 是 Hermite 正定的.

定理 3.6 说明, 在满足定理的条件下, 以 $M^{-1}N$ 为迭代矩阵的分裂迭代法是收敛的.

定理 3.7 设 $A^{-1} \geqslant O$ 且 $A = M_1 - N_1 = M_2 - N_2$ 为正规分裂, 如果下面条件之一成立:

(1) $N_1 \leqslant N_2$;

(2) $M_1^{-1} \geqslant M_2^{-1}$;

(3) $M_2^{-1}N_2 \geqslant N_1M_1^{-1} \geqslant O$;

(4) $A^{-1}N_2 \geqslant N_1A^{-1} \geqslant O$.

则

$$\rho(M_1^{-1}N_1) \leqslant \rho(M_2^{-1}N_2). \tag{3.18}$$

特别地, 若 $A^{-1} \geqslant O$ 且 $N_2 \geqslant N_1$ 而 $N_2 \neq N_1$ (或 $M_1^{-1} > M_2^1$), 则

$$\rho(M_1^{-1}N_1) \leqslant \rho(M_2^{-1}N_2). \tag{3.19}$$

定理 3.7 说明, 在满足定理的条件下, 以 $A = M_1 - N_1$ 构造的分裂迭代法比以 $A = M_2 - N_2$ 构造的分裂迭代法收敛得更快.

定理 3.8 若 $A = M - N$ 为 A 的一个 H 分裂, 则 A 和 M 都是 H 矩阵, 且 $\rho(M^{-1}N) \leqslant \rho(\langle M\rangle^{-1}|N|) < 1$. 若分裂是一个 H 相容分裂, 则它一定是 H 分裂, 从而是收敛的分裂.

定理 3.9 设 $A=M-N$ 为 A 的一个 M 分裂, 则

(1) 若 A 是不可约的, 则存在一个正向量 $x>0$ 使得 $(M^{-1}N)x=\rho(M^{-1}N)x$.

(2) $\rho(M^{-1}N)<1$ 当且仅当 $A=M-N$ 是一个非奇异 M 分裂.

3.2 几种经典迭代法

本节给出求解 $Ax=b$ 的几个经典迭代法及相应的收敛性定理.

1. Richardson 迭代法

在式 (3.10) 中取 $M=I,\ N=I-A$, 则相应于式 (3.12) 的迭代法为

$$x^{(k)}=(I-A)x^{(k-1)}+b=x^{(k-1)}+r^{(k-1)}, \tag{3.20}$$

式中, $r^{(k-1)}=b-Ax^{(k-1)}$ 为前一步的残差.

这就是著名的 Richardson 迭代法. 式 (3.20) 基本上不具有实用性, 因为它要求迭代矩阵 $I-A$ 的谱半径 $\rho(I-A)<1$, 这等价于 $\rho(A)<2$. 但它对于加速技术、Krylov 子空间方法及多重网格法都具有理论意义.

用 $-A$ 乘以式 (3.20) 两边并加上 b, 有

$$r^{(k)}=(I-A)r^{(k-1)}=\cdots=(I-A)^k r^{(0)}=p_k(A)r^{(0)}, \tag{3.21}$$

式中, $p_k(A)$ 为 A 的 k 次多项式.

式 (3.21) 表明, 如果 $\|I-A\|$ 比 1 小得多, 则可期望其具有快速的收敛性.

注意到式 (3.21) 将残差表示成 A 的一个多项式与初始残差的乘积, 对于标准的 Richardson 迭代法, 此多项式非常简单, 即 $p_k(A)=(I-A)^k$. 以后将会看到, 许多流行的迭代法都具有类似的性质: 第 k 步的残差 $r^{(k)}$ 可以表示为 A 的某个 k 次多项式 $p_k(A)$ 与初始残差 $r^{(0)}$ 的乘积, 并称此多项式为**残差多项式**. 这种性质是得到迭代法收敛界的一个有力工具.

还可以引进参数化的 Richardson 迭代法. 考虑 $\alpha>0$ 并将 A 分裂为

$$A=\frac{1}{\alpha}I-\left(\frac{1}{\alpha}I-A\right),$$

则导致一种定常的参数化 Richardson 迭代:

$$x^{(k)}=x^{(k-1)}+\alpha r^{(k-1)}. \tag{3.22}$$

若在每一步迭代取不同的参数 α_k, 则得到非定常的参数化 Richardson 迭代:

$$x^{(k)}=x^{(k-1)}+\alpha_k r^{(k-1)}. \tag{3.23}$$

上式中的 α_k 可有多种选取方式, 如通过极小化 $\|r^{(k)}\|$ 来选取. 注意到

$$r^{(k)} = b - Ax^{(k)} = b - Ax^{(k-1)} - \alpha_k A r^{(k-1)} = (I - \alpha_k A) r^{(k-1)},$$

容易推得

$$r^{(k)} = p_k(A) r^{(0)}, \quad 其中\ p_k(A) = \prod_{i=1}^{k} (I - \alpha_i A).$$

注 3.1 从式 (3.20)、式 (3.22) 和式 (3.23) 可知, Richardson 迭代法新的近似解 $x^{(k)}$ 是前一步近似解 $x^{(k-1)}$ 的一个校正, 校正量或者是前一步的残差 $r^{(k-1)}$, 或者是沿残差方向前进某个步长 α_k (即 $\alpha_k r^{(k-1)}$). 这一思想在现代变分迭代法中得到了很好的继承和发展. 最具代表性的是共轭梯度 (CG) 法.

由定理 3.1 不难得到定常的参数化 Richardson 迭代法 (3.22) 的收敛性定理.

定理 3.10 (1) 设 A 为对称正定矩阵且其特征值 $\lambda_1 \geqslant \lambda_2 \geqslant \cdots \geqslant \lambda_n > 0$, 则定常的参数化 Richardson 迭代法 (3.22) 收敛的充要条件是 $\alpha < \dfrac{2}{\lambda_1}$.

(2) 对于定常的参数化 Richardson 迭代法 (3.22), 参数 α 的最优值为 $\alpha_{\text{opt}} = \dfrac{2}{\lambda_1 + \lambda_n}$, 此时,

$$\rho(I - \alpha_{\text{opt}} A) = \frac{\kappa(A) - 1}{\kappa(A) + 1},$$

式中, $\kappa(A) = \dfrac{\lambda_1}{\lambda_n}$.

2. Jacobi 迭代法

将系数矩阵 $A = (a_{ij})$ 分裂为

$$A = D - L - U, \tag{3.24}$$

式中, $D = \operatorname{diag}(a_{11}, a_{22}, \cdots, a_{nn})$,

$$L = -\begin{bmatrix} 0 & & & & \\ a_{21} & 0 & & & \\ a_{31} & a_{32} & 0 & & \\ \vdots & \vdots & \ddots & \ddots & \\ a_{n1} & a_{n2} & \cdots & a_{n,n-1} & 0 \end{bmatrix}, \quad U = -\begin{bmatrix} 0 & a_{12} & a_{13} & \cdots & a_{1n} \\ & 0 & a_{23} & \cdots & a_{2n} \\ & & \ddots & \ddots & \vdots \\ & & & \ddots & a_{n-1,n} \\ & & & & 0 \end{bmatrix}.$$

在式 (3.10) 中, 取

$$M = D, \quad N = L + U, \tag{3.25}$$

则迭代法 (3.4) 中的迭代矩阵和右端项分别为

$$B_J = D^{-1}(L+U), \quad f_J = D^{-1}b.$$

相应的迭代法为

$$x^{(k+1)} = B_J x^{(k)} + f_J, \quad k = 0, 1, 2, \cdots, \tag{3.26}$$

式 (3.26) 称为 Jacobi 迭代法. 其分量形式为

$$x_i^{(k+1)} = \frac{1}{a_{ii}}\left(b_i - \sum_{j \neq i} a_{ij} x_j^{(k)}\right), \quad i = 1, 2, \cdots, n;\ k = 0, 1, \cdots. \tag{3.27}$$

因此, 该迭代法具有与 $x^{(k+1)}$ 中分量的计算次序无关、容易实现并行计算等优点.

为了便于编程, 给出 Jacobi 迭代法的具体算法步骤如下.

算法 3.1 (Jacobi 迭代法)

步 1, 取初始点 $x^{(0)}$, 精度要求 ε, 最大迭代次数 N, 置 $k := 0$.

步 2, 由式 (3.26) 或式 (3.27) 计算 $x^{(k+1)}$.

步 3, 若 $\|b - Ax^{(k+1)}\|/\|b\| \leqslant \varepsilon$, 则停算, 输出 $x^{(k+1)}$ 作为方程组的近似解.

步 4, 置 $x^{(k)} := x^{(k+1)}$, $k := k+1$, 转步 2.

根据算法 3.1, 可编制 MATLAB 程序如下:

```
%Jacobi迭代法程序mjacobi.m
function [x,k,err,time]=mjacobi(A,b,x,tol,max_it)
if nargin<5,max_it=1000;end
if nargin<4,tol=1.e-5;end
if nargin<3,x=zeros(size(b));end
tic;bnrm2=norm(b);
r=b-A*x;%计算初始残差r0=(b-Ax)
err=norm(r)/bnrm2;
if (err<tol),return;end
D=diag(diag(A));
for k=1:max_it,% 迭代开始
    x=D\((D-A)*x+b);
    r=b-A*x;%计算残差r=(b-Ax)
    err=norm(r)/bnrm2;
    if(err<=tol),break;end
end
time=toc;
```

下面的定理给出了 Jacobi 迭代法的一个充分必要条件.

定理 3.11 设 $A=(a_{ij})\in\mathbf{R}^{n\times n}$ 是对称矩阵, 且 $a_{ii}>0\ (i=1,2,\cdots,n)$, 则 Jacobi 迭代法收敛的充要条件是 A 和 $2D-A$ 都是正定矩阵.

证明 记 $D^{\frac{1}{2}}=\mathrm{diag}(\sqrt{a_{11}},\sqrt{a_{22}},\cdots,\sqrt{a_{nn}})$, $D^{-\frac{1}{2}}=(D^{\frac{1}{2}})^{-1}$, 则

$$B_J=D^{-1}(D-A)=D^{-\frac{1}{2}}(I-D^{-\frac{1}{2}}AD^{-\frac{1}{2}})D^{\frac{1}{2}},$$

即 B_J 与 $I-D^{-\frac{1}{2}}AD^{-\frac{1}{2}}$ 相似, 从而它们有相同的特征值. 再由 A 的对称性可得

$$(I-D^{-\frac{1}{2}}AD^{-\frac{1}{2}})^{\mathrm{T}}=I-D^{-\frac{1}{2}}AD^{-\frac{1}{2}},$$

即 $I-D^{-\frac{1}{2}}AD^{-\frac{1}{2}}$ 的特征值都是实数, 从而 B_J 的特征值都是实数.

必要性. 设 Jacobi 迭代法收敛, 即 $\rho(B_J)<1$, 则 $\rho(I-D^{-\frac{1}{2}}AD^{-\frac{1}{2}})<1$. 设实数 λ 是实对称矩阵 $D^{-\frac{1}{2}}AD^{-\frac{1}{2}}$ 的任一特征值, 则有

$$0=\det(\lambda I-D^{-\frac{1}{2}}AD^{-\frac{1}{2}})=(-1)^n\det[(1-\lambda)I-(I-D^{-\frac{1}{2}}AD^{-\frac{1}{2}})],$$

即实数 $1-\lambda$ 是实对称矩阵 $I-D^{-\frac{1}{2}}AD^{-\frac{1}{2}}$ 的特征值, 从而有

$$|1-\lambda|<1\quad \text{或者}\quad 0<\lambda<2.$$

因此 $D^{-\frac{1}{2}}AD^{-\frac{1}{2}}$ 是正定矩阵. 由于 A 与 $D^{-\frac{1}{2}}AD^{-\frac{1}{2}}$ 合同, 所以 A 也是正定矩阵.

再设 $D^{-\frac{1}{2}}AD^{-\frac{1}{2}}$ 的全体特征值为 $\lambda_1,\lambda_2,\cdots,\lambda_n$, 则存在正交矩阵 P, 使得

$$P^{\mathrm{T}}(D^{-\frac{1}{2}}AD^{-\frac{1}{2}})P=\mathrm{diag}(\lambda_1,\lambda_2,\cdots,\lambda_n).$$

于是有

$$P^{\mathrm{T}}(2I-D^{-\frac{1}{2}}AD^{-\frac{1}{2}})P=\mathrm{diag}(2-\lambda_1,2-\lambda_2,\cdots,2-\lambda_n).$$

由于 $2-\lambda_i>0\ (i=1,2,\cdots,n)$, 故 $2I-D^{-\frac{1}{2}}AD^{-\frac{1}{2}}$ 正定. 注意到 $2D-A=D^{\frac{1}{2}}(2I-D^{-\frac{1}{2}}AD^{-\frac{1}{2}})D^{\frac{1}{2}}$ 合同于 $2I-D^{-\frac{1}{2}}AD^{-\frac{1}{2}}$, 可得 $2D-A$ 正定.

充分性. 设 A 和 $2D-A$ 都是正定矩阵, 则有

$$A\ \text{正定}\Longrightarrow D^{-\frac{1}{2}}AD^{-\frac{1}{2}}\ \text{正定}\Longrightarrow D^{-\frac{1}{2}}AD^{-\frac{1}{2}}\ \text{的特征值大于零},$$

$$\begin{aligned}2D-A\ \text{正定}&\Longrightarrow 2I-D^{-\frac{1}{2}}AD^{-\frac{1}{2}}=D^{-\frac{1}{2}}(2D-A)D^{-\frac{1}{2}}\ \text{正定}\\&\Longrightarrow 2I-D^{-\frac{1}{2}}AD^{-\frac{1}{2}}\ \text{的特征值大于零}.\end{aligned}$$

设 μ 是 B_J 的任一特征值, 从而也是 $I-D^{-\frac{1}{2}}AD^{-\frac{1}{2}}$ 的特征值, 且为实数, 则有

$$0=\det(\mu I-B_J)=\det[\mu I-(I-D^{-\frac{1}{2}}AD^{-\frac{1}{2}})]$$

$$
= \begin{cases} (-1)^n \det[(1-\mu)I - D^{-\frac{1}{2}}AD^{-\frac{1}{2}}], \\ \det[(\mu+1)I - (2I - D^{-\frac{1}{2}}AD^{-\frac{1}{2}})], \end{cases}
$$

即 $1-\mu$ 是 $D^{-\frac{1}{2}}AD^{-\frac{1}{2}}$ 的特征值, $\mu+1$ 是 $2I - D^{-\frac{1}{2}}AD^{-\frac{1}{2}}$ 的特征值, 所以

$$
1-\mu > 0, \mu+1 > 0 \Longrightarrow |\mu| < 1 \Longrightarrow \rho(B_J) < 1.
$$

由定理 3.1 知 Jacobi 迭代法收敛. □

下面的定理是 Jacobi 迭代法的另一个收敛性定理.

定理 3.12 *若 A 为严格对角占优, 或不可约对角占优, 或 A 为 H 矩阵, 则 Jacobi 迭代法收敛.*

证明 只证明 A 是严格对角占优或不可约对角占优的情形. 注意到 Jacobi 迭代法的迭代矩阵为

$$
B_J = D^{-1}(D-A) = I - D^{-1}A.
$$

只需证明 $\rho(B_J) < 1$. 事实上, 设 λ 为 B_J 的特征值, 对于行的情形, 当 A 为严格对角占优或不可约对角占优时, 矩阵 $I - B_J = D^{-1}A$ 也为严格对角占优或不可约对角占优. 因此, 当 $|\lambda| \geqslant 1$ 时, $I - \dfrac{1}{\lambda}B_J$ 也是严格对角占优或不可约对角占优的 (相当于 $I - B_J$ 的对角元不变, 非对角元模变小). 根据引理 1.1, 当 $|\lambda| \geqslant 1$ 时, 有

$$
\det\left(I - \frac{1}{\lambda}B_J\right) \neq 0 \Longrightarrow \det(\lambda I - B_J) \neq 0,
$$

故 B_J 的特征值 λ 不满足 $|\lambda| \geqslant 1$, 即 $\rho(B_J) < 1$, 从而 Jacobi 迭代法收敛.

对于列的情形, 当 A 为严格对角占优或不可约对角占优时, 矩阵

$$
I - DB_JD^{-1} = AD^{-1}
$$

也为严格对角占优或不可约对角占优. 因此, 当 $|\lambda| \geqslant 1$ 时,

$$
I - \frac{1}{\lambda}DB_JD^{-1}
$$

也是严格对角占优或不可约对角占优的. 根据引理 1.1, 当 $|\lambda| \geqslant 1$ 时, 有

$$
\det\left(I - \frac{1}{\lambda}DB_JD^{-1}\right) \neq 0,
$$

从而

$$\det\left(I-\frac{1}{\lambda}B_J\right)\neq 0\Longrightarrow \det(\lambda I-B_J)\neq 0,$$

故 B_J 的特征值 λ 不满足 $|\lambda|\geqslant 1$, 即 $\rho(B_J)<1$, 从而 Jacobi 迭代法收敛. □

Jacobi 迭代法的一种推广是将其用于分块矩阵

$$A=\begin{bmatrix} A_{11} & A_{12} & \cdots & A_{1m} \\ A_{21} & A_{22} & \cdots & A_{2m} \\ \vdots & \vdots & \ddots & \vdots \\ A_{m1} & A_{m2} & \cdots & A_{mm} \end{bmatrix},\qquad \begin{array}{l} A_{ir}\in \mathbf{R}^{n_i\times n_r}, 1\leqslant i,r\leqslant m, \\ n_1+n_2+\cdots+n_m=n, \end{array} \tag{3.28}$$

式中, 每个主对角块 $A_{ii}(i=1,2,\cdots,m)$ 为非奇异方阵. 将 $x^{(k+1)}$, $x^{(k)}$ 和 b 作相应的分块, 有

$$A_{ii}x_i^{(k+1)}=b_i-\sum_{r=1}^{i-1}A_{ir}x_r^{(k)}-\sum_{r=i+1}^{m}A_{ir}x_r^{(k)},\quad i=1,2,\cdots,m;\ k=0,1,\cdots. \tag{3.29}$$

称上述迭代法为块 Jacobi (BJ) 迭代法, 其中用 x_i 表示第 i 个块分量以示区别. 它也有上面类似的收敛性定理.

另一种推广是在 Jacobi 迭代法中引入外推法技术, 即进行如下迭代

$$\begin{cases} D\widetilde{x}^{(k+1)}=(L+U)x^{(k)}+b, \\ x^{(k+1)}=\gamma\widetilde{x}^{(k+1)}+(1-\gamma)x^{(k)}, \end{cases}\quad k=0,1,\cdots, \tag{3.30}$$

式中, γ 为外推因子. 或等价地, 有

$$\frac{1}{\gamma}Dx^{(k+1)}=\frac{1-\gamma}{\gamma}Dx^{(k)}+(L+U)x^{(k)}+b, \tag{3.31}$$

该方法称为外推 Jacobi 迭代法, 其中, 若 $\gamma>1$ 也称为 JOR 方法. 它相应于将 A 分裂为

$$A=M-N=\frac{1}{\gamma}D-\left[\frac{1-\gamma}{\gamma}D+(L+U)\right].$$

关于外推 Jacobi 迭代法, 有下面的收敛性定理.

定理 3.13 (1) 设 A 为对称正定的, 若 $\dfrac{2}{\gamma}D-A$ 是对称正定的, 则迭代法 (3.31) 对任意 $x^{(0)}$ 都收敛.

(2) 设 A 对称且 D 为正定矩阵, 则 $\frac{2}{\gamma}D-A$ 是对称正定的充要条件是

$$0<\gamma<\frac{2}{1-\lambda_{\min}\big(D^{-1}(D-A)\big)}.$$

3. Gauss-Seidel 迭代法

从前面的讨论可以看到, Jacobi 迭代法的主要优点是方法简单, 在一定条件下具有实用性, 比如它可用作建立其他一些迭代过程的辅助方法. 然而, Jacobi 迭代法并不总是收敛的, 收敛时通常速度也很缓慢. 下面以 Jacobi 迭代法为基础, 考虑关于方程组 (3.1) 的其他迭代法. 仍假设 A 的对角元素不为零. 从串行计算的角度来看, Jacobi 迭代法很自然地先计算分量 x_1 的新迭代值

$$x_1^{(k+1)}=\frac{1}{a_{11}}\left(b_1-\sum_{r=2}^{n}a_{1r}x_r^{(k)}\right). \tag{3.32}$$

得到 $x_1^{(k+1)}$ 后, 在后面 $x_i^{(k+1)}$ 的计算中就有理由用 $x_1^{(k+1)}$ 取代 $x_1^{(k)}$. 依次对 $x_2^{(k+1)}$, $x_3^{(k+1)}$ 等也用得到的新值立即取代旧值. Gauss-Seidel 原理就是 "一旦获得新信息便立即利用". 按此原理, 有

$$x_i^{(k+1)}=\frac{1}{a_{ii}}\left(b_i-\sum_{r=1}^{i-1}a_{ir}x_r^{(k+1)}-\sum_{r=i+1}^{n}a_{ir}x_r^{(k)}\right),\quad i=1,2,\cdots,n;\ k=0,1,\cdots. \tag{3.33}$$

此方法称为 Gauss-Seidel 迭代法 (GS 迭代法). 沿用前面的记号, 取

$$M=D-L,\quad N=U, \tag{3.34}$$

则式 (3.33) 可以写成

$$x^{(k+1)}=(D-L)^{-1}Ux^{(k)}+(D-L)^{-1}b,\quad k=0,1,2,\cdots. \tag{3.35}$$

因此, Gauss-Seidel 迭代法的迭代矩阵 $B_S=(D-L)^{-1}U$, 常向量 $f_S=(D-L)^{-1}b$. A 的对角元素非零的假设确保了 $(D-L)^{-1}$ 的存在性.

与 Jacobi 迭代法相比, Gauss-Seidel 迭代法使用了最新已经计算的分量. 因此, 一般情况下 Gauss-Seidel 迭代法要比 Jacobi 迭代法有效, 且在编程时 Gauss-Seidel 迭代法只要一个数组就够了, 将新计算出来的分量及时覆盖旧的分量.

为了便于计算机编程实现, 给出 Gauss-Seidel 迭代法的具体算法步骤如下.

算法 3.2 (GS 迭代法)

步 1, 输入矩阵 A, 右端向量 b, 初始点 $x^{(0)}$, 精度要求 ε, 最大迭代次数 N, 置 $k := 0$.

步 2, 由式 (3.35) 或式 (3.33) 计算 $x^{(k+1)}$.

步 3, 若 $\|b - Ax^{(k+1)}\|/\|b\| \leqslant \varepsilon$, 则停算, 输出 $x^{(k+1)}$ 作为方程组的近似解.

步 4, 置 $x^{(k)} := x^{(k+1)}$, $k := k + 1$, 转步 2.

根据算法 3.2, 编制 MATLAB 程序如下:

```
%GS迭代法程序mgseidel.m
function [x,k,err,time]=mgseidel(A,b,x,tol,max_it)
if nargin<5,max_it=1000;end
if nargin<4,tol=1.e-5;end
if nargin<3,x=zeros(size(b));end
tic;bnrm2=norm(b);
r=b-A*x;%计算初始残差r0=b-Ax
err=norm(r)/bnrm2;
if(err<tol),return;end
DL=tril(A);U=-triu(A,1);
for k=1:max_it,%迭代开始
    x=DL\(U*x+b);
    r=b-A*x;%计算残差r=b-Ax
    err=norm(r)/bnrm2;
    if(err<=tol),break;end
end
time=toc;
```

下面考虑 Gauss-Seidel 迭代法的收敛性.

定理 3.14　设 A 为严格对角占优, 或不可约对角占优, 或 A 是 H 矩阵, 则 Gauss-Seidel 迭代法收敛.

证明　只证明 A 为严格对角占优, 或不可约对角占优时的结论. 只需证 Gauss-Seidel 迭代法的迭代矩阵 $B_S = (D - L)^{-1}U$ 满足 $\rho(B_S) < 1$ 即可. 事实上, 设 μ 为 B_S 的特征值, 对于行的情形, 注意到 $(D - L) - U = A$, 若 A 为严格对角占优或不可约对角占优, 当 $|\mu| \geqslant 1$ 时,

$$(D - L) - \frac{1}{\mu}U$$

也是严格对角占优或不可约对角占优. 根据引理 1.1, 当 $|\mu| \geqslant 1$ 时, 有

$$\det\left[(D - L) - \frac{1}{\mu}U\right] \neq 0 \Longrightarrow \det\left[\mu I - (D - L)^{-1}U\right] \neq 0,$$

故 B_S 特征值 μ 不满足 $|\mu| \geqslant 1$, 即 $\rho(B_S) < 1$, 从而 Gauss-Seidel 迭代法收敛.

对于列的情形, 注意到矩阵

$$(I - LD^{-1}) - UD^{-1} = (D - L - U)D^{-1} = AD^{-1},$$

因此, 若 A 为严格对角占优或不可约对角占优, 当 $|\mu| \geqslant 1$ 时, 有

$$(I - LD^{-1}) - \frac{1}{\mu}UD^{-1}$$

也为严格对角占优或不可约对角占优. 根据引理 1.1, 当 $|\mu| \geqslant 1$ 时, 有

$$\det\left[(I - LD^{-1}) - \frac{1}{\mu}UD^{-1}\right] = \det\left[(D - L) - \frac{1}{\mu}U\right]\det(D^{-1}) \neq 0,$$

故

$$\det\left[(D - L) - \frac{1}{\mu}U\right] \neq 0 \Longrightarrow \det[\mu I - (D - L)^{-1}U] \neq 0,$$

即 B_S 特征值 μ 不满足 $|\mu| \geqslant 1$, 即 $\rho(B_S) < 1$, 从而 Gauss-Seidel 迭代法收敛. □

可见, 定理 3.12 中 Jacobi 迭代法收敛的充分条件也是 Gauss-Seidel 迭代法收敛的充分条件. 然而, 由于 Gauss-Seidel 迭代法利用了最新迭代信息, 在两种方法都收敛的情形下, Gauss-Seidel 迭代法往往比 Jacobi 迭代法收敛更快, 这是因为 $D - L$ 用到了 A 的更多的信息, 或 $(D - L)^{-1}A$ 比 $D^{-1}A$ 更接近单位矩阵.

定理 3.15 设 A 是 Hermite 正定矩阵, 则 Gauss-Seidel 迭代法收敛.

证明 设 λ 是 B_S 的任一特征值, 对应的特征向量为 y. 由 $B_S y = \lambda y$, 得

$$(D - L)^{-1}Uy = \lambda y \Longrightarrow Uy = \lambda(D - L)y.$$

两端同时左乘 y^*, 得

$$y^*Uy = \lambda(y^*Dy - y^*Ly).$$

因为 $A = D - L - U$ 是 Hermite 矩阵, 故 $U = L^*$. 记

$$y^*Dy = p, \quad y^*Ly = c + \mathrm{i}\,d \quad (c, d \text{ 为实数}),$$

则 $y^*Uy = c - \mathrm{i}\,d$. 再由 A 正定, 得

$$\begin{aligned} &D \text{ 正定} \Longrightarrow p = y^*Dy > 0, \\ &y^*(D - L - U)y = y^*Ay > 0 \Longrightarrow p - 2c > 0. \end{aligned}$$

于是有

$$\lambda = \frac{c - \mathrm{i}\,d}{p - (c + \mathrm{i}\,d)}, \quad |\lambda|^2 = \frac{c^2 + d^2}{(p-c)^2 + d^2}.$$

由于

$$c^2 - (p-c)^2 = -p(p-2c) < 0,$$

所以 $|\lambda|^2 < 1$, 从而 $\rho(B_S) < 1$, 故 Gauss-Seidel 迭代法收敛. □

对具有如式 (3.28) 结构的分块系数矩阵及相应的向量划分, 有 Gauss-Seidel 迭代法的一种推广:

$$A_{ii}x_i^{(k+1)} = b_i - \sum_{r=1}^{i-1} A_{ir}x_r^{(k+1)} - \sum_{r=i+1}^{m} A_{ir}x_r^{(k)}, \quad i = 1, 2, \cdots, m; k = 0, 1, 2, \cdots, \tag{3.36}$$

此即块 Gauss-Seidel (BGS) 迭代法.

另一种重要推广是双步法. 在第 $k+1$ 步, 作 Gauss-Seidel 迭代并将结果记为 $x^{(k+\frac{1}{2})}$:

$$x^{(k+\frac{1}{2})} = (D-L)^{-1}Ux^{(k)} + (D-L)^{-1}b, \quad k = 0, 1, 2, \cdots, \tag{3.37}$$

然后各方程按相反顺序利用 $x^{(k+\frac{1}{2})}$ 进行计算:

$$x_i^{(k+1)} = \left(b_i - \sum_{r=1}^{i-1} a_{ir}x_r^{(k+\frac{1}{2})} - \sum_{r=i+1}^{n} a_{ir}x_r^{(k+1)}\right) \Big/ a_{ii}, \quad i = n, \cdots, 1; k = 0, 1, \cdots. \tag{3.38}$$

上式可写成矩阵形式

$$x^{(k+1)} = (D-U)^{-1}Lx^{(k+\frac{1}{2})} + (D-U)^{-1}b, \quad k = 0, 1, 2, \cdots. \tag{3.39}$$

L 与 U 在式 (3.39) 中的作用正好与式 (3.37) 相反. 将式 (3.37) 代入式 (3.39), 得

$$x^{(k+1)} = (D-U)^{-1}L(D-L)^{-1}Ux^{(k)} + f, \quad k = 0, 1, 2, \cdots, \tag{3.40}$$

式中

$$f = (D-U)^{-1}L(D-L)^{-1}b + (D-U)^{-1}b = (D-U)^{-1}D(D-L)^{-1}b.$$

式 (3.40) 称为对称 Gauss-Seidel (SGS) 迭代法.

3.3 松弛型迭代法

1. SOR 迭代法

如前面对 Jacobi 迭代法每个迭代步引入外推参数 (松弛因子) 那样, 可在 Gauss-Seidel 迭代法每个迭代步引入松弛因子, 从而得到所谓的 SOR 迭代法.

对 Gauss-Seidel 迭代法的一种重要改进如下

$$x_i^{(k+1)} = (1-\omega)x_i^{(k)} + \omega\widetilde{x}_i^{(k+1)}, \quad i=1,2,\cdots;\ k=0,1,2,\cdots, \tag{3.41}$$

式中, $\omega > 0$ 为松弛因子, 是一个可以适当选取的参数, 用来加快收敛速度; $\widetilde{x}_i^{(k+1)}$ 为式 (3.33) 的右端, 将其代入式 (3.41), 得

$$x_i^{(k+1)} = (1-\omega)x_i^{(k)} + \frac{\omega}{a_{ii}}\left(b_i - \sum_{r=1}^{i-1} a_{ir}x_r^{(k+1)} - \sum_{r=i+1}^{n} a_{ir}x_r^{(k)}\right),$$

$$i=1,2,\cdots,n; \quad k=0,1,\cdots. \tag{3.42}$$

也可以由矩阵分裂导出迭代法的矩阵向量形式. 取

$$M = \frac{1}{\omega}D - L, \quad N = \frac{1-\omega}{\omega}D + U, \tag{3.43}$$

则有

$$\left(\frac{1}{\omega}D - L\right)x^{(k+1)} = \left(\frac{1-\omega}{\omega}D + U\right)x^{(k)} + b, \tag{3.44}$$

或等价地, 有

$$x^{(k+1)} = (D-\omega L)^{-1}\big[(1-\omega)D + \omega U\big]x^{(k)} + \omega(D-\omega L)^{-1}b, \tag{3.45}$$

这样定义的迭代法称为*逐次超松弛迭代法* (successive over relaxation, SOR 迭代法), 参数 ω 称为*松弛因子*. 适当选取 ω, 可使 SOR 迭代法的收敛速度优于 Gauss-Seidel 迭代法. 尽管 $0 < \omega < 1$ 时应该称为*低松弛*, 但为了方便, 对于任意的 $\omega \in (0,2)$ 均使用*超松弛*这一术语. 注意到, 在实际计算中, 松弛因子 ω 的选取通常是十分困难的. 没有一个通用的选取规则, 只能就某些具有特殊结构的矩阵讨论最佳松弛因子的计算.

SOR 迭代法的迭代矩阵和右端向量分别为

$$B_\omega = (D-\omega L)^{-1}\big[(1-\omega)D + \omega U\big], \quad f_\omega = \omega(D-\omega L)^{-1}b. \tag{3.46}$$

在 A 的对角元素均非零的条件下 $(D-\omega L)^{-1}$ 是存在的. 显然, 当 $\omega=1$ 时, SOR 迭代法退化为 Gauss-Seidel 迭代法.

为了便于计算机编程实现, 给出 SOR 迭代法的具体算法步骤如下.

算法 3.3 (SOR 迭代法)

步 1, 输入矩阵 A, 右端向量 b, 初始点 $x^{(0)}$, 精度要求 ε, 最大迭代次数 N, 置 $k:=0$.

步 2, 由式 (3.42) 或式 (3.45) 计算 $x^{(k+1)}$.

步 3, 若 $\|b-Ax^{(k+1)}\|/\|b\|\leqslant\varepsilon$, 则停算, 输出 $x^{(k+1)}$ 作为方程组的近似解.

步 4, 置 $x^{(k)}:=x^{(k+1)}$, $k:=k+1$, 转步 2.

根据算法 3.3, 编制 MATLAB 程序如下:

```
%SOR迭代法程序-msor.m
function [x,k,err,time]=msor(A,b,w,x,tol,max_it)
if nargin<6,max_it=1000;end
if nargin<5,tol=1.e-5;end
if nargin<4,x=zeros(size(b));end
tic;bnrm2=norm(b);
r=b-A*x;%计算初始残差r0=b-Ax
err=norm(r)/bnrm2;
if (err<tol),return;end
D=diag(diag(A));L=-tril(A,-1);U=-triu(A,1);
for k=1:max_it %迭代开始
    x=(D-w*L)\(((1-w)*D+w*U)*x+w*b);
    r=b-A*x;%计算残差r=b-Ax
    err=norm(r)/bnrm2;
    if(err<=tol),break;end
end
time=toc;
```

关于 SOR 迭代法的收敛性, 有如下的定理.

定理 3.16 对于任何参数 ω, SOR 迭代法的迭代矩阵 B_ω 满足

$$\rho(B_\omega)\geqslant|1-\omega|. \tag{3.47}$$

证明 在

$$\begin{aligned}B_\omega&=(D-\omega L)^{-1}\big[(1-\omega)D+\omega U\big]\\&=\big(I-\omega D^{-1}L\big)^{-1}\big[(1-\omega)I+\omega D^{-1}U\big]\end{aligned}$$

中, $D^{-1}L$ 和 $D^{-1}U$ 分别是严格下三角和严格上三角矩阵, 所以

$$\det(B_\omega) = \det(I - \omega D^{-1}L)^{-1} \det[(1-\omega)I + \omega D^{-1}U] = (1-\omega)^n.$$

再由 B_ω 的 n 个特征值之积等于 $\det(B_\omega)$, 得

$$\rho(B_\omega) \geqslant (|\det(B_\omega)|)^{\frac{1}{n}} = |1-\omega|.$$

□

定理 3.17 设 ω 为实参数, 若 SOR 迭代法收敛, 则 $\omega \in (0,2)$.

证明 根据定理 3.1, SOR 迭代法收敛时, $\rho(B_\omega) < 1$. 再由定理 3.16, 得 $|1-\omega| < 1$, 即 $0 < \omega < 2$. □

定理 3.17 表明, 如果松弛参数 $\omega \notin (0,2)$, 则 SOR 迭代法不收敛. 但反之结论一般不成立, 即 $\omega \in (0,2)$ 不能保证 SOR 迭代法收敛. 然而, 对 Hermite 正定矩阵 (对称正定矩阵), 这一条件是充分必要的.

定理 3.18 设 A 是 Hermite 正定矩阵, 则 SOR 迭代法收敛的充分必要条件是松弛因子 $\omega \in (0,2)$.

证明 仅证明充分性即可. 设 λ 是 B_ω 的任一特征值, 对应的特征向量为 y. 由 $B_\omega y = \lambda y$, 得

$$[(1-\omega)D + \omega U]y = \lambda(D - \omega L)y.$$

两端同时左乘 y^*, 得

$$(1-\omega)y^*Dy + \omega y^*Uy = \lambda(y^*Dy - \omega y^*Ly).$$

因为 $A = D - L - U$ 是 Hermite 矩阵, 故 $U = L^*$. 记

$$y^*Dy = p, \quad y^*Ly = c + \mathrm{i}\,d \quad (c, d \text{ 为实数}),$$

则 $y^*Uy = c - \mathrm{i}\,d$. 再由 A 正定, 得

$$D \text{ 正定} \Longrightarrow p = y^*Dy > 0,$$
$$y^*(D - L - U)y = y^*Ay > 0 \Longrightarrow p - 2c > 0.$$

于是, 当 $0 < \omega < 2$ 时, $p - \omega(c + \mathrm{i}\,d) \neq 0$, 且有

$$\lambda = \frac{(1-\omega)p + \omega(c - \mathrm{i}\,d)}{p - \omega(c + \mathrm{i}\,d)}, \quad |\lambda|^2 = \frac{[(1-\omega)p + \omega c]^2 + \omega^2 d^2}{(p - \omega c)^2 + \omega^2 d^2}.$$

由于

$$[(1-\omega)p + \omega c]^2 - (p - \omega c)^2 = -p\omega(2-\omega)(p - 2c) < 0,$$

所以 $|\lambda|^2 < 1$, 从而 $\rho(B_\omega) < 1$, 故 SOR 迭代法收敛. □

定理 3.19 设 A 严格对角占优或不可约对角占优, 则当实参数 ω 满足 $0<\omega\leqslant 1$ 时, SOR 迭代法收敛.

证明 设 A 按行不可约对角占优, 且 λ 为 B_ω 的特征值. 如果 λ 满足 $|\lambda|\geqslant 1$, 则由 $0<\omega\leqslant 1$, 得 $1-\omega-\lambda\neq 0$. 再由

$$\lambda=(\lambda+\omega-1)+(1-\omega),$$

得

$$|\lambda+\omega-1|\geqslant|\lambda|-(1-\omega)$$

及

$$\left|\frac{\omega}{\lambda+\omega-1}\right|\leqslant\left|\frac{\omega\lambda}{\lambda+\omega-1}\right|\leqslant\frac{|\omega\lambda|}{|\lambda|-(1-\omega)}\leqslant\frac{\omega|\lambda|}{|\lambda|-(1-\omega)|\lambda|}=1.$$

因为 $A=D-L-U$ 按行不可约对角占优, 从而

$$D-\frac{\omega\lambda}{\lambda+\omega-1}L-\frac{\omega}{\lambda+\omega-1}U$$

也按行不可约对角占优, 根据引理 1.1, 得

$$\det\left(D-\frac{\omega\lambda}{\lambda+\omega-1}L-\frac{\omega}{\lambda+\omega-1}U\right)\neq 0,$$

即

$$\det\left[\lambda(D-\omega L)-(1-\omega)D-\omega U\right]\neq 0,$$

或

$$\det\left(\lambda I-(D-\omega L)^{-1}[(1-\omega)D+\omega U]\right)\neq 0.$$

故 B_ω 的特征值 λ 不满足 $|\lambda|\geqslant 1$, 即 $\rho(B_\omega)<1$, 从而 SOR 迭代法收敛.

当 A 为另外三种情形 (按列不可约对角占优、按行 (列) 严格对角占优) 时, 采用和上面类似的方法可以推得 SOR 迭代法收敛. 注意: 列的情形需要考虑矩阵 $I-LD^{-1}-UD^{-1}=AD^{-1}$. □

定理 3.20 设 A 为 H 矩阵, 若松弛因子 ω 满足

$$0<\omega<\frac{2}{1+\rho(B_J)},$$

式中, B_J 为 Jacobi 迭代法的迭代矩阵. 则 SOR 迭代法对任意的初始点 $x^{(0)}$ 均收敛.

SOR 迭代法也可推广到分块矩阵的情形. 对具有如式 (3.28) 结构的分块系数矩阵及相应的向量划分, 有 SOR 迭代法的一种推广:

$$x_i^{(k+1)} = (1-\omega)x_i^{(k)} + \omega A_{ii}^{-1}\left(b_i - \sum_{r=1}^{i-1} A_{ir}x_r^{(k+1)} - \sum_{r=i+1}^{n} A_{ir}x_r^{(k)}\right),$$

$$i = 1, 2, \cdots, n; \quad k = 0, 1, \cdots. \tag{3.48}$$

此即块 SOR (BSOR) 迭代法.

特别地, 对于 2×2 分块的经典鞍点方程组

$$\mathcal{A}u := \begin{bmatrix} A & B \\ B^{\mathrm{T}} & O \end{bmatrix}\begin{bmatrix} x \\ y \end{bmatrix} = \begin{bmatrix} f \\ g \end{bmatrix} := b, \tag{3.49}$$

式中, $A \in \mathbf{R}^{m\times m}$ 为对称正定阵; $B \in \mathbf{R}^{m\times n}$ 为列满秩阵.

注意: 此时系数矩阵 $\mathcal{A}$ 非奇异, 且 Schur 补 $S = B^{\mathrm{T}}A^{-1}B$ 对称正定. 给出分裂 $\mathcal{A} = \mathcal{D} - \mathcal{L} - \mathcal{U}$, 其中

$$\mathcal{D} = \begin{bmatrix} A & O \\ O & S \end{bmatrix}, \quad \mathcal{L} = \begin{bmatrix} O & O \\ -B^{\mathrm{T}} & O \end{bmatrix}, \quad \mathcal{U} = \begin{bmatrix} O & -B \\ O & S \end{bmatrix},$$

由此得到迭代公式

$$(\mathcal{D} - \omega\mathcal{L})u^{(k+1)} = \big[(1-\omega)\mathcal{D} + \omega\mathcal{U}\big]u^{(k)} + \omega b,$$

即有

$$\begin{bmatrix} A & O \\ \omega B^{\mathrm{T}} & S \end{bmatrix}\begin{bmatrix} x^{(k+1)} \\ y^{(k+1)} \end{bmatrix} = \begin{bmatrix} (1-\omega)A & -\omega B \\ O & (1-\omega)S \end{bmatrix}\begin{bmatrix} x^{(k)} \\ y^{(k)} \end{bmatrix} + \omega\begin{bmatrix} f \\ g \end{bmatrix},$$

整理可得

$$\begin{cases} x^{(k+1)} = (1-\omega)x^{(k)} + \omega A^{-1}\big(f - By^{(k)}\big), \\ y^{(k+1)} = (1-\omega)y^{(k)} + \omega S^{-1}\big(g - B^{\mathrm{T}}x^{(k+1)}\big), \end{cases} \quad k = 0, 1, \cdots.$$

在实际计算中, 可选取对称正定矩阵 P 和 Q 为 A 和 Schur 补 S 的近似矩阵, 即得到所谓的非精确类算法.

2. SSOR 迭代法

SOR 迭代法的计算公式为

$$(D-\omega L)x^{(k+1)}=\big((1-\omega)D+\omega U\big)x^{(k)}+\omega b, \quad k=0,1,2,\cdots. \tag{3.50}$$

它的计算是依赖顺序的, 即它是按从第 1 个到第 n 个分量依次计算的. 一个自然的想法是改变计算顺序, 即按从第 n 个到第 1 个分量逆序计算, 只需将式 (3.50) 中的 L 和 U 互换位置即得

$$(D-\omega U)x^{(k+1)}=\big((1-\omega)D+\omega L\big)x^{(k)}+\omega b, \quad k=0,1,2,\cdots. \tag{3.51}$$

这种技巧导致一个对称方案, 称其为*对称 SOR 迭代法* (symmetric successive over relaxation, SSOR 迭代法). 具体表示为

$$\begin{cases}(D-\omega L)x^{(k+\frac{1}{2})}=\big((1-\omega)D+\omega U\big)x^{(k)}+\omega b,\\ (D-\omega U)x^{(k+1)}=\big((1-\omega)D+\omega L\big)x^{(k+\frac{1}{2})}+\omega b,\end{cases} \quad k=0,1,2,\cdots. \tag{3.52}$$

若消去 $x^{(k+\frac{1}{2})}$, 即得到形如式 (3.4) 的迭代法

$$x^{(k+1)}=B_{\rm SSOR}x^{(k)}+f_{\rm SSOR}, \tag{3.53}$$

式中

$$\begin{aligned}B_{\rm SSOR}&=(D-\omega U)^{-1}[(1-\omega)D+\omega L](D-\omega L)^{-1}[(1-\omega)D+\omega U],\\ f_{\rm SSOR}&=\omega(2-\omega)(D-\omega U)^{-1}D(D-\omega L)^{-1}b.\end{aligned} \tag{3.54}$$

从矩阵分裂的观点, SSOR 迭代法对应于分裂 $A=M-N$, 其中

$$M=\frac{1}{\omega(2-\omega)}(D-\omega L)D^{-1}(D-\omega U), \tag{3.55}$$

$$N=\frac{1}{\omega(2-\omega)}\big((1-\omega)D+\omega L\big)D^{-1}\big((1-\omega)D+\omega U\big). \tag{3.56}$$

此外, 若记 B_ω 是式 (3.46) 中定义的 SOR 迭代矩阵, $\bar{B}_\omega$ 是由 B_ω 中的 L 和 U 互换得到的. 则迭代矩阵 $B_{\rm SSOR}$ 可表示为

$$B_{\rm SSOR}=M^{-1}N=\bar{B}_\omega B_\omega. \tag{3.57}$$

为了便于计算机编程实现, 给出 SSOR 迭代法的具体算法步骤如下.

算法 3.4 (SSOR 迭代法)

步 1, 输入矩阵 A, 右端向量 b, 初始点 $x^{(0)}$, 精度要求 ε, 最大迭代次数 N, 置 $k := 0$.

步 2, 由式 (3.52) 计算 $x^{(k+1)}$.

步 3, 若 $\|b - Ax^{(k+1)}\|/\|b\| \leqslant \varepsilon$, 则停算, 输出 $x^{(k+1)}$ 作为方程组的近似解.

步 4, 置 $x^{(k)} := x^{(k+1)}$, $k := k + 1$, 转步 2.

根据算法 3.4, 编制 MATLAB 程序如下:

```
%SSOR迭代法程序-mssor.m
[x,k,err,time]=mssor(A,b,w,x,tol,max_it)
if nargin<6,max_it=1000;end
if nargin<5,tol=1.e-6;end
if nargin<4,x=zeros(size(b));end
tic;bnrm2=norm(b);
r=b-A*x;%计算初始残差
err=norm(r)/bnrm2;
if (err<tol),return;end
D=diag(diag(A));L=-tril(A,-1);U=-triu(A,1);
for k=1:max_it%迭代开始
    x=(D-w*L)\(((1-w)*D+w*U)*x+w*b);
    x=(D-w*U)\(((1-w)*D+w*L)*x+w*b);
    r=b-A*x;%计算残差
    err=norm(r)/bnrm2;
    if(err<=tol),break;end
end
time=toc;
```

关于 SSOR 迭代法, 有下面的收敛性定理.

定理 3.21 SSOR 迭代法收敛的一个必要条件是 $|\omega - 1| < 1$. 对于 $\omega \in \mathbf{R}$, 条件变为 $\omega \in (0, 2)$.

定理 3.22 设 $A \in \mathbf{C}^{n\times n}$ 为具有正对角元的 Hermite 矩阵, 则对任意的 $\omega \in (0, 2)$, SSOR 迭代矩阵 B_{SSOR} 具有实非负特征值. 此外, 若 A 是对称正定的, 则 SSOR 迭代法收敛. 反之, 若 SSOR 迭代法收敛且 $\omega \in \mathbf{R}$, 则 $\omega \in (0, 2)$ 且 A 是对称正定的.

注 3.2 SSOR 迭代法实质上就是将 L 和 U 等同看待连续两次使用 SOR 迭代法. 这样做好处有两个:

(1) 某些特殊问题, 用 SOR 迭代法不收敛, 但依然可构造出收敛的 SSOR 迭代法.

(2) 一般来说, SOR 迭代法的渐近收敛速度对松弛因子 ω 的选择是非常敏感的, 而 SSOR 却不敏感.

SSOR 迭代法的一种推广是它的两个半步迭代格式中使用不同的松弛因子:

$$\begin{cases} (D-\omega_1 L)x^{(k+\frac{1}{2})} = \big((1-\omega_1)D+\omega_1 U\big)x^{(k)}+\omega_1 b, \\ (D-\omega_2 U)x^{(k+1)} = \big((1-\omega_2)D+\omega_2 L\big)x^{(k+\frac{1}{2})}+\omega_2 b, \end{cases} \quad k=0,1,2,\cdots. \tag{3.58}$$

若消去 $x^{(k+\frac{1}{2})}$, 得

$$x^{(k+1)} = B_{\omega_1,\omega_2}x^{(k)}+f_{\omega_1,\omega_2}, \tag{3.59}$$

式中

$$\begin{aligned} B_{\omega_1,\omega_2} &= (D-\omega_2 U)^{-1}[(1-\omega_2)D+\omega_2 L](D-\omega_1 L)^{-1}[(1-\omega_1)D+\omega_1 U], \\ f_{\omega_1,\omega_2} &= (\omega_1+\omega_2-\omega_1\omega_2)(D-\omega_2 U)^{-1}D(D-\omega_1 L)^{-1}b. \end{aligned} \tag{3.60}$$

这种推广得到的迭代法通常称为不对称 SOR 迭代法, 简记为 USSOR 迭代法.

进一步, SSOR 迭代法也可推广到分块矩阵的情形. 对具有如式 (3.28) 结构的分块系数矩阵及相应的向量划分, 有 SSOR 迭代法的另一种推广:

$$\begin{aligned} x_i^{(k+\frac{1}{2})} &= (1-\omega)x_i^{(k)}+\omega A_{ii}^{-1}\left(b_i-\sum_{r=1}^{i-1}A_{ir}x_r^{(k+1)}-\sum_{r=i+1}^{n}A_{ir}x_r^{(k)}\right), \\ &\qquad i=1,2,\cdots,n, \\ x_i^{(k+1)} &= (1-\omega)x_i^{(k+\frac{1}{2})}+\omega A_{ii}^{-1}\left(b_i-\sum_{r=1}^{i-1}A_{ir}x_r^{(k+\frac{1}{2})}-\sum_{r=i+1}^{n}A_{ir}x_r^{(k+1)}\right), \\ &\qquad i=n,n-1,\cdots,1; \quad k=0,1,2,\cdots. \end{aligned} \tag{3.61}$$

此即块 SSOR (BSSOR) 迭代法.

例 3.1 用不同的迭代法求解 n 元线性方程组 $Ax=b$, 其中

$$A=\begin{bmatrix} 4 & -1 & & & \\ -1 & 4 & -1 & & \\ & \ddots & \ddots & \ddots & \\ & & -1 & 4 & -1 \\ & & & -1 & 4 \end{bmatrix}, \quad b=\begin{bmatrix} 3 \\ 2 \\ \vdots \\ 2 \\ 3 \end{bmatrix}. \tag{3.62}$$

方程的精确解为 $x^* = (1, 1, \cdots, 1)^{\mathrm{T}}$. 取 $n = 2^{12} - 1 = 4095$, 初始向量为零向量, 容许误差为 10^{-10}.

解 用 Jacobi, GS, SOR 和 SSOR 四种迭代法进行测试, 取松弛因子 $\omega = 1.1$, 得到计算结果如表 3.1 所示 (ex31.m).

表 3.1 Jacobi, GS, SOR 和 SSOR 四种迭代法的数值比较

迭代法	迭代次数 (k)	CPU 时间	相对残差 ($\\|r^{(k)}\\|_2/\\|b\\|_2$)
Jacobi	34	0.0030	5.8104e–11
GS	21	0.0017	9.5383e–11
SOR	17	0.0027	3.4644e–11
SSOR	9	0.0027	8.0601e–12

3. AOR 迭代法

有一种技术可以对收敛的迭代格式进行 "加速", 或者使得不收敛的迭代格式变得收敛. 这种 "加速" 技术通常是通过引进一个 "加速" 或 "松弛" 参数 $\gamma \in \mathbf{C}\backslash\{0\}$ 来实现的. 基于矩阵分裂 $A = M - N$, 考虑一个新的矩阵 $M_\gamma = \dfrac{1}{\gamma}M$. 设原迭代法的迭代格式为 $x^{(k+1)} = Bx^{(k)} + f$, 则新迭代法的迭代格式为

$$x^{(k+1)} = B_\gamma x^{(k)} + f_\gamma, \quad B_\gamma = (1-\gamma)I + \gamma B, \quad f_\gamma = \gamma f.$$

参数 $\gamma \in \mathbf{C}\backslash\{0\}$ 称为*外推参数*, 且相应的格式称为*原格式的外推*. 最优外推参数的确定一般需要较强的假设条件并涉及原迭代矩阵 B 的谱 $\sigma(B)$ 的有关信息.

利用外推法的思想, Hadjidimas 于 1978 年引进一种具有两个松弛参数 r 和 ω 的 SOR 类迭代法, 称为*加速超松弛方法* (简记为 AOR 方法), 其定义如下

$$x^{(k+1)} = B_{r,\omega} x^{(k)} + f_{r,\omega}, \tag{3.63}$$

式中

$$B_{r,\omega} = (D - rL)^{-1}\big[(1-\omega)D + (\omega - r)L + \omega U\big], \quad f_{r,\omega} = \omega(D - rL)^{-1}b. \tag{3.64}$$

容易证明: 当 $r = 0$ 时, AOR 方法就是具有外推参数 ω 的外推 Jacobi 迭代法; 当 $r \neq 0$ 时, AOR 方法就是具有外推参数 $s = \omega/r$ 的外推 SOR 方法, 其中 r 是原 SOR 方法的松弛因子. 此外, 显然前面的 Jacobi, Gauss-Seidel, SOR 方法等均可认为是 AOR 方法的特殊情形:

(1) 当 $r = 0, \omega = 1$ 时, AOR 方法即为 Jacobi 方法;

(2) 当 $r = \omega = 1$ 时, AOR 方法即为 Gauss-Seidel 方法;

(3) 当 $r=\omega\neq 0$ 时, AOR 方法即为 SOR 方法.

关于 AOR 方法, 有下面的收敛性定理.

定理 3.23 设 $A\in\mathbf{C}^{n\times n}$ 为 Hermite 矩阵, 且 $A=D-L-L^*$, D 是 Hermite 正定的, $\det(D-rL)\neq 0, \forall\,\omega\in(0,2)$ 且 $r\in\big(\omega+(2-\omega)/\mu_{\min},\omega+(2-\omega)/\mu_{\max}\big)$, 其中 $\mu_{\min}<0<\mu_{\max}$ 为矩阵 $D^{-1}(L+L^*)$ 的最小和最大特征值. 则 $\rho(B_{r,\omega})<1$ 当且仅当 A 是正定的.

类似于 SSOR 方法, 可以推广 AOR 方法得到对称 AOR 方法 (简记为 SAOR 方法). 具体形式为

$$\begin{cases}(D-rL)x^{(k+\frac{1}{2})}=\big[(1-\omega)D+(\omega-r)L+\omega U\big]x^{(k)}+\omega b,\\(D-rU)x^{(k+1)}=\big[(1-\omega)D+(\omega-r)U+\omega L\big]x^{(k+\frac{1}{2})}+\omega b,\end{cases}\quad k=0,1,2,\cdots.$$

上式可以化简为

$$\begin{cases}(D-rL)x^{(k+\frac{1}{2})}=(D-rL-\omega A)x^{(k)}+\omega b,\\(D-rU)x^{(k+1)}=(D-rU-\omega A)x^{(k+\frac{1}{2})}+\omega b,\end{cases}\quad k=0,1,2,\cdots. \tag{3.65}$$

消去 $x^{(k+\frac{1}{2})}$, 得

$$x^{(k+1)}=B_{\mathrm{SAOR}}x^{(k)}+f_{\mathrm{SAOR}}, \tag{3.66}$$

式中

$$\begin{aligned}&B_{\mathrm{SAOR}}=(D-rL)^{-1}(D-rU-\omega A)(D-rU)^{-1}(D-rL-\omega A),\\&f_{\mathrm{SAOR}}=\omega(D-\omega U)^{-1}(2D-rL-\omega A)(D-\omega L)^{-1}b.\end{aligned}$$

同样可以将 AOR 方法推广到非对称 AOR 方法 (UAOR 方法) 和分块 AOR 方法 (BAOR 方法) 的情形, 这里不再详述.

3.4 HSS 迭代算法

本节内容主要取材于文献 (Bai et al., 2003, 2004). HSS 迭代法是中国学者白中治等提出的用于求解大型稀疏非 Hermite 正定方程组的一种有效数值方法. 它是基于系数矩阵的 Hermite 和反 Hermite 分裂 (Hermitian / skew-Hermitian splitting, HSS), 其中包括 HSS 迭代和非精确 HSS (IHSS) 迭代, IHSS 在 HSS 外迭代的每一步用某种 Krylov 子空间方法 (见第 4 章) 求解子问题作为其内迭

代过程. 理论分析显示 HSS 方法无条件地收敛到线性方程组的唯一解. 目前, 基于 HSS 的各种迭代方法及与不同预处理方式的结合成为一个研究热点.

1. HSS 和 IHSS 迭代法

许多科学计算问题需要求解复线性方程组

$$Ax = b, \tag{3.67}$$

式中, $A \in \mathbf{C}^{n\times n}$ 为非奇异的大型稀疏非 Hermite 正定矩阵; $x, b \in \mathbf{C}^n$.

将矩阵 A 进行 Hermite/反 Hermite 分裂 (HS 分裂)

$$A = H + S, \tag{3.68}$$

式中

$$H = \frac{1}{2}(A + A^*), \quad S = \frac{1}{2}(A - A^*). \tag{3.69}$$

下面将研究基于此特殊矩阵分裂的求解线性方程组 (3.67) 的有效迭代方法.

基于 HS 分裂式 (3.68), 文献 (Bai et al., 2003) 提出了求解线性方程组 (3.67) 的 Hermite/反 Hermite 分裂迭代法 (简称 HSS 迭代法), 其形式如下.

算法 3.5 (HSS 迭代法)

步 1, 给定初始向量 $x^{(0)}$, 选取参数 $\alpha > 0$, 容许误差 $\varepsilon > 0$, 置 $k := 0$.

步 2, 计算

$$\begin{cases} (\alpha I + H)x^{(k+\frac{1}{2})} = (\alpha I - S)x^{(k)} + b, \\ (\alpha I + S)x^{(k+1)} = (\alpha I - H)x^{(k+\frac{1}{2})} + b. \end{cases}$$

步 3, 计算残差 $r^{(k+1)} = b - Ax^{(k+1)}$. 若 $\|r^{(k+1)}\|_2 \leqslant \varepsilon$, 停算. 否则, 置 $k := k + 1$, 转步 2.

显然, HSS 迭代法的每一步都在矩阵 A 的 Hermite 部分和反 Hermite 部分之间进行交替, 这类似于求解偏微分方程的交替方向隐式 (ADI) 迭代法.

注意到可以调换上述 HSS 迭代法中矩阵 H 和 S 的角色, 即先解关于 $\alpha I + S$ 的方程组, 然后再解关于 $\alpha I + H$ 的方程组. 每个 HSS 迭代的两个半步需要精确求解具有 n 阶系数矩阵 $\alpha I + H$ 和 $\alpha I + S$ 的方程组. 然而, 这在实际实现中是耗时和不切实际的. 为了改进 HSS 迭代法的计算效率, 例如, 在 HSS 迭代法的每一步利用共轭梯度法 (CG 法) 求解关于 $\alpha I + H$ 的方程组 (因为 $\alpha I + H$ 是 Hermite 正定的), 并用某种 Krylov 子空间方法 (如 GMRES 方法, 见第 4 章) 解关于 $\alpha I + S$ 的方程组, 直到预先设定的精度. 这导致一种非精确的 HSS 分裂迭代法, 简称 IHSS 迭代法. 内迭代的阈值 (或内迭代步数) 可随外迭代方案的不同而变化. 因此, IHSS 迭代实际上是求解式 (3.67) 的一种非定常迭代法. 对给定正常数 α, IHSS 迭代法形式如下.

算法 3.6 (IHSS 迭代法)

步 1, 给定初始向量 $x^{(0)}$, 选取参数 $\alpha > 0$, 容许误差 $\varepsilon > 0$, 置 $k := 0$.

步 2, 以 $x^{(k)}$ 为初值, 利用一种内迭代 (如 CG 法) 近似求解 $x^{(k+\frac{1}{2})}$:

$$(\alpha I + H)x^{(k+\frac{1}{2})} \approx (\alpha I - S)x^{(k)} + b.$$

步 3, 以 $x^{(k+\frac{1}{2})}$ 为初值, 利用一种内迭代 (如某种 Krylov 子空间方法) 近似求解 $x^{(k+1)}$:

$$(\alpha I + S)x^{(k+1)} \approx (\alpha I - H)x^{(k+\frac{1}{2})} + b.$$

步 4, 计算残差 $r^{(k+1)} = b - Ax^{(k+1)}$. 若 $\|r^{(k+1)}\|_2 \leqslant \varepsilon$, 停算. 否则, 置 $k := k+1$, 转步 2.

为了便于数值实现和理论分析, 可将上面的 IHSS 迭代法重写为如下等价形式: 其中 $\|\cdot\|$ 是某种向量范数, 并记原方程组的残差为 $r^{(k)} = b - Ax^{(k)}$, $r^{(k+\frac{1}{2})} = b - Ax^{(k+\frac{1}{2})}$, 内迭代的残差分别记为

$$p^{(k)} = r^{(k)} - (\alpha I + H)z^{(k)}; \tag{3.70}$$

$$q^{(k+\frac{1}{2})} = r^{(k+\frac{1}{2})} - (\alpha I + S)z^{(k+\frac{1}{2})}. \tag{3.71}$$

则可以改写算法 3.6 为如下形式.

算法 3.7 (IHSS 迭代法)

步 1, 给定初始向量 $x^{(0)}$, 选取参数 $\alpha > 0$, 容许误差 $\varepsilon > 0$, 置 $k := 0$.

步 2, 以 $x^{(k)}$ 为初值, 迭代求解 $(\alpha I + H)z^{(k)} = r^{(k)}$, 直到 $\|p^{(k)}\| \leqslant \varepsilon_k \|r^{(k)}\|$.

步 3, 计算 $x^{(k+\frac{1}{2})} = x^{(k)} + z^{(k)}$.

步 4, 以 $x^{(k+\frac{1}{2})}$ 为初值, 迭代求解 $(\alpha I + S)z^{(k+\frac{1}{2})} = r^{(k+\frac{1}{2})}$, 直到 $\|q^{(k+\frac{1}{2})}\| \leqslant \eta_k \|r^{(k+\frac{1}{2})}\|$.

步 5, 计算 $x^{(k+1)} = x^{(k+\frac{1}{2})} + z^{(k+\frac{1}{2})}$.

步 6, 计算残差 $r^{(k+1)} = b - Ax^{(k+1)}$. 若 $\|r^{(k+1)}\|_2 \leqslant \varepsilon$, 停算. 否则, 置 $k := k+1$, 转步 2.

事实上, 这里构造了求解非 Hermite 正定方程组的一个一般的迭代法框架. 在此迭代框架下有一些组合. 可精确或非精确地求解 Hermite 部分, 也可精确或非精确地求解反 Hermite 部分. 最佳选择依赖于 Hermite 和反 Hermite 矩阵的结构. 所得的相应精确或非精确 HSS 分裂迭代的收敛性理论可类似于下面的分析来建立, 只要做少许的修改即可.

下面考虑 HSS 和 IHSS 迭代法的收敛性和收敛速度方面的一些理论结果. 首先注意到 HSS 迭代法可推广到两步分裂迭代框架, 下面的引理先给出两步分裂迭代的一个一般性收敛条件.

引理 3.1 设 $A \in \mathbf{C}^{n\times n}$, $A = M_i - N_i\,(i=1,2)$ 为矩阵 A 的两个分裂. $x^{(0)}$ 为给定的初始向量. 如果 $\{x^{(k)}\}$ 是由下面两步分裂迭代法所定义的序列

$$\begin{cases} M_1 x^{(k+\frac{1}{2})} = N_1 x^{(k)} + b, \\ M_2 x^{(k+1)} = N_2 x^{(k+\frac{1}{2})} + b, \end{cases} \qquad k = 0, 1, 2, \cdots,$$

则

$$x^{(k+1)} = M_2^{-1} N_2 M_1^{-1} N_1 x^{(k)} + M_2^{-1}(M_1 + N_2) M_1^{-1} b, \quad k = 0, 1, 2, \cdots.$$

进一步, 如果迭代矩阵 $M_2^{-1}N_2M_1^{-1}N_1$ 的谱半径 $\rho(M_2^{-1}N_2M_1^{-1}N_1)$ 小于 1, 则迭代序列 $\{x^{(k)}\}$ 对所有初始向量 $x^{(0)} \in \mathbf{C}^n$ 都收敛于线性方程组 (3.67) 的唯一解 $x^* \in \mathbf{C}^n$.

对于 HSS 迭代法, 应用引理 3.1 及矩阵谱的相似不变性易得如下定理.

定理 3.24 设 $A \in \mathbf{C}^{n\times n}$ 为正定矩阵, $H = \dfrac{1}{2}(A + A^*)$ 和 $S = \dfrac{1}{2}(A - A^*)$ 为其 Hermite 和反 Hermite 部分, 且 α 是一个正常数. 则 HSS 迭代矩阵 $M(\alpha)$ 为

$$M(\alpha) = (\alpha I + S)^{-1}(\alpha I - H)(\alpha I + H)^{-1}(\alpha I - S), \tag{3.72}$$

且其谱半径 $\rho(M(\alpha))$ 有上界

$$\sigma(\alpha) \equiv \max_{\lambda_i \in \lambda(H)} \left| \frac{\alpha - \lambda_i}{\alpha + \lambda_i} \right|,$$

式中, $\lambda(H)$ 为矩阵 H 的谱集, 因此成立

$$\rho(M(\alpha)) \leqslant \sigma(\alpha) < 1, \quad \forall\, \alpha > 0,$$

即 HSS 迭代收敛到线性方程组 (3.67) 的唯一解 $x^* \in \mathbf{C}^n$.

证明 在引理 3.1 中, 记

$$M_1 = \alpha I + H, \quad N_1 = \alpha I - S, \quad M_2 = \alpha I + S, \quad N_2 = \alpha I - H,$$

注意到对任意的 $\alpha > 0$, $\alpha I + H$ 和 $\alpha I + S$ 是非奇异的, 则由引理 3.1 立即可得定理的结论. □

定理 3.24 表明 HSS 迭代法的收敛速度以 $\sigma(\alpha)$ 为上界, 而 $\sigma(\alpha)$ 仅依赖于 A 的 Hermite 部分 H 的谱 (而不依赖于反 Hermite 部分 S 的谱或系数矩阵 A 的谱).

现引入向量范数 $\|x\|_* = \|(\alpha I + S)x\|_2 (\forall\, x \in \mathbf{C}^n)$ 且其诱导矩阵范数表示为

$$\|A\|_* = \|(\alpha I + S)A(\alpha I + S)^{-1}\|_2 \quad (\forall A \in \mathbf{C}^{n\times n}),$$

则由定理 3.24 的证明可见

$$\|M(\alpha)\|_* = \|(\alpha I - H)(\alpha I + H)^{-1}(\alpha I - S)(\alpha I + S)^{-1}\|_2 \leqslant \sigma(\alpha),$$

从而

$$\|x^{(k+1)} - x^*\|_* \leqslant \sigma(\alpha)\|x^{(k)} - x^*\|_*, \quad k = 0, 1, 2, \cdots.$$

因此, $\sigma(\alpha)$ 也是 HSS 迭代压缩因子在 $\|\cdot\|_*$ 范数意义下的一个上界. 如果 Hermite 部分 H 的特征值的上界和下界是已知的, 则可得 $\sigma(\alpha)$ (或 $\rho(M(\alpha))$ 和 $\|M(\alpha)\|_*$ 之上界) 的最优参数. 此事实在下面的推论中陈述.

推论 3.2 设 $A \in \mathbf{C}^{n\times n}$ 为正定矩阵, $H = \frac{1}{2}(A + A^*)$ 和 $S = \frac{1}{2}(A - A^*)$ 为其 Hermite 和反 Hermite 部分, 且 $\lambda_{\min}$ 和 $\lambda_{\max}$ 分别为矩阵 H 的最小和最大特征值, α 是一个正常数, 则

$$\alpha^* \equiv \arg\min_{\alpha}\left\{\max_{\lambda_{\min}\leqslant\lambda\leqslant\lambda_{\max}}\left|\frac{\alpha-\lambda}{\alpha+\lambda}\right|\right\} = \sqrt{\lambda_{\min}\lambda_{\max}},$$

且

$$\sigma(\alpha^*) = \frac{\sqrt{\lambda_{\max}} - \sqrt{\lambda_{\min}}}{\sqrt{\lambda_{\max}} + \sqrt{\lambda_{\min}}} = \frac{\sqrt{\kappa(H)} - 1}{\sqrt{\kappa(H)} + 1},$$

式中, $\kappa(H) = \lambda_{\max}/\lambda_{\min}$ 为 H 的谱条件数.

证明 注意到对任意的 $\alpha > 0$, 函数 $f(\lambda) = \dfrac{\alpha - \lambda}{\alpha + \lambda}$ 关于 λ 是单调递减的 $(f'(\lambda) = -2\alpha/(\alpha + \alpha) < 0)$, 故有

$$\sigma(\alpha) = \max\left\{\left|\frac{\alpha - \lambda_{\min}}{\alpha + \lambda_{\min}}\right|, \left|\frac{\alpha - \lambda_{\max}}{\alpha + \lambda_{\max}}\right|\right\}. \tag{3.73}$$

若 α^* 是 $\sigma(\alpha)$ 的极小点, 则必有 $\alpha^* = \lambda_{\min} > 0$, $\alpha^* - \lambda_{\max} < 0$,

$$\frac{\alpha^* - \lambda_{\min}}{\alpha^* + \lambda_{\min}} = -\frac{\alpha^* - \lambda_{\max}}{\alpha^* + \lambda_{\max}}.$$

从上式解得

$$\alpha^* = \sqrt{\lambda_{\min}\lambda_{\max}},$$

从而推论的结论成立. □

这里强调在推论 3.2 中, 最优参数 α^* 极小化迭代矩阵谱半径的上界 $\sigma(\alpha)$, 而不是极小化迭代矩阵的谱半径. 推论表明当使用最优参数 α^* 时, HSS 迭代法的收敛速度上界与共轭梯度方法的大致相同, 且当 A 为 Hermite 时, 它们是相同的. 应该指出, 当系数矩阵 A 为正规矩阵时, 有 $HS = SH$, 因此 $\rho(M(\alpha)) = \|M(\alpha)\|_* = \sigma(\alpha)$, 此时最优参数 α^* 极小化所有这三个量.

下面的定理在更一般的情况下分析 IHSS 迭代法. 特别地, 考虑对两步分裂技术的非精确迭代 (比较引理 3.1). 为此, 将 $\|\cdot\|_*$ 推广到 $\|\cdot\|_{M_2}$, 现定义为 $\|x\|_{M_2} = \|M_2 x\|_2\ (\forall\ x \in \mathbf{C}^n)$ 且它诱导矩阵范数为 $\|A\|_{M_2} = \|M_2 A M_2^{-1}\|_2\ (\forall A \in \mathbf{C}^{n\times n})$.

定理 3.25 设 $A \in \mathbf{C}^{n\times n}$ 且 $A = M_i - N_i\ (i = 1, 2)$ 为 A 的两个分裂. 如果 $\{x^{(k)}\}$ 是一个如下定义的迭代序列

$$x^{(k+\frac{1}{2})} = x^{(k)} + z^{(k)}, \quad M_1 z^{(k)} = r^{(k)} - p^{(k)} \tag{3.74}$$

满足 $\|p^{(k)}\|_2 \leqslant \varepsilon_k \|r^{(k)}\|_2$, 其中 $r^{(k)} = b - Ax^{(k)}$, 且

$$x^{(k+1)} = x^{(k+\frac{1}{2})} + z^{(k+\frac{1}{2})}, \quad M_2 z^{(k+\frac{1}{2})} = r^{(k+\frac{1}{2})} - q^{(k+\frac{1}{2})} \tag{3.75}$$

满足 $\|q^{(k+\frac{1}{2})}\|_2 \leqslant \eta_k \|r^{(k+\frac{1}{2})}\|_2$, 其中 $r^{(k+\frac{1}{2})} = b - Ax^{(k+\frac{1}{2})}$, 则 $\{x^{(k)}\}$ 形如

$$x^{(k+1)} = M_2^{-1} N_2 M_1^{-1} N_1 x^{(k)} + M_2^{-1}(I + N_2 M_1^{-1}) b - M_2^{-1}(N_2 M_1^{-1} p^{(k)} + q^{(k+\frac{1}{2})}). \tag{3.76}$$

进一步, 如果 $x^* \in \mathbf{C}^n$ 是方程组 (3.67) 的精确解, 则有

$$\|x^{(k+1)} - x^*\|_{M_2} \leqslant \big(\sigma + \mu\theta\varepsilon_k + \theta(\rho + \theta\nu\varepsilon_k)\eta_k\big)\|x^{(k)} - x^*\|_{M_2}, \quad k = 0, 1, 2, \cdots, \tag{3.77}$$

式中

$$\sigma = \|N_2 M_1^{-1} N_1 M_2^{-1}\|_2, \quad \rho = \|M_2 M_1^{-1} N_1 M_2^{-1}\|_2,$$

$$\mu = \|N_2 M_1^{-1}\|_2, \quad \theta = \|A M_2^{-1}\|_2, \quad \nu = \|M_2 M_1^{-1}\|_2.$$

特别地, 如果

$$\sigma + \mu\theta\varepsilon_{\max} + \theta(\rho + \theta\nu\varepsilon_{\max})\eta_{\max} < 1,$$

则迭代序列 $\{x^{(k)}\}$ 收敛到 $x^* \in \mathbf{C}^n$, 其中 $\varepsilon_{\max} = \max\limits_k\{\varepsilon_k\}$ 且 $\eta_{\max} = \max\limits_k\{\eta_k\}$.

证明 可参见文献 (Bai et al., 2003) 中的证明. □

注 3.3 如果在某些应用中可精确求解内迭代方程组, 相应的量 $\{\varepsilon_k\}$ 和 $\{\eta_k\}$ 及 $\varepsilon_{\max}$ 和 $\eta_{\max}$ 等于零. 从而得到 IHSS 迭代法的收敛速度与 HSS 迭代法的相同.

将定理 3.25 应用到 Hermite 和反 Hermite 分裂

$$\begin{aligned} A &= M_1 - N_1 \equiv (\alpha I + H) - (\alpha I - S) \\ &= M_2 - N_2 \equiv (\alpha I + S) - (\alpha I - H), \end{aligned}$$

直接得到下面关于 IHSS 迭代法的收敛性定理.

定理 3.26 设 $A \in \mathbf{C}^{n\times n}$ 为正定矩阵, $H = \frac{1}{2}(A + A^*)$ 和 $S = \frac{1}{2}(A - A^*)$ 为其 Hermite 和反 Hermite 部分, 且 α 是一个正常数. 若 $\{x^{(k)}\}$ 是由 IHSS 迭代法产生的迭代序列且方程组 (3.67) 的精确解是 $x^* \in \mathbf{C}^n$, 则成立

$$\|x^{(k+1)} - x^*\|_* \leqslant (\sigma(\alpha) + \theta\rho\eta_k)(1 + \theta\varepsilon_k)\|x^{(k)} - x^*\|_*, \quad k = 0, 1, 2, \cdots,$$

式中, 范数 $\|\cdot\|_*$ 的定义如前,

$$\rho = \|(\alpha I + S)(\alpha I + H)^{-1}\|_2, \quad \theta = \|A(\alpha I + S)^{-1}\|_2. \tag{3.78}$$

特别地, 若 $(\sigma(\alpha) + \theta\rho\eta_{\max})(1 + \theta\varepsilon_{\max}) < 1$, 则迭代序列 $\{x^{(k)}\}$ 收敛到 $x^* \in \mathbf{C}^n$, 其中 $\varepsilon_{\max} = \max\limits_k\{\varepsilon_k\}$ 且 $\eta_{\max} = \max\limits_k\{\eta_k\}$.

依据定理 3.25, 可选择阈值来极小化两步分裂迭代法的计算工作量. 注意到不需要当 k 增大时阈值 $\{\varepsilon_k\}$ 和 $\{\eta_k\}$ 趋向于零来得到 IHSS 迭代法的收敛性. 下面的定理给出选择阈值 $\{\varepsilon_k\}$ 和 $\{\eta_k\}$ 的一种方式, 使得两步分裂迭代法的原收敛速度 (比较引理 3.1) 可被渐近地恢复. 我们有下面的定理 (Bai et al., 2003).

定理 3.27 设定理 3.25 的条件成立, $\{\tau_1(k)\}$ 和 $\{\tau_2(k)\}$ 是满足 $\tau_1(k) \geqslant 1$, $\tau_2(k) \geqslant 1$ 的非降正数序列, 且 $\limsup\limits_{k\to\infty} \tau_1(k) = \limsup\limits_{k\to\infty} \tau_2(k) = +\infty$, δ_1 和 δ_2 为属于 $(0, 1)$ 区间的实常数, 满足

$$\varepsilon_k \leqslant c_1\delta_1^{\tau_1(k)}, \quad \eta_k \leqslant c_2\delta_2^{\tau_2(k)}, \quad k = 0, 1, 2, \cdots, \tag{3.79}$$

式中, c_1 和 c_2 为非负常数, 则有

$$\|x^{(k+1)} - x^*\|_{M_2} \leqslant \left(\sqrt{\sigma} + \omega\theta\delta^{\tau(k)}\right)^2 \|x^{(k)} - x^*\|_{M_2}, \quad k = 0, 1, 2, \cdots,$$

式中

$$\tau(k) = \min\{\tau_1(k),\ \tau_2(k)\}, \quad \delta = \max\{\delta_1,\ \delta_2\},$$

$$\omega = \max\left\{\sqrt{c_1c_2\nu},\ \frac{1}{2\sqrt{\sigma}}(c_1\mu + c_2\rho)\right\}.$$

特别地, 有

$$\limsup_{k\to\infty}\frac{\|x^{(k+1)}-x^*\|_{M_2}}{\|x^{(k)}-x^*\|_{M_2}}=\sigma,$$

即非精确两步分裂迭代法的收敛速度渐近地与精确两步分裂迭代法的相同.

由定理 3.26 和定理 3.27 立即可导出下面 IHSS 迭代法的收敛性结果.

定理 3.28 设定理 3.26 的条件成立, $\{\tau_1(k)\}$ 和 $\{\tau_2(k)\}$ 是满足 $\tau_1(k)\geqslant 1$, $\tau_2(k)\geqslant 1$ 的非降正数序列, 且 $\limsup\limits_{k\to\infty}\tau_1(k)=\limsup\limits_{k\to\infty}\tau_2(k)=+\infty$, δ_1 和 δ_2 为属于 $(0,1)$ 区间的实常数, 满足式 (3.79), 则成立

$$\|x^{(k+1)}-x^*\|_*\leqslant(\sqrt{\sigma(\alpha)}+\omega\theta\delta^{\tau(k)})^2\|x^{(k)}-x^*\|_*,\quad k=0,1,2,\cdots,$$

式中, ρ 和 θ 由式 (3.78) 定义; $\tau(k)$ 和 δ 如定理 3.27 中所定义, 且

$$\omega=\max\left\{\sqrt{c_1c_2\rho},\ \frac{1}{2\sqrt{\sigma(\alpha)}}(c_1\sigma(\alpha)+c_2\rho)\right\}.$$

特别地, 有

$$\limsup_{k\to\infty}\frac{\|x^{(k+1)}-x^*\|_*}{\|x^{(k)}-x^*\|_*}=\sigma(\alpha),$$

即 IHSS 迭代法的收敛速度渐近地与 HSS 迭代法的相同. 此处的范数 $\|\cdot\|_*$ 定义如前.

定理 3.28 表明如果阈值 $\{\varepsilon_k\}$ 和 $\{\eta_k\}$ 如式 (3.79) 中所选择, 则 IHSS 迭代法收敛到方程组 (3.67) 的唯一解 $x^*\in\mathbf{C}^n$, 且 IHSS 迭代渐近收敛因子的上界趋向于 HSS 迭代的 $\sigma(\alpha)$ (见定理 3.24). 进一步, 式 (3.79) 也可用 $\{\varepsilon_k\}$ 和 $\{\eta_k\}$ 趋向于零来替代.

2. 预处理块 HSS 迭代法

预处理技术可以大大加快迭代法的收敛速度. 文献 (Bai et al., 2004) 对 2×2 块结构的正半定线性方程组, 建立了一类预处理 HSS 迭代法, 简称 PHSS 迭代法. 理论分析表明方法无条件地收敛到线性方程组的唯一解. 此外, 推导出其收缩因子的上界并给出所涉及迭代参数的最佳选择.

考虑具有块系数矩阵的线性方程组

$$\mathcal{A}x:=\begin{bmatrix}A & B\\ -B^* & O\end{bmatrix}\begin{bmatrix}y\\ z\end{bmatrix}=\begin{bmatrix}f\\ g\end{bmatrix}:=b,\tag{3.80}$$

式中, 子矩阵 $A \in \mathbf{C}^{m\times m}$ 是 Hermite 正定的; $B \in \mathbf{C}^{m\times n}$ $(m \geqslant n)$ 是列满秩的. 因此, 矩阵 $\mathcal{A} \in \mathbf{C}^{(m+n)\times(m+n)}$ 是非奇异、非 Hermite 半正定矩阵.

块线性方程组 (3.80) 相应于线性约束二次规划问题或鞍点问题的 Kuhn-Tucker 条件. 这些方程组典型地来自于二阶椭圆方程、弹性问题或 Stokes 方程的混合有限元近似. 下面首先给出预处理块线性方程组 (3.80) 一个等价的形式, 然后应用 HSS 方法于预处理块线性方程组, 从而对非 Hermite 半正定方程组 (3.80) 建立一类 PHSS 迭代法.

引入预处理矩阵

$$\mathcal{P} = \begin{bmatrix} A & O \\ O & S \end{bmatrix} \in \mathbf{C}^{(m+n)\times(m+n)} \quad 和 \quad \widehat{B} = A^{-\frac{1}{2}} B S^{-\frac{1}{2}} \in \mathbf{C}^{m\times n}, \tag{3.81}$$

式中, $S \in \mathbf{C}^{n\times n}$ 为可自由选择的 Hermite 正定子矩阵, 其最佳选择在后面讨论. 定义

$$\widehat{\mathcal{A}} = \mathcal{P}^{-\frac{1}{2}} \mathcal{A} \mathcal{P}^{-\frac{1}{2}} = \begin{bmatrix} I & \widehat{B} \\ -\widehat{B}^* & O \end{bmatrix}, \quad \begin{bmatrix} \widehat{y} \\ \widehat{z} \end{bmatrix} = \mathcal{P}^{\frac{1}{2}} \begin{bmatrix} y \\ z \end{bmatrix} = \begin{bmatrix} A^{\frac{1}{2}} y \\ S^{\frac{1}{2}} z \end{bmatrix},$$

$$\widehat{b} = \begin{bmatrix} \widehat{f} \\ \widehat{g} \end{bmatrix} = \mathcal{P}^{-\frac{1}{2}} b = \begin{bmatrix} A^{-\frac{1}{2}} f \\ S^{-\frac{1}{2}} g \end{bmatrix}.$$

则线性方程组 (3.80) 可转换成下面等价的预处理形式:

$$\widehat{\mathcal{A}} \begin{bmatrix} \widehat{y} \\ \widehat{z} \end{bmatrix} = \widehat{b}. \tag{3.82}$$

显然, 矩阵 $\widehat{\mathcal{A}} \in \mathbf{C}^{(m+n)\times(m+n)}$ 的 Hermite 和反 Hermite 部分分别为

$$\widehat{H} = \frac{1}{2}(\widehat{\mathcal{A}} + \widehat{\mathcal{A}}^*) = \begin{bmatrix} I & O \\ O & O \end{bmatrix}, \quad \widehat{S} = \frac{1}{2}(\widehat{\mathcal{A}} - \widehat{\mathcal{A}}^*) = \begin{bmatrix} O & \widehat{B} \\ -\widehat{B}^* & O \end{bmatrix}.$$

对式 (3.82) 直接应用 HSS 迭代格式, 得

$$\begin{cases} (\alpha I + \widehat{H}) \begin{bmatrix} \widehat{y}^{(k+\frac{1}{2})} \\ \widehat{z}^{(k+\frac{1}{2})} \end{bmatrix} = (\alpha I - \widehat{S}) \begin{bmatrix} \widehat{y}^{(k)} \\ \widehat{z}^{(k)} \end{bmatrix} + \widehat{b}, \\ (\alpha I + \widehat{S}) \begin{bmatrix} \widehat{y}^{(k+1)} \\ \widehat{z}^{(k+1)} \end{bmatrix} = (\alpha I - \widehat{H}) \begin{bmatrix} \widehat{y}^{(k+\frac{1}{2})} \\ \widehat{z}^{(k+\frac{1}{2})} \end{bmatrix} + \widehat{b}. \end{cases}$$

或等价地, 有

$$\begin{bmatrix} \alpha I & \widehat{B} \\ -\widehat{B}^* & \alpha I \end{bmatrix} \begin{bmatrix} \widehat{y}^{(k+1)} \\ \widehat{z}^{(k+1)} \end{bmatrix} = \begin{bmatrix} \dfrac{\alpha(\alpha-1)}{\alpha+1} I & -\dfrac{\alpha-1}{\alpha+1}\widehat{B} \\ \widehat{B}^* & \alpha I \end{bmatrix} \begin{bmatrix} \widehat{y}^{(k)} \\ \widehat{z}^{(k)} \end{bmatrix} + \begin{bmatrix} \dfrac{2\alpha}{\alpha+1}\widehat{f} \\ 2\widehat{g} \end{bmatrix}.$$

从而按原变量, 得

$$\begin{bmatrix} \alpha A & B \\ -B^* & \alpha S \end{bmatrix} \begin{bmatrix} y^{(k+1)} \\ z^{(k+1)} \end{bmatrix} = \begin{bmatrix} \dfrac{\alpha(\alpha-1)}{\alpha+1} A & -\dfrac{\alpha-1}{\alpha+1}B \\ B^* & \alpha S \end{bmatrix} \begin{bmatrix} y^{(k)} \\ z^{(k)} \end{bmatrix} + \begin{bmatrix} \dfrac{2\alpha}{\alpha+1}f \\ 2g \end{bmatrix}, \tag{3.83}$$

这导致下面求解块线性方程组 (3.80) 的 PHSS 迭代法.

算法 3.8 (PHSS 迭代法)

步 1, 给定一个初始向量 $x^{(0)} = \begin{bmatrix} y^{(0)} \\ z^{(0)} \end{bmatrix} \in \mathbf{C}^{m+n}$, 参数 $\alpha > 0$, 容许误差 $\varepsilon > 0$. 置 $k := 0$.

步 2, 用 HSS 迭代法求解式 (3.83) 计算 $x^{(k+1)} = \begin{bmatrix} y^{(k+1)} \\ z^{(k+1)} \end{bmatrix} \in \mathbf{C}^{m+n}$.

步 3, 计算残差 $r^{(k+1)} = b - \mathcal{A}x^{(k+1)}$. 若 $\|r^{(k+1)}\|_2 \leqslant \varepsilon$, 停算. 否则, 置 $k := k+1$, 转步 2.

明显地, PHSS 迭代法可等价地重写为

$$\begin{bmatrix} y^{(k+1)} \\ z^{(k+1)} \end{bmatrix} = \mathcal{T}(\alpha) \begin{bmatrix} y^{(k)} \\ z^{(k)} \end{bmatrix} + \mathcal{M}(\alpha)^{-1} \begin{bmatrix} f \\ g \end{bmatrix}, \tag{3.84}$$

式中

$$\begin{cases} \mathcal{T}(\alpha) = \begin{bmatrix} \alpha A & B \\ -B^* & \alpha S \end{bmatrix}^{-1} \begin{bmatrix} \dfrac{\alpha(\alpha-1)}{\alpha+1} A & -\dfrac{\alpha-1}{\alpha+1}B \\ B^* & \alpha S \end{bmatrix}, \\ \mathcal{M}(\alpha)^{-1} = \begin{bmatrix} \alpha A & B \\ -B^* & \alpha S \end{bmatrix}^{-1} \begin{bmatrix} \dfrac{2\alpha}{\alpha+1} I & O \\ O & 2I \end{bmatrix}. \end{cases} \tag{3.85}$$

这里 $\mathcal{T}(\alpha)$ 是 PHSS 迭代法的迭代矩阵. 事实上, 式 (3.84) 也可来自于系数矩阵 $\mathcal{A}$ 的分裂

$$\mathcal{A}=\mathcal{M}(\alpha)-\mathcal{N}(\alpha)=\begin{bmatrix}\frac{\alpha+1}{2}A & \frac{\alpha+1}{2\alpha}B\\ -\frac{1}{2}B^* & \frac{\alpha}{2}S\end{bmatrix}-\begin{bmatrix}\frac{\alpha-1}{2}A & -\frac{\alpha-1}{2\alpha}B\\ \frac{1}{2}B^* & \frac{\alpha}{2}S\end{bmatrix}. \tag{3.86}$$

在实际计算中, PHSS 迭代法的每次迭代需要求解具有如下系数矩阵的线性方程组

$$\widetilde{\mathcal{M}}(\alpha)=\begin{bmatrix}\alpha A & B\\ -B^* & \alpha S\end{bmatrix}, \tag{3.87}$$

或等价地, 有

$$\mathcal{M}(\alpha)=\begin{bmatrix}\frac{\alpha+1}{2}A & \frac{\alpha+1}{2\alpha}B\\ -\frac{1}{2}B^* & \frac{\alpha}{2}S\end{bmatrix}. \tag{3.88}$$

由于这些矩阵是正定的, 可用另一个迭代过程非精确地求解前述线性方程组, 如 HSS 迭代. 这导致非 Hermite 正半定线性方程组 (3.80) 的一个非精确预处理 Hermite/反 Hermite 分裂迭代法 (简记为 IPHSS), 并已经在前面有所讨论.

为了对 PHSS 迭代法进行收敛性分析, 通过简单推导、奇异值分解等可得式 (3.85) 中矩阵 $\mathcal{T}(\alpha)$ 的显式表达式、特征值结构以及谱半径, 这由下面的三个引理描述, 其证明详见文献 (Bai et al., 2004).

引理 3.2 考虑线性方程组 (3.80). 设 $A\in\mathbf{C}^{m\times m}$ 是 Hermite 正定的, $B\in\mathbf{C}^{m\times n}$ 列满秩, $\alpha>0$ 是一个给定常数. 假设 $S\in\mathbf{C}^{n\times n}$ 是 Hermite 正定矩阵. 则划分式 (3.85) 中的迭代矩阵 $\mathcal{T}(\alpha)$ 为

$$\mathcal{T}(\alpha)=\begin{bmatrix}\mathcal{T}_{11}(\alpha) & \mathcal{T}_{12}(\alpha)\\ \mathcal{T}_{21}(\alpha) & \mathcal{T}_{22}(\alpha)\end{bmatrix},$$

式中

$$\mathcal{T}_{11}(\alpha)=\frac{\alpha-1}{\alpha+1}I-\frac{2}{\alpha+1}A^{-1}B\widetilde{S}(\alpha)^{-1}B^*,\quad \mathcal{T}_{12}(\alpha)=-\frac{2\alpha}{\alpha+1}A^{-1}B\widetilde{S}(\alpha)^{-1}S,$$

$$\mathcal{T}_{21}(\alpha)=\frac{2\alpha}{\alpha+1}S\widetilde{S}(\alpha)^{-1}B^*A^{-1},\qquad \mathcal{T}_{22}(\alpha)=-\frac{\alpha-1}{\alpha+1}I+\frac{2\alpha^2}{\alpha+1}\widetilde{S}(\alpha)^{-1}S,$$

且

$$\widetilde{S}(\alpha)=\alpha S+\frac{1}{\alpha}B^*A^{-1}B$$

为式 (3.87) 中矩阵 $\widetilde{\mathcal{M}}(\alpha)$ 的 Schur 补.

引理 3.3 设引理 3.2 中的条件满足. 如果 $\sigma_k\,(k=1,2,\cdots,n)$ 是式 (3.81) 中矩阵 $\widehat{B}\in\mathbf{C}^{m\times n}$ 的正奇异值, 则 PHSS 方法迭代矩阵 $\mathcal{T}(\alpha)$ 的特征值是具有重数 $m-n$ 的

$$\frac{\alpha-1}{\alpha+1}$$

和

$$\frac{1}{(\alpha+1)(\alpha^2+\sigma_k^2)}\left(\alpha(\alpha^2-\sigma_k^2)\pm\sqrt{(\alpha^2+\sigma_k^2)^2-4\alpha^4\sigma_k^2}\right),\ k=1,2,\cdots,n.$$

引理 3.4 设引理 3.2 中的条件满足. 如果 $\sigma_k\,(k=1,2,\cdots,n)$ 是式 (3.81) 中矩阵 $\widehat{B}\in\mathbf{C}^{m\times n}$ 的正奇异值, 且 λ 是 PHSS 方法迭代矩阵 $\mathcal{T}(\alpha)$ 的主特征值, 即 $\mathcal{T}(\alpha)$ 的谱半径可由 $|\lambda|$ 达到, 则对 $k=1,2,\cdots,n$, 成立

$$|\lambda|=\begin{cases}\dfrac{|\alpha-1|}{\alpha+1}, & \text{或}\\ \dfrac{\alpha}{\alpha+1}\left(\dfrac{|\alpha^2-\sigma_k^2|}{\alpha^2+\sigma_k^2}+\sqrt{\dfrac{1}{\alpha^2}-\dfrac{4\alpha^2\sigma_k^2}{(\alpha^2+\sigma_k^2)^2}}\right), & \text{对 } \alpha^2+\sigma_k^2>2\alpha^2\sigma_k, \text{或}\\ \sqrt{\dfrac{\alpha-1}{\alpha+1}}, & \text{对 } \alpha^2+\sigma_k^2\leqslant 2\alpha^2\sigma_k.\end{cases}$$

基于引理 3.4, 下面证明求解线性方程组 (3.80) 的 PHSS 迭代法的收敛性 (Bai et al., 2004).

定理 3.29 考虑线性方程组 (3.80). 设 $A\in\mathbf{C}^{m\times m}$ 是 Hermite 正定的, $B\in\mathbf{C}^{m\times n}$ 列满秩, $\alpha>0$ 是一个给定常数. 假设 $S\in\mathbf{C}^{n\times n}$ 是 Hermite 正定矩阵, 则

$$\rho(\mathcal{T}(\alpha))<1,\quad \forall\alpha>0,$$

即 PHSS 迭代序列收敛到线性方程组 (3.80) 的精确解.

习 题 3

3.1 设 $A\in\mathbf{R}^{n\times n}$ 对称正定, 其最小特征值和最大特征值分别为 λ_1 和 λ_n. 证明: 迭代法

$$x^{(k+1)}=x^{(k)}+\theta(b-Ax^{(k)})$$

收敛的充分必要条件是 $0<\theta<2/\lambda_n$.

3.2 若将方程组 $Ax=b$ 的每个方程两边除以 A 的相应对角元, 再对新得到的方程组构造 Richardson 迭代格式. 试证明它就是 $Ax=b$ 的 Jacobi 迭代格式.

3.3　设矩阵 $B \in \mathbf{R}^{n\times n}$ 满足 $\rho(B)=0$. 证明: 对于任意的向量 $f, x^{(0)} \in \mathbf{R}^n$, 定常迭代格式

$$x^{(k+1)} = Bx^{(k)} + f, \quad k=0,1,\cdots$$

最多迭代 n 次即可得到不动点方程 $x = Bx + f$ 的精确解.

3.4　设有线性方程组 $Ax=b$, 其中系数矩阵

$$A = \begin{bmatrix} 1 & 2 & -2 \\ 1 & 1 & 1 \\ 2 & 2 & 1 \end{bmatrix}.$$

证明: Jacobi 迭代法收敛, 而 Gauss-Seidel 迭代法发散.

3.5　证明: 若方程组 $Ax=b$ 的系数矩阵 A 是严格对角占优或不可约对角占优的, 且松弛参数 $0<\omega<2$, 则 SOR 迭代法是收敛的.

3.6　设有线性方程组 $Ax=b$, 其中系数矩阵

$$A = \begin{bmatrix} a & 1 & 3 \\ 1 & a & 2 \\ 3 & 2 & a \end{bmatrix}.$$

试问: (1) 当 a 取何值时, Jacobi 迭代法收敛? (2) 当 a 取何值时, Gauss-Seidel 迭代法收敛?

3.7　设对称矩阵 $A=(a_{ij}) \in \mathbf{R}^{n\times n}$ 是非奇异的, 且 $a_{ii}>0\,(i=1,2,\cdots,n)$. 证明: 若求解 $Ax=b$ 的 Gauss-Seidel 迭代法对任意初始向量 $x^{(0)}$ 都收敛, 则 A 必是对称正定矩阵.

3.8　若存在对称正定矩阵 P, 使得

$$B = P - H^{\mathrm{T}}PH$$

为对称正定矩阵. 证明: 迭代格式

$$x^{(k+1)} = Hx^{(k)} + f, \quad k=0,1,2,\cdots$$

收敛.

3.9　证明: 严格对角占优矩阵不一定是不可约对角占优矩阵, 反之亦然. 试举例加以说明.

3.10　对于单步定常迭代格式

$$x^{(k+1)} = Bx^{(k)} + f, \quad k=0,1,\cdots,$$

若其迭代矩阵 $B \in \mathbf{R}^{n\times n}$ 的特征值 $\lambda_1, \lambda_2, \lambda_3$ 满足 $|\lambda_1|<1$, $|\lambda_2|=1$, $|\lambda_3|>1$. 试问: 如何选取初始向量 $x^{(0)}$ 使得该迭代格式是收敛的或发散的?

第 4 章　解线性方程组的子空间方法

本章着重介绍求解大型稀疏线性方程组

$$Ax = b \tag{4.1}$$

的 Krylov 子空间方法, 其中, 矩阵 $A \in \mathbf{R}^{n\times n}$ 和向量 $b \in \mathbf{R}^n$ 是已经给定的, 而 $x \in \mathbf{R}^n$ 是待求的未知向量. 取初始向量 $x_0 \in \mathbf{R}^n$, 则解方程组 (4.1) 等价于求解

$$Az = r_0, \quad r_0 = b - Ax_0, \quad x = x_0 + z. \tag{4.2}$$

所谓求解线性方程组 (4.2) 的 Krylov 子空间方法, 就是先构造一个 Krylov 子空间

$$\mathcal{K}_k(A, r_0) = \mathrm{span}\{r_0, Ar_0, \cdots, A^{k-1}r_0\}; \tag{4.3}$$

然后设法求一个 $z_k \in \mathcal{K}_k(A, r_0)$, 使其在某种意义下是方程组 (4.2) 解的最佳逼近, 最后得到原方程组 (4.1) 的近似解 $x_k = x_0 + z_k$.

因此, 具体实现这一思想的关键是如何定量地刻画 “最佳逼近”. 目前最常用的最佳性标准是残量极小化标准, 即求 $x_k \in x_0 + \mathcal{K}_k(A, r_0)$, 使得

$$\|r_k\|_2 = \min\{\|b - Ax\|_2 : x \in x_0 + \mathcal{K}_k(A, r_0)\}, \tag{4.4}$$

式中, $r_k = b - Ax_k$ 为 x_k 的残差向量 (简称残量).

Krylov 子空间方法的一个最显著的特点就是整个计算过程只涉及矩阵 A 与某些向量的乘积, 这使得在算法执行过程中可以充分利用 A 的特殊性. 因此, 这种类型的线性方程组的求解方法就特别适用于大型稀疏线性方程组的求解. 当然, 对某些具有某种特殊结构的大型稠密线性方程组也是适用的.

本章主要介绍由残量极小化标准导出的两种子空间方法: 求解对称正定线性方程组的共轭梯度法 (CG 方法) 和求解非对称线性方程组的广义极小残量法 (GMRES 方法).

4.1　共轭梯度法

本节介绍求解对称正定线性方程组的共轭梯度法及其预处理技术.

4.1.1 基本 CG 方法

设 $A \in \mathbf{R}^{n\times n}$ 和 $b \in \mathbf{R}^n$ 已经给定, 其中 A 是对称正定的. 对于给定初始向量 $x_0 \in \mathbf{R}^n$, 求一个 $z \in \mathbf{R}^n$ 满足式 (4.2), 便可得到方程组 (4.1) 的解 $x = x_0 + z$.

由于 A 是对称正定的, 所以在 $\mathbf{R}^n$ 上可以定义两种向量范数:

$$\|v\|_A = \sqrt{v^{\mathrm{T}}Av} \quad \text{和} \quad \|v\|_{A^{-1}} = \sqrt{v^{\mathrm{T}}A^{-1}v}, \quad v \in \mathbf{R}^n. \tag{4.5}$$

考虑由式 (4.2) 的系数矩阵 A 和右端项 r_0 所产生的 Krylov 子空间 $\mathcal{K}_k(A, r_0)$, 并记式 (4.1) 的真解为 x^* 即 $x^* = A^{-1}b$. 考虑求一个 $x_k \in x_0 + \mathcal{K}_k(A, r_0)$, 使其在某种条件下是 x^* 的最佳逼近. 下面的定理是关于这种最佳性的几种等价表述.

定理 4.1 符号如上所述, 则下面三条等价:

(1) 向量 $x_k \in x_0 + \mathcal{K}_k(A, r_0)$, 满足

$$\|x_k - x^*\|_A = \min\{\|x - x^*\|_A : x \in x_0 + \mathcal{K}_k(A, r_0)\} \quad (\text{误差极小}). \tag{4.6}$$

(2) 向量 $x_k \in x_0 + \mathcal{K}_k(A, r_0)$, 满足

$$\|b - Ax_k\|_{A^{-1}} = \min\{\|b - Ax\|_{A^{-1}} : x \in x_0 + \mathcal{K}_k(A, r_0)\} \quad (\text{残量极小}). \tag{4.7}$$

(3) 向量 $x_k \in x_0 + \mathcal{K}_k(A, r_0)$, 满足

$$z^{\mathrm{T}}(b - Ax_k) = 0 \ (\text{即 } r_k \perp \mathcal{K}_k(A, r_0)), \quad \forall z \in \mathcal{K}_k(A, r_0) \quad (\text{残量正交}). \tag{4.8}$$

注 4.1 定理 4.1 说明, 求 $x_k \in x_0 + \mathcal{K}_k(A, r_0)$ 使其在 $\|\cdot\|_A$ 范数下与真解 x^* 的距离最小就等价于其残量 $r_k = b - Ax_k$ 在 $\|\cdot\|_{A^{-1}}$ 范数下达到最小, 也等价于其残量 $r_k = b - Ax_k$ 与 $\mathcal{K}_k(A, r_0)$ 是正交的.

共轭梯度法基本迭代格式的推导需要利用对称 Lanczos 正交化过程. 假设已求得一个以 $v_1 = r_0/\|r_0\|_2$ 为初始向量的长度 k 的 Lanczos 分解 (见算法 2.10):

$$AV_k = V_kT_k + \beta_k v_{k+1}e_k^{\mathrm{T}}, \tag{4.9}$$

式中, $V_k^{\mathrm{T}}V_k = I_k$, $T_k = V_k^{\mathrm{T}}AV_k$ 为如下形式的对称三对角矩阵

$$T_k = \begin{bmatrix} \alpha_1 & \beta_2 & & & \\ \beta_2 & \alpha_2 & \beta_3 & & \\ & \ddots & \ddots & \ddots & \\ & & \beta_{k-1} & \alpha_{k-1} & \beta_k \\ & & & \beta_k & \alpha_k \end{bmatrix},$$

且 $v_{k+1}^{\mathrm{T}}V_k=0$, $\|v_{k+1}\|_2=1$. 这里假定初始向量 $v_1=r_0/\|r_0\|_2$, $r_0=b-Ax_0$. 经过 Lanczos 正交化后, 得到的 $V_k=[v_1,v_2,\cdots,v_k]$, 其列向量已构成了 Krylov 子空间 $\mathcal{K}_k(A,r_0)$ 的一组标准正交基, 即有

$$\mathcal{K}_k(A,r_0)=\mathrm{span}\{r_0,Ar_0,\cdots,A^{k-1}r_0\}=\mathcal{R}(V_k). \tag{4.10}$$

现在希望求一个 $x_k\in x_0+\mathcal{K}_k(A,r_0)$ 使得式 (4.8) 成立. 由式 (4.10) 可知, 这就相当于求 $z_k\in\mathbf{R}^k$, 使得

$$0=V_k^{\mathrm{T}}(b-Ax_k)=V_k^{\mathrm{T}}(r_0-AV_kz_k), \tag{4.11}$$

其中 $x_k=x_0+V_kz_k$.

注意到 $T_k=V_k^{\mathrm{T}}AV_k$ 和 $r_0=\|r_0\|_2v_1$, 由式 (4.11), 得

$$T_kz_k=\beta e_1^{(k)}, \tag{4.12}$$

其中 $\beta=\|r_0\|_2$, $e_1^{(k)}$ 表示第 1 个分量为 1、其余分量为 0 的 k 维列向量.

注意到 A 对称正定蕴涵着 T_k 也是正定的, 便知 T_k 的 LDL^{T} 分解存在, 设其为

$$T_k=L_kD_kL_k^{\mathrm{T}}, \tag{4.13}$$

其中 L_k 为单位下三角矩阵; $D_k=\mathrm{diag}(\delta_1,\delta_2,\cdots,\delta_k)$, $\delta_i>0$, $i=1,2,\cdots,k$. T_k 的三对角结构蕴涵着 L_k 必有如下形状:

$$L_k=\begin{bmatrix}1 & & & \\ \gamma_1 & 1 & & \\ & \ddots & \ddots & \\ & & \gamma_{k-1} & 1\end{bmatrix}. \tag{4.14}$$

利用分解 (4.13), 线性方程组 (4.12) 的解可以表示为

$$z_k=L_k^{-\mathrm{T}}D_k^{-1}L_k^{-1}(\beta e_1^{(k)}),$$

从而有

$$x_k=x_0+V_kL_k^{-\mathrm{T}}D_k^{-1}L_k^{-1}(\beta e_1^{(k)}). \tag{4.15}$$

再令

$$\widetilde{P}_k=[\tilde{p}_1,\tilde{p}_2,\cdots,\tilde{p}_k]=V_kL_k^{-\mathrm{T}},$$

$$\widetilde{z}_k=(\zeta_1,\zeta_2,\cdots,\zeta_k)^{\mathrm{T}}=D_k^{-1}L_k^{-1}(\beta e_1^{(k)}),$$

则式 (4.15) 又可写为

$$x_k = x_0 + \widetilde{P}_k \widetilde{z}_k. \tag{4.16}$$

注意到

$$\left[\begin{array}{c:c} T_k & \beta_k e_k \\ \hdashline \beta_k e_k^{\mathrm{T}} & \alpha_{k+1} \end{array}\right] = T_{k+1} := L_{k+1} D_{k+1} L_{k+1}^{\mathrm{T}}$$

$$= \left[\begin{array}{c:c} L_k & 0 \\ \hdashline \gamma_k e_k^{\mathrm{T}} & 1 \end{array}\right] \left[\begin{array}{c:c} D_k & 0 \\ \hdashline 0 & \delta_{k+1} \end{array}\right] \left[\begin{array}{c:c} L_k & 0 \\ \hdashline \gamma_k e_k^{\mathrm{T}} & 1 \end{array}\right]^{\mathrm{T}},$$

式中, e_k 表示第 k 个分量为 1、其余分量为 0 的 k 维列向量. 于是有

$$\begin{aligned}
\widetilde{P}_{k+1} &= V_{k+1} L_{k+1}^{-\mathrm{T}} = [V_k, v_{k+1}] \left[\begin{array}{c:c} L_k & 0 \\ \hdashline \gamma_k e_k^{\mathrm{T}} & 1 \end{array}\right]^{-\mathrm{T}} \\
&= [V_k, v_{k+1}] \left[\begin{array}{c:c} L_k^{-\mathrm{T}} & -\gamma_k L_k^{-\mathrm{T}} e_k^{(k)} \\ \hdashline 0 & 1 \end{array}\right] \\
&= [V_k L_k^{-\mathrm{T}}, v_{k+1} - \gamma_k V_k L_k^{-\mathrm{T}} e_k^{(k)}] \\
&= [\widetilde{P}_k, v_{k+1} - \gamma_k \widetilde{P}_k e_k^{(k)}] := [\widetilde{P}_k, \widetilde{p}_{k+1}].
\end{aligned}$$

由此可得

$$\widetilde{p}_{k+1} = v_{k+1} - \gamma_k \widetilde{P}_k e_k^{(k)} = v_{k+1} - \gamma_k \widetilde{p}_k, \tag{4.17}$$

$$\begin{aligned}
\widetilde{z}_{k+1} &= D_{k+1}^{-1} L_{k+1}^{-1} (\beta e_1^{(k+1)}) \\
&= \left[\begin{array}{c:c} D_k^{-1} & 0 \\ \hdashline 0 & \delta_{k+1}^{-1} \end{array}\right] \left[\begin{array}{c:c} L_k^{-1} & 0 \\ \hdashline -\gamma_k e_k^{\mathrm{T}} L_k^{-1} & 1 \end{array}\right] (\beta e_1^{(k+1)}) \\
&= \begin{bmatrix} D_k^{-1} L_k^{-1} (\beta e_1^{(k)}) \\ \zeta_{k+1} \end{bmatrix} = \begin{bmatrix} \widetilde{z}_k \\ \zeta_{k+1} \end{bmatrix},
\end{aligned}$$

其中 $\zeta_{k+1} = -\beta \gamma_k \delta_{k+1}^{-1} e_k^{\mathrm{T}} L_k^{-1} e_1^{(k)}$. 从而有

$$x_{k+1} = x_0 + \widetilde{P}_{k+1} \widetilde{z}_{k+1} = x_0 + [\widetilde{P}_k, \widetilde{p}_{k+1}] \begin{bmatrix} \widetilde{z}_k \\ \zeta_{k+1} \end{bmatrix} = x_k + \zeta_{k+1} \widetilde{p}_{k+1}. \tag{4.18}$$

由式 (4.18), 得

$$\begin{aligned} r_{k+1} &= b - Ax_{k+1} = b - Ax_k - \zeta_{k+1}A\widetilde{p}_{k+1} \\ &= r_k - \zeta_{k+1}A\widetilde{p}_{k+1}. \end{aligned} \tag{4.19}$$

这样, 综合上面的推导, 得如下三个基本的迭代公式:

$$\begin{cases} x_{k+1} = x_k + \zeta_{k+1}\widetilde{p}_{k+1}, \\ r_{k+1} = r_k - \zeta_{k+1}A\widetilde{p}_{k+1}, \\ \widetilde{p}_{k+1} = v_{k+1} - \gamma_k\widetilde{p}_k. \end{cases} \tag{4.20}$$

下面设法消去式 (4.20) 的第 3 式中的 v_{k+1}. 由 $r_0 \in \mathcal{K}_k(A, r_0)$, $x_k \in x_0 + \mathcal{K}_k(A, r_0)$ 可知, $r_k = b - Ax_k \in \mathcal{K}_{k+1}(A, r_0)$, 从而 r_k 可以由 V_{k+1} 的列向量线性表出, 即

$$r_k = \widetilde{\gamma}_1 v_1 + \widetilde{\gamma}_2 v_2 + \cdots + \widetilde{\gamma}_k v_k + \widetilde{\gamma}_{k+1} v_{k+1}.$$

又由于 $V_k^{\mathrm{T}} r_k = 0$, 故 $\widetilde{\gamma}_i = 0, i = 1, 2, \cdots, k$, 从而

$$r_k = \widetilde{\gamma}_{k+1} v_{k+1}. \tag{4.21}$$

由式 (4.21) 可知 $|\widetilde{\gamma}_{k+1}| = \|r_k\|_2$, 不妨设 $\widetilde{\gamma}_{k+1} = \|r_k\|_2$, 并定义

$$p_{k+1} = \|r_k\|_2 \widetilde{p}_{k+1}, \tag{4.22}$$

则由式 (4.20) 和式 (4.21), 得

$$\begin{aligned} x_{k+1} &= x_k + \frac{\zeta_{k+1}}{\|r_k\|_2} p_{k+1}, \\ r_{k+1} &= r_k - \frac{\zeta_{k+1}}{\|r_k\|_2} A p_{k+1}, \\ p_{k+1} &= r_k - \frac{\|r_k\|_2 \gamma_k}{\|r_{k-1}\|_2} p_k. \end{aligned}$$

令

$$\alpha_{k+1} = \frac{\zeta_{k+1}}{\|r_k\|_2}, \quad \beta_k = -\frac{\|r_k\|_2 \gamma_k}{\|r_{k-1}\|_2},$$

即得

$$\begin{cases} x_{k+1} = x_k + \alpha_{k+1} p_{k+1}, \\ r_{k+1} = r_k - \alpha_{k+1} A p_{k+1}, \\ p_{k+1} = r_k + \beta_k p_k. \end{cases} \tag{4.23}$$

下面导出不涉及分解式 (4.13) 的信息计算 α_{k+1} 和 β_k 的公式. 为此, 先导出向量组 $\{p_i\}$ 和 $\{r_i\}$ 所具有的基本性质.

由 $\widetilde{P}_k$ 的定义, 可以立即导出

$$\widetilde{P}_k^{\mathrm{T}} A \widetilde{P}_k = L_k^{-1} V_k^{\mathrm{T}} A V_k L_k^{-\mathrm{T}} = D_k.$$

这表明 $\widetilde{p}_i$ 之间是 A 正交的 (或称为 A 共轭的), 即有

$$\widetilde{p}_i^{\mathrm{T}} A \widetilde{p}_j = 0, \quad i \neq j.$$

于是有

$$p_i^{\mathrm{T}} A p_j = 0, \quad i \neq j. \tag{4.24}$$

此外, $\widetilde{P}_k = V_k L^{-\mathrm{T}}$ 和式 (4.22) 蕴涵着

$$\mathcal{K}_k(A, r_0) = \mathcal{R}(V_k) = \mathcal{R}(\widetilde{P}_k) = \mathrm{span}\{p_1, p_2, \cdots, p_k\}, \tag{4.25}$$

即 $p_1, p_2, \cdots, p_k$ 是 $\mathcal{K}_k(A, r_0)$ 的一组 A 正交基, 再由式 (4.21) 和 v_i 的相互正交性, 又可以导出

$$r_i^{\mathrm{T}} r_j = 0, \quad i \neq j. \tag{4.26}$$

即残量是相互正交的. 这样, 再由 $\mathcal{K}_k(A, r_0) = \mathcal{R}(V_k)$ 便有

$$\mathcal{K}_k(A, r_0) = \mathrm{span}\{r_0, r_1, \cdots, r_{k-1}\}, \tag{4.27}$$

即 $r_0, r_1, \cdots, r_{k-1}$ 构成了 $\mathcal{K}_k(A, r_0)$ 的一组正交基.

在式 (4.23) 的第 3 式两边左乘 $p_k^{\mathrm{T}} A$ 并利用式 (4.24), 得

$$0 = p_k^{\mathrm{T}} A p_{k+1} = p_k^{\mathrm{T}} A r_k + \beta_k p_k^{\mathrm{T}} A p_k.$$

于是有

$$\beta_k = -\frac{p_k^{\mathrm{T}} A r_k}{p_k^{\mathrm{T}} A p_k}. \tag{4.28}$$

再在式 (4.23) 的第 2 式两边左乘 r_k^{T} 并利用式 (4.26), 得

$$0 = r_k^{\mathrm{T}} r_{k+1} = r_k^{\mathrm{T}} r_k - \alpha_{k+1} r_k^{\mathrm{T}} A p_{k+1}.$$

因此又有

$$\alpha_{k+1} = \frac{r_k^{\mathrm{T}} r_k}{r_k^{\mathrm{T}} A p_{k+1}}. \tag{4.29}$$

这样就得到了不需要分解式 (4.13) 的信息就可计算式 (4.23) 中的系数 β_k 和 α_{k+1} 的公式.

事实上, 利用式 (4.24) 和式 (4.26) 还可导出更有效的计算公式. 首先在式 (4.23) 的第 3 式两边左乘 $p_{k+1}^{\mathrm{T}}A$, 并利用式 (4.24), 得

$$p_{k+1}^{\mathrm{T}}Ap_{k+1}=p_{k+1}^{\mathrm{T}}Ar_k=r_k^{\mathrm{T}}Ap_{k+1}. \tag{4.30}$$

将式 (4.23) 第 2 式中的 k 用 $k-1$ 替换, 有

$$r_k=r_{k-1}-\alpha_kAp_k.$$

将上式两边分别左乘 r_k^{T} 和 r_{k-1}^{T}, 并利用式 (4.26), 得

$$r_k^{\mathrm{T}}r_k=-\alpha_kr_k^{\mathrm{T}}Ap_k, \tag{4.31}$$

$$r_{k-1}^{\mathrm{T}}r_{k-1}=\alpha_kr_{k-1}^{\mathrm{T}}Ap_k=\alpha_kp_k^{\mathrm{T}}Ap_k, \tag{4.32}$$

这里式 (4.32) 的第 2 个等号利用了式 (4.30).

现将式 (4.30) 代入式 (4.29), 得

$$\alpha_{k+1}=\frac{r_k^{\mathrm{T}}r_k}{p_{k+1}^{\mathrm{T}}Ap_{k+1}}. \tag{4.33}$$

再将式 (4.31)、式 (4.32) 与式 (4.28) 相结合, 有

$$\beta_k=\frac{r_k^{\mathrm{T}}r_k}{r_{k-1}^{\mathrm{T}}r_{k-1}}. \tag{4.34}$$

显然, 这两个计算公式比原来的计算公式减少了内积和矩阵乘向量的次数, 因此更有效.

综合上述讨论, 可得共轭梯度法求解对称正定线性方程组的基本迭代格式如下.

选取初值 x_0, 计算 $r_0=b-Ax_0$; $p_1=r_0$; $k=0$;

while $(\|r_k\|_2/\|r_0\|>\varepsilon)$

  $k=k+1$;

  $\alpha_k=\dfrac{(r_{k-1},r_{k-1})}{(p_k,Ap_k)}$; $x_k=x_{k-1}+\alpha_kp_k$;

$r_k = r_{k-1} - \alpha_k A p_k;$

$\beta_k = \dfrac{(r_k, r_k)}{(r_{k-1}, r_{k-1})};\ p_{k+1} = r_k + \beta_k p_k;$

end

为了优化算法程序 (考虑计算量和存储量), 通常写成如下形式.

算法 4.1 (CG 方法)　给定对称正定方程组 $Ax = b$ 和 $\varepsilon > 0$. 本算法计算 x_k, 使得 $\|r_k\|_2/\|r_0\|_2 \leqslant \varepsilon$, 其中 $r_k = b - Ax_k$.

选取 x_0; $r_0 = b - Ax_0$; $p_1 = r_0$; $\rho_0 = r_0^{\mathrm{T}} r_0$; $k = 0$;
while($\|r_k\|_2/\|r_0\|_2 > \varepsilon$)
　　$k = k + 1;$
　　$z_k = Ap_k;\ \alpha_k = \rho_{k-1}/z_k^{\mathrm{T}} p_k;$
　　$x_k = x_{k-1} + \alpha_k p_k;\ r_k = r_{k-1} - \alpha_k z_k;$
　　$\rho_k = r_k^{\mathrm{T}} r_k;\ \beta_k = \rho_k/\rho_{k-1};$
　　$p_{k+1} = r_k + \beta_k p_k;$
end

算法 4.1 的迭代终止准则也可以用 $\rho_k \leqslant \varepsilon\rho_0$, 其中 $\varepsilon > 0$ 是给定的允许误差. CG 方法的 MATLAB 程序如下:

```
%共轭梯度法程序-mcg.m
function [x,iter,time,res,resvec]=mcg(A,b,x,max_it,tol)
%输入:系数阵A,右端量b,初始值x,容许误差tol,最大迭代数max_it
%输出:解向量x,迭代次数iter,CPU时间time,相对残差模res,残差模向量resvec
tic;r=b-A*x;p=r;rho=r'*r;
mr=sqrt(rho);iter=0;
while (iter<max_it)
    iter=iter+1;
    z=A*p; alpha=rho/(z'*p);
    x=x+alpha*p; r=r-alpha*z;
    rho1=r'*r; beta=rho1/rho;
    p=r+beta*p;
    res=sqrt(rho1)/mr;
    resvec(iter)=res;
    if (res<tol), break; end
    rho=rho1;
end
time=toc;
```

例 4.1　假定线性方程组 $Ax = b$ 的系数矩阵 A 和右端项 b 分别为

$$A=\begin{bmatrix} 1 & -1 & & \\ -1 & 2 & \ddots & \\ & \ddots & \ddots & -1 \\ & & -1 & n \end{bmatrix},\quad b=A\begin{bmatrix} 1 \\ 1 \\ \vdots \\ 1 \end{bmatrix}.$$

显然, 此方程组的真解为 $x^*=(1,1,\cdots,1)^{\mathrm{T}}$. 应用共轭梯度法求解该线性方程组 (ex41.m), 取 $n=1000$, 迭代 193 步后得到的近似解 $\widehat{x}=x_{193}$ 满足

$$\|\widehat{x}-x^*\|_2=3.7417\times 10^{-8},$$

迭代过程的收敛轨迹如图 4.1 所示, 其中横坐标为迭代步数 k, 纵坐标为相对残差 $\|r_k\|_2/\|r_0\|_2$, 这里 r_k 是第 k 步得到的残差.

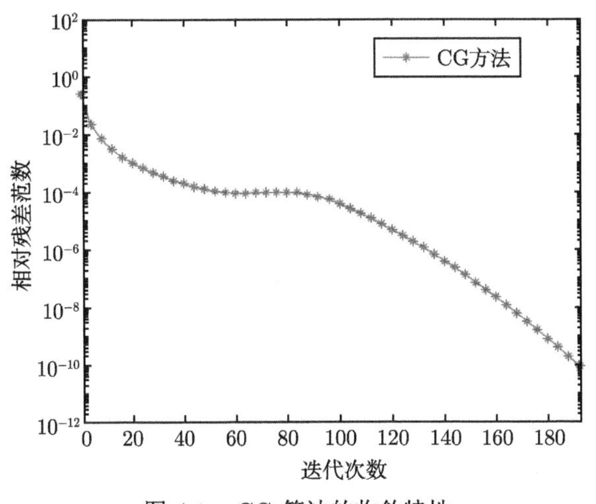

图 4.1 CG 算法的收敛特性

4.1.2 收敛性分析

在没有误差的情况下, 由式 (4.26) 可知, 必存在一个 $\ell\leqslant n$, 使得 $r_\ell=0$, 即有 $x^*=x_\ell$. 换言之, 算法在有限步可得到方程组 (4.1) 的精确解. 从这个意义上而言, 共轭梯度法是一种直接法. 但实际使用时, 一般是将其作为一种迭代法来用的, 其原因有二: 一是在有误差的计算机上, 有限步终止的结论已经不再成立; 二是即使出现了 $r_\ell=0$, 但如果 ℓ 非常大, 也是难以忍受的, 因为实际应用中所考虑的问题其阶数 n 是十分巨大的.

下面介绍共轭梯度法 (作为一种迭代法) 的收敛性和收敛速度. 由于收敛性分析需要利用 Chebyshev 多项式的性质. k 次 Chebyshev 多项式 $C_k(t)$ 的定义为

$$C_k(t)=\begin{cases}\cos(k\ \arccos\ t), & |t|\leqslant 1,\\ \cosh(k\,\mathrm{arccosh}\, t), & |t|>1.\end{cases} \tag{4.35}$$

下面回顾一下 Chebyshev 多项式的一些最常用的性质.

定理 4.2 设 $C_k(t)$ 是由式 (4.35) 定义的 Chebyshev 多项式, 则它具有如下性质:

(1) $C_k(t)$ 具有递推式

$$C_0(t)=1;\ C_1(t)=t;\ C_{k+1}(t)=2tC_k(t)-C_{k-1}(t),\ k=1,2,\cdots.$$

(2) 对于 $|t|>1$, $C_k(t)$ 有表达式

$$C_k(t)=\frac{1}{2}\Big[\Big(t+\sqrt{t^2-1}\Big)^k+\Big(t+\sqrt{t^2-1}\Big)^{-k}\Big]. \tag{4.36}$$

(3) 对任意的 $t\in[-1,1]$, 有 $|C_k(t)|\leqslant 1$, 且

$$C_k(t_i^{(k)})=(-1)^i,\quad t_i^{(k)}=\cos\frac{i\pi}{k},\quad i=0,1,\cdots,k,$$

即 $C_k(t)$ 在 $[-1,1]$ 上刚好有 $k+1$ 个极值点, 在这些点上交错地取 1 和 -1.

(4) 对任意的 $s>1$, 有

$$\min_{p\in\mathcal{P}_k,p(s)=1}\ \max_{t\in[-1,1]}|p(t)|=\frac{1}{C_k(s)}, \tag{4.37}$$

式中

$$\mathcal{P}_k=\{p:p\ \text{是次数不超过}\ k\ \text{的实系数多项式}\},$$

而且上述极小极大问题有唯一解

$$p(t)=\frac{C_k(t)}{C_k(s)}. \tag{4.38}$$

证明 (1) 对于 $|t|\leqslant 1$, 令 $\theta=\arccos t$, 利用余弦函数的和差化积公式

$$\cos\alpha+\cos\beta=2\cos\frac{\alpha+\beta}{2}\cos\frac{\alpha-\beta}{2},$$

有

$$C_{k+1}(t)+C_{k-1}(t)=\cos(k+1)\theta+\cos(k-1)\theta=2\cos k\theta\cos\theta=2tC_k(t).$$

对于 $|t|>1$, 令 $\theta=\operatorname{arccosh} t$, 利用双曲余弦函数的定义

$$\cosh\theta=\frac{\mathrm{e}^{\theta}+\mathrm{e}^{-\theta}}{2},$$

有

$$\begin{aligned}C_{k+1}(t)+C_{k-1}(t) &= \cosh(k+1)\theta+\cosh(k-1)\theta\\ &= \frac{\mathrm{e}^{(k+1)\theta}+\mathrm{e}^{-(k+1)\theta}}{2}+\frac{\mathrm{e}^{(k-1)\theta}+\mathrm{e}^{-(k-1)\theta}}{2}\\ &= \mathrm{e}^{k\theta}\cdot\frac{\mathrm{e}^{\theta}+\mathrm{e}^{-\theta}}{2}+\mathrm{e}^{-k\theta}\cdot\frac{\mathrm{e}^{\theta}+\mathrm{e}^{-\theta}}{2}\\ &= 2\cdot\frac{\mathrm{e}^{\theta}+\mathrm{e}^{-\theta}}{2}\cdot\frac{\mathrm{e}^{k\theta}+\mathrm{e}^{-k\theta}}{2}\\ &= 2\cosh\theta\cosh k\theta=2tC_k(t).\end{aligned}$$

(2) 对于 $|t|>1$, 令 $\theta=\operatorname{arccosh} t$, 有 $t=\cosh\theta=(\mathrm{e}^{\theta}+\mathrm{e}^{-\theta})/2$, 即

$$\left(\mathrm{e}^{\theta}\right)^2-2t\mathrm{e}^{\theta}+1=0,$$

得

$$\mathrm{e}^{\theta}=\frac{2t+\sqrt{4t^2-4}}{2}=t+\sqrt{t^2-1}.$$

于是, 有

$$\begin{aligned}C_k(t)=\cosh k\theta &= \frac{1}{2}\left(\mathrm{e}^{k\theta}+\mathrm{e}^{-k\theta}\right)=\frac{1}{2}\left[\left(\mathrm{e}^{\theta}\right)^k+\left(\mathrm{e}^{\theta}\right)^{-k}\right]\\ &= \frac{1}{2}\left[\left(t+\sqrt{t^2-1}\right)^k+\left(t+\sqrt{t^2-1}\right)^{-k}\right].\end{aligned}$$

(3) $\forall t\in[-1,1]$, $|C_k(t)|\leqslant 1$ 成立是显然的. 直接验证, 得

$$C_k(t_i^{(k)})=\cos(k\arccos t_i^{(k)})=\cos i\pi=(-1)^i.$$

(4) 注意到 $s>1$, $p(t)$ 是 k 次多项式且 $p(s)=1$. 记

$$\alpha=1/C_k(s)>0,\quad p_{\max}=\max_{-1\leqslant t\leqslant 1}|p(t)|.$$

若 $p_{\max} < \alpha$, 则

$$\begin{aligned}(-1)^i\left(\alpha C_k(t_i^{(k)}) - p(t_i^{(k)})\right) &= (-1)^i\alpha(-1)^i - (-1)^i p(t_i^{(k)}) \\ &= \alpha - (-1)^i p(t_i^{(k)}) \geqslant \alpha - p_{\max} > 0.\end{aligned}$$

这表明多项式 $\psi = \alpha C_k(t) - p(t)$ 在 $t_i^{(k)}\,(i = 0, 1, \cdots, k)$ 处有交替的正负号. 所以它在 $[-1,1]$ 中有 k 个零点. 但 $s > 1\,(\notin [-1,1])$ 也是 k 次多项式 $\alpha C_k(t) - p(t)$ 的零点, 从而 k 次多项式 $\alpha C_k(t) - p(t)$ 有 $k+1$ 个零点, 矛盾. 故必有

$$\max_{-1\leqslant t\leqslant 1} |p(t)| \geqslant \alpha = \frac{1}{C_k(s)}.$$

若取 $p(t) = \dfrac{C_k(t)}{C_k(s)}$, 则

$$\max_{-1\leqslant t\leqslant 1} |p(t)| = \max_{-1\leqslant t\leqslant 1} \left|\frac{C_k(t)}{C_k(s)}\right| = \frac{\max\limits_{-1\leqslant t\leqslant 1} |C_k(t)|}{C_k(s)} = \frac{1}{C_k(s)}.$$

由此可得

$$\min_{p\in\mathcal{P}_k, p(s)=1} \max_{t\in[-1,1]} |p(t)| = \frac{1}{C_k(s)}.$$ □

推论 4.1 设 $0 < a < b$, 若 $p \in \mathcal{P}_k$ 且 $p(0) = 1$, 则

$$\min_{p\in\mathcal{P}_k, p(0)=1} \max_{t\in[a,b]} |p(t)| = \frac{1}{C_k(w(0))}, \tag{4.39}$$

式中

$$w(t) = \frac{a+b-2t}{b-a}$$

且上述极小极大问题的唯一解为

$$p(t) = \frac{C_k(w(t))}{C_k(w(0))}.$$

现在考虑 CG 方法的收敛性分析. 由定理 4.1 和前面的推导过程可知, 共轭梯度法第 k 步得到的近似解 x_k 满足

$$\|x_k - x^*\|_A = \min\left\{\|x - x^*\|_A : x \in x_0 + \mathcal{K}_k(A, r_0)\right\}.$$

由 Krylov 子空间的性质可知, $x \in x_0 + \mathcal{K}_k(A, r_0)$ 的充分必要条件是存在 $\varphi \in \mathcal{P}_{k-1}$ 使得 $x = x_0 + \varphi(A)r_0$, 这里 $\mathcal{P}_{k-1}$ 表示次数不超过 $k-1$ 的多项式的全体. 于是, 对任意的 $x \in x_0 + \mathcal{K}_k(A, r_0)$, 有

$$x^* - x = A^{-1}b - x_0 - \varphi(A)r_0 = A^{-1}\psi(A)r_0,$$

式中, $\psi(t) = 1 - t\varphi(t)$.

设 A 的谱分解为 $A = U\varLambda U^{\mathrm{T}}$, 其中 $U = [u_1, u_2, \cdots, u_n]$ 是正交矩阵, 对角矩阵 $\varLambda = \mathrm{diag}(\lambda_1, \lambda_2, \cdots, \lambda_n)$, $\lambda_1 \geqslant \lambda_2 \geqslant \cdots \geqslant \lambda_n > 0$. 现将 r_0 按 A 的特征向量展开, 有

$$r_0 = \eta_1 u_1 + \eta_2 u_2 + \cdots + \eta_n u_n = \sum_{i=1}^{n} \eta_i u_i.$$

这样, 便有

$$\begin{aligned}
\|x^* - x\|_A^2 &= \|A^{-1}\psi(A)r_0\|_A^2 \\
&= \big(A^{-1}\psi(A)r_0, \psi(A)r_0\big) \\
&= \left(\sum_{i=1}^{n} \eta_i A^{-1}\psi(A)u_i, \sum_{j=1}^{n} \eta_j \psi(A)u_j\right) \\
&= \left(\sum_{i=1}^{n} \eta_i \psi(\lambda_i)\lambda_i^{-1}u_i, \sum_{j=1}^{n} \eta_j \psi(\lambda_j)u_j\right) \\
&= \sum_{i=1}^{n} \eta_i^2 \psi^2(\lambda_i)\lambda_i^{-1} \leqslant \max_{1\leqslant i\leqslant n} \psi^2(\lambda_i) \sum_{i=1}^{n} \lambda_i^{-1}\eta_i^2 \\
&= \max_{1\leqslant i\leqslant n} \psi^2(\lambda_i)\|x^* - x_0\|_A^2,
\end{aligned}$$

从而有

$$\frac{\|x^* - x\|_A}{\|x^* - x_0\|_A} \leqslant \min_{\psi\in\mathcal{P}_k^0} \max_{1\leqslant i\leqslant n} |\psi(\lambda_i)|, \tag{4.40}$$

式中, $\mathcal{P}_k^0 = \{\psi \in \mathcal{P}_k : \psi(0) = 1\}$. 令

$$a = \min_{1\leqslant i\leqslant n} \lambda_i = \lambda_n, \quad b = \max_{1\leqslant i\leqslant n} \lambda_i = \lambda_1,$$

则由推论 4.1, 知极小极大问题

$$\min_{\psi\in\mathcal{P}_k^0} \max_{\lambda\in[a,b]} |\psi(\lambda)|$$

有唯一的解

$$\widehat{\psi}(\lambda)=\frac{C_k\left(\dfrac{b+a-2\lambda}{b-a}\right)}{C_k\left(\dfrac{b+a}{b-a}\right)},$$

而且有

$$\min_{\psi\in\mathcal{P}_k^0}\max_{\lambda\in[a,b]}|\psi(\lambda)|=\frac{1}{C_k\left(\dfrac{b+a}{b-a}\right)}. \tag{4.41}$$

将式 (4.40) 和式 (4.41) 相结合, 可证明如下结果.

定理 4.3 共轭梯度法产生的近似解 x_k 满足

$$\frac{\|x_k-x^*\|_A}{\|x_0-x^*\|_A}\leqslant\frac{1}{C_k\left(1+\dfrac{2}{\kappa-1}\right)}, \tag{4.42}$$

式中, C_k 为 k 阶 Chebyshev 多项式, $\kappa=\kappa_2(A)=\|A\|_2\cdot\|A^{-1}\|_2=b/a$.

注 4.2 由定理 4.2 的结论 (2), 得

$$\left[C_k\left(1+\frac{2}{\kappa-1}\right)\right]^{-1}=\left[C_k\left(\frac{b+a}{b-a}\right)\right]^{-1}=\frac{2\sigma^k}{1+\sigma^{2k}}, \tag{4.43}$$

式中, $\sigma=(\sqrt{b}-\sqrt{a})/(\sqrt{b}+\sqrt{a})$. 由式 (4.43) 可证

$$\left[C_k\left(1+\frac{2}{\kappa-1}\right)\right]^{-1}\leqslant 2\left(\frac{\sqrt{\kappa}-1}{\sqrt{\kappa}+1}\right)^k. \tag{4.44}$$

由此可知, 系数矩阵的条件数 κ 越小, 共轭梯度法收敛就越快.

4.1.3 预处理 CG 方法

由式 (4.42), 在实际使用共轭梯度法时, 通常需对方程组 (4.1) 作预处理, 使其系数矩阵的谱相对集中, 这就是预处理共轭梯度法 (PCG 方法). 简单来说, 预处理共轭梯度法就是预先选择一个适当的对称正定矩阵 M, 使得矩阵 $M^{-1}A$ 的谱相对集中. 设 M 有分解 $M=LL^{\mathrm{T}}$, 则方程组 (4.1) 经过预处理后变为

$$(L^{-1}AL^{-\mathrm{T}})\widetilde{x}=L^{-1}b,\quad x=L^{-\mathrm{T}}\widetilde{x}. \tag{4.45}$$

该方程组的系数矩阵 $L^{-1}AL^{-\mathrm{T}}$ 仍为对称正定矩阵. 通过 M 和 L 的选取, 可以使得 $\widetilde{A}=L^{-1}AL^{-\mathrm{T}}$ 比 A 有更好的条件数. 所以预处理后的方程组 (4.45) 比原方程组更容易计算. 现在对方程组 (4.45) 使用共轭梯度法.

取 $\widetilde{x}_0$, 令 $\widetilde{r}_0 = L^{-1}b - (L^{-1}AL^{-\mathrm{T}})\widetilde{x}_0$, $\widetilde{p}_1 = \widetilde{r}_0$, 对 $k = 1, 2, \cdots$, 计算出

$$\widetilde{\alpha}_k = \frac{\widetilde{r}_{k-1}^{\mathrm{T}}\widetilde{r}_{k-1}}{\widetilde{p}_k^{\mathrm{T}}\widetilde{A}\widetilde{p}_k}, \quad \widetilde{x}_k = \widetilde{x}_{k-1} + \widetilde{\alpha}_k\widetilde{p}_k, \quad \widetilde{r}_k = \widetilde{r}_{k-1} - \widetilde{\alpha}_k\widetilde{A}\widetilde{p}_k,$$

$$\widetilde{\beta}_k = \frac{\widetilde{r}_k^{\mathrm{T}}\widetilde{r}_k}{\widetilde{r}_{k-1}^{\mathrm{T}}\widetilde{r}_{k-1}}, \quad \widetilde{p}_{k+1} = \widetilde{r}_k + \widetilde{\beta}_k\widetilde{p}_k.$$

为了在公式中使用原来变量, 定义 $x_k = L^{-\mathrm{T}}\widetilde{x}_k$, 则 $r_k = b - Ax_k = L\widetilde{r}_k$. 再令 $p_k = L^{-\mathrm{T}}\widetilde{p}_k$, $z_k = M^{-1}r_k$, 就得到了预处理的共轭梯度法, 具体步骤如下:

步 1, 给定 $x_0 \in \mathbf{R}^n$. 计算 $r_0 = b - Ax_0$, $z_0 = M^{-1}r_0$, $p_1 = z_0$.

步 2, 对 $k = 1, 2, \cdots$, 计算

$$\alpha_k = \frac{z_{k-1}^{\mathrm{T}}r_{k-1}}{p_k^{\mathrm{T}}Ap_k}, \quad x_k = x_{k-1} + \alpha_k p_k,$$

$$r_k = r_{k-1} - \alpha_k Ap_k, \quad z_k = M^{-1}r_k, \tag{4.46}$$

$$\beta_k = \frac{z_k^{\mathrm{T}}r_k}{z_{k-1}^{\mathrm{T}}r_{k-1}}, \quad p_{k+1} = z_k + \beta_k p_k. \tag{4.47}$$

为了优化算法程序, 写成如下形式.

算法 4.2 (PCG 方法) 给定对称正定方程组 $Ax = b$, 预处理子 M 和 $\varepsilon > 0$. 本算法计算 x_k, 使得 $\|r_k\|_2/\|r_0\|_2 \leqslant \varepsilon$, 其中 $r_k = b - Ax_k$.

选取 x_0; $r_0 = b - Ax_0$; $z_0 = M^{-1}r_0$;

$p_1 = z_0$; $\rho_0 = z_0^{\mathrm{T}}r_0$; $k = 0$;

while$(\|r_k\|_2/\|r_0\|_2 > \varepsilon)$

  $k = k + 1$;

  $u_k = Ap_k$; $\alpha_k = \rho_{k-1}/u_k^{\mathrm{T}}p_k$; $x_k = x_{k-1} + \alpha_k p_k$; $r_k = r_{k-1} - \alpha_k u_k$;

  $z_k = M^{-1}r_k$; $\rho_k = z_k^{\mathrm{T}}r_k$; $\beta_k = \rho_k/\rho_{k-1}$;

  $p_{k+1} = z_k + \beta_k p_k$;

end

算法 4.2 仅与预处理矩阵 M 有关, 而与 L 无关. 当 M 为单位阵时, 它就是没有经过预处理的共轭梯度法. 与共轭梯度法相比较, 预处理共轭梯度法仅增加了式 (4.46) 的工作量, 即每一步需要求一个以预处理矩阵 M 为系数矩阵的方程组得到 z_k. 算法 4.2 每一步的主要工作量是作一次矩阵 A 与向量的乘法操作和一次 M^{-1} 与向量的乘法操作.

下面讨论预处理矩阵 $M = LL^{\mathrm{T}}$ 的选取. M 取法之一是 A 的不完全 Cholesky 分解, 即 $A = \widehat{L}\widehat{L}^{\mathrm{T}} + R$, 然后取 $M := \widehat{L}\widehat{L}^{\mathrm{T}}$, 其中 $R = A - M$ 满足某种稀疏模式, 使得它比较小.

如果对 A 进行分裂, 即 $A = M - N$, 则需要判断古典迭代格式中的 M 是否满足要求, 即是否是对称正定阵. 对于 Jacobi 迭代, M 为 A 的对角元所组成的对角矩阵, 它显然是对称正定的, 因此可以作为预处理矩阵. 这样的预处理称为 Jacobi 预处理. 对于 Gauss-Seidel 和 SOR 迭代, 其分裂格式中的 M 都是下三角矩阵, 不是对称正定阵, 因此不能作为预处理矩阵. 而对于 SSOR 迭代, 其分裂格式中的 M 是对称正定的, 因此可以作为预处理矩阵, 称其为 SSOR 预处理矩阵.

给出预处理共轭梯度法的 MATLAB 程序如下:

```
%预处理共轭梯度法程序-pcg.m
function [x,iter,time,res,resvec]=pcg(A,b,x,M,N,tol)
%输入:系数矩阵A,右端向量b,初始向量x,预处理子M,容许误差tol,最大迭代次数N
%输出:解向量x,迭代次数iter,CPU时间time,相对残差模res,残差模向量resvec
tic;r=b-A*x;z=M\r;p=z;
rho=z'*r;mr=norm(r);iter=0;
while (iter<N)
    iter=iter+1;
    u=A*p;alpha=rho/(p'*u);
    x=x+alpha*p;r=r-alpha*u;
    z=M\r;rho1=z'*r;
    beta=rho1/rho;p=z+beta*p;
    res=norm(r)/mr;resvec(iter)=res;
    if (res<tol),break;end
    rho=rho1;
end
time=toc;
```

为了对预处理效果有一个更直观更深刻的印象, 下面再给出一个数值算例 (ex42.m).

例 4.2　考虑例 4.1 中的线性方程组, 如果取预处理矩阵 M 为 A 的对角元构成的对角矩阵, 即 $M = \mathrm{diag}(1, 2, \cdots, n)$. 实验中取 $n = 1000$, 则预处理共轭梯度法在 12 步后得到的近似解 $\widehat{x} = x_{12}$ 就满足 $\|\widehat{x} - x^*\|_2 = 3.7305 \times 10^{-9}$. 迭代的收敛轨迹如图 4.2 所示, 其中横坐标表示迭代步数 k, 纵坐标表示相对残差 $\|r_k\|_2/\|r_0\|_2$, 这里 r_k 是第 k 步得到的残差.

与例 4.1 的数值结果相比较可知, 虽然这里的预处理矩阵 M 选得非常简单, 但其加速效果是显著的. 为什么会这样呢? 因为预处理后矩阵 $M^{-1}A$ 的特征值分布很集中, 故其数值效果非常好.

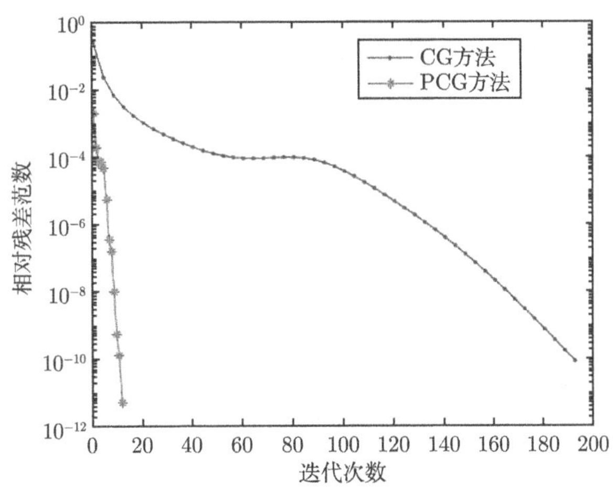

图 4.2 PCG 方法和 CG 方法的收敛特性

4.2 广义极小残量法

广义极小残量法是目前求解大型稀疏非对称线性方程组最常用且最有效的方法之一, 在文献中常称为 GMRES 方法 (generalized minimal residual method). 本节主要介绍这一算法的详细计算步骤及其收敛性理论.

4.2.1 GMRES 方法

考虑如下的线性方程组

$$Ax = b, \tag{4.48}$$

式中, 矩阵 $A \in \mathbf{R}^{n\times n}$ 和向量 $b \in \mathbf{R}^n$ 是给定的, 而 $x \in \mathbf{R}^n$ 是待求的未知向量. 这里假定系数矩阵 A 是非奇异的大型稀疏矩阵, 而且 $A^{\mathrm{T}} \neq A$. 广义极小残量法是求 $x_k \in x_0 + \mathcal{K}_k(A, r_0)$, 使得

$$\|r_k\|_2 = \min\{\|b - Ax\|_2 : x \in x_0 + \mathcal{K}_k(A, r_0)\}, \tag{4.49}$$

式中, $r_k = b - Ax_k$, 即求 $x_k \in x_0 + \mathcal{K}_k(A, r_0)$, 使得残量 r_k 的 2-范数达到最小.

由于现在 A 是非对称的, 所以只能借助 A 的 Arnoldi 正交化过程极小化问题 (4.49). 回顾一下 Arnoldi 正交化过程 (见算法 2.8):

选取初始向量 v_1, 使得 $\|v_1\|_2 = 1$;
for $j = 1 : k$
  for $i = 1 : j$
    $h_{ij} = (Av_j, v_i)$;

$$\widetilde{v}_{j+1} = Av_j - \sum_{i=1}^{j} h_{ij} v_i; \tag{4.50}$$

$$h_{j+1,j} = \|\widetilde{v}_{j+1}\|_2;\ \ v_{j+1} = \widetilde{v}_{j+1}/h_{j+1,j};$$

end

end

不难发现, 式 (4.50) 可以写成

$$AV_k = V_k H_k + \beta_k v_{k+1} e_k^{\mathrm{T}} = V_{k+1}\widetilde{H}_{k+1,k}, \tag{4.51}$$

式中, $V_{k+1} = [V_k, v_{k+1}] \in \mathbf{R}^{n\times(k+1)}$ 满足 $V_{k+1}^{\mathrm{T}} V_{k+1} = I_{k+1}$; 矩阵

$$\widetilde{H}_{k+1,k} = \begin{bmatrix} H_k \\ \beta_k e_k^{\mathrm{T}} \end{bmatrix} \in \mathbf{R}^{(k+1)\times k}$$

为上 Hessenberg 矩阵, 其中 $\beta_k = h_{k+1,k}$,

$$H_k = \begin{bmatrix} h_{11} & h_{12} & \cdots & \cdots & h_{1k} \\ h_{21} & h_{22} & \ddots & \ddots & h_{2k} \\ & h_{32} & \ddots & \ddots & h_{3k} \\ & & \ddots & \ddots & \vdots \\ & & & h_{k,k-1} & h_{k,k} \end{bmatrix}.$$

注意到 $\mathcal{K}_k(A, r_0) = \mathcal{R}(V_k)$, 而且对任意的 $x = x_0 + V_k z \in x_0 + \mathcal{K}_k(A, r_0)$, 有

$$\begin{aligned} \|b - Ax\|_2 &= \|b - Ax_0 - AV_k z\|_2 = \|r_0 - AV_k z\|_2 \\ &= \|\beta V_{k+1} e_1^{(k+1)} - V_{k+1}\widetilde{H}_{k+1,k} z\|_2 \\ &= \|\beta e_1^{(k+1)} - \widetilde{H}_{k+1,k} z\|_2, \end{aligned}$$

式中, $\beta = \|r_0\|_2$; $e_1^{(k+1)}$ 表示第 1 个分量为 1、其余分量均为 0 的 $k+1$ 维列向量. 由此可知, 极小化问题 (4.49) 等价于求 $z_k \in \mathbf{R}^k$, 使得

$$\|\beta e_1^{(k+1)} - \widetilde{H}_{k+1,k} z_k\|_2 = \min\{\|\beta e_1^{(k+1)} - \widetilde{H}_{k+1,k} z\|_2 : z \in \mathbf{R}^k\}. \tag{4.52}$$

一旦这样的 z_k 已经求得, 则所需的 x_k 就为 $x_k = x_0 + V_k z_k$.

最小二乘问题 (4.52) 也可以用 $\widetilde{H}_{k+1,k}$ 的 QR 分解来求解. 由于 $\widetilde{H}_{k+1,k}$ 是上 Hessenberg 矩阵, 可以计算 k 个 Givens 变换

$$G_i = \operatorname{diag}\left(I_{i-1}, \begin{bmatrix} c_i & s_i \\ -s_i & c_i \end{bmatrix}, I_{k-i}\right), \quad c_i^2 + s_i^2 = 1,$$

使得

$$(G_k G_{k-1} \cdots G_2 G_1)\widetilde{H}_{k+1,k} = \begin{bmatrix} R_k \\ 0 \end{bmatrix}, \tag{4.53}$$

式中, R_k 为非奇异的上三角矩阵 (因为 $\widetilde{H}_{k+1,k}$ 的次对角元均不为零). 令

$$G = G_k G_{k-1} \cdots G_2 G_1, \quad \begin{bmatrix} t_k \\ \rho_k \end{bmatrix} = G(\beta e_1), \quad t_k = (\tau_1, \tau_2, \cdots, \tau_k)^{\mathrm{T}}, \tag{4.54}$$

则 G 是 $k+1$ 阶正交矩阵, 而且直接计算, 有

$$\begin{cases} \tau_1 = \beta c_1, \\ \tau_i = (-1)^{i-1}\beta s_1 s_2 \cdots s_{i-1} c_i, \quad i = 2, 3, \cdots, k, \\ \rho_k = (-1)^k \beta s_1 s_2 \cdots s_k. \end{cases} \tag{4.55}$$

由此立即可得最小二乘问题 (4.52) 的解为

$$z_k = R_k^{-1} t_k. \tag{4.56}$$

此外, 此时的残量范数为

$$\|r_k\|_2 = \|\beta e_1^{(k+1)} - \widetilde{H}_{k+1,k} z_k\|_2 = |\rho_k|. \tag{4.57}$$

综合上面的讨论, 可以将广义极小残量法 (GMRES) 的步骤总结如下:

(1) 令 $v_1 = r_0/\|r_0\|_2$, 产生一个长度为 k 的 Arnoldi 分解 (4.51).

(2) 利用 Givens 变换求 $\widetilde{H}_{k+1,k}$ 的 QR 分解 (4.53), 并按式 (4.55) 求得向量 t_k 和数 ρ_k.

(3) 用回代法求解上三角方程组 $R_k z_k = t_k$, 得 z_k.

(4) 计算 $x_k = x_0 + V_k z_k$.

(5) 若 $|\rho_k|/\beta < \varepsilon$ (事先给定的误差界), 则终止; 否则增加 k 的值, 重复上面的过程.

上述 GMRES 方法可写成如下便于编程的算法形式.

算法 4.3 (GMRES 方法) 给定矩阵 $A \in \mathbf{R}^{n\times n}$, 向量 $b \in \mathbf{R}^n$ 和允许误差 $\varepsilon > 0$, 取初始向量 x_0. 本算法计算 $x_k \in \mathbf{R}^n$, 使得 $\|r_k\|_2/\|r_0\|_2 \leqslant \varepsilon$, 其中 $r_k = b - Ax_k$.

步 1, 计算初始残量 $r_0 = b - Ax_0$, $\beta = \|r_0\|_2$ 和初始正交化向量 $v_1 = r_0/\beta$, $\xi = e_1 = (1, 0, \cdots, 0)^{\mathrm{T}}$. 置 $k := 1$.

步 2, 用 Arnoldi 过程计算 v_{k+1} 和 $h_{i,k}\,(i = 1, 2, \cdots, k+1)$. 将 Givens 变换 G_i 作用于矩阵 $\widetilde{H}_{i+1,i}$ 的最后一列:

$$\begin{bmatrix} h_{i,k} \\ h_{i+1,k} \end{bmatrix} := \begin{bmatrix} c_i & s_i \\ -s_i & c_i \end{bmatrix} \begin{bmatrix} h_{i,k} \\ h_{i+1,k} \end{bmatrix}, \quad i = 1, \cdots, k-1.$$

步 3, 计算第 k 次 Givens 变换 G_k 中的 c_k 和 s_k:

$$c_k = \frac{h_{k,k}}{\sqrt{h_{k,k}^2 + h_{k+1,k}^2}}, \quad s_k = \frac{h_{k+1,k}}{\sqrt{h_{k,k}^2 + h_{k+1,k}^2}}. \tag{4.58}$$

步 4, 对 $k+1$ 维向量 ξ 的最后两个元素和矩阵 $\widetilde{H}_{k+1,k}$ 分别作用第 k 次 Givens 变换 G_k, 有

$$\begin{bmatrix} \xi_k \\ \xi_{k+1} \end{bmatrix} := \begin{bmatrix} c_k & s_k \\ -s_k & c_k \end{bmatrix} \begin{bmatrix} \xi_k \\ 0 \end{bmatrix} = \begin{bmatrix} c_k\xi_k \\ -s_k\xi_k \end{bmatrix},$$

$$\begin{bmatrix} h_{k,k} \\ h_{k+1,k} \end{bmatrix} := \begin{bmatrix} c_k & s_k \\ -s_k & c_k \end{bmatrix} \begin{bmatrix} h_{k,k} \\ h_{k+1,k} \end{bmatrix} = \begin{bmatrix} c_k h_{k,k} + s_k h_{k+1,k} \\ 0 \end{bmatrix}. \tag{4.59}$$

步 5, 若 $|\rho_k|/\beta = |\xi_{k+1}|/\beta \leqslant \varepsilon$, 求解关于 z_k 的上三角方程组 $H_{k,k}z_k = [\beta\xi]_{k\times 1}$, 计算近似解向量 $x_k = x_0 + V_k z_k$, 停算; 否则, 置 $k := k+1$, 转步 2.

算法 4.3 的 MATLAB 程序如下:

```
%GMRES方法程序-mgmres.m
function [x,k,time,res,resvec,flag]=mgmres(A,b,x,max_it,tol)
tic; flag=0;r=b-A*x;beta=norm(r);%计算残差
n=length(b);e1=zeros(n,1);e1(1)=1.0;
res=norm(r)/beta;resvec(1)=res;
V(:,1)=r/beta;xi=beta*e1;k=0;
while(k<=max_it)
    k=k+1;w=A*V(:,k);
```

```
        for i=1:k %修正Arnoldi过程
            H(i,k)=w'*V(:,i);
            w=w-H(i,k)*V(:,i);
        end
        H(k+1,k)=norm(w);
        if abs(H(k+1,k))/beta<tol,
            return;
        else
            V(:,k+1)=w/H(k+1,k);
        end
        for i=1:k-1,
            temp=c(i)*H(i,k)+s(i)*H(i+1,k);
            H(i+1,k)=-s(i)*H(i,k)+c(i)*H(i+1,k);
            H(i,k)=temp;
        end
        [c(k),s(k),H(k,k)]=givens(H(k,k), H(k+1,k));%第k次Givens变换
        xi(k+1)=-s(k)*xi(k);
        xi(k)=c(k)*xi(k); H(k+1,k)=0.0;
        res=abs(xi(k+1))/beta;
        resvec(k+1)=res;
        if (res<=tol ),
            y=H(1:k,1:k)\xi(1:k);x=x+V(:,1:k)*y;
            break;%跳出循环
        end
    end
    if (res>tol),flag=1;end;%不收敛
    time=toc;
```

例 4.3 考虑系数矩阵 A 和右端项 b 分别为

$$
A=\begin{bmatrix}
1 & -1 & 0 & \cdots & 0 & n \\
1 & 2 & -1 & \ddots & & 0 \\
0 & \ddots & \ddots & \ddots & \ddots & \vdots \\
\vdots & \ddots & \ddots & \ddots & \ddots & 0 \\
0 & & \ddots & 1 & n-1 & -1 \\
-n & 0 & \cdots & 0 & 1 & n
\end{bmatrix},\quad b=A\begin{bmatrix}1\\1\\\vdots\\\vdots\\1\\1\end{bmatrix}
$$

的线性方程组 (4.48).

显然, 该方程组的真解为 $x^* = (1, 1, \cdots, 1)^{\mathrm{T}}$. 取 $n = 10^3$, 应用 GMRES 算法到该方程组上 (ex43.m), 迭代 172 步后得到的近似解 $\widetilde{x} = x_{172}$ 满足

$$\|\widetilde{x} - x_*\|_2 = 1.1427 \times 10^{-7}.$$

迭代过程的收敛轨迹如图 4.3 所示, 其中横坐标为迭代步数 k, 纵坐标为相对残差 $\|r_k\|_2/\|r_0\|_2$, 这里 r_k 是第 k 步得到的残差向量.

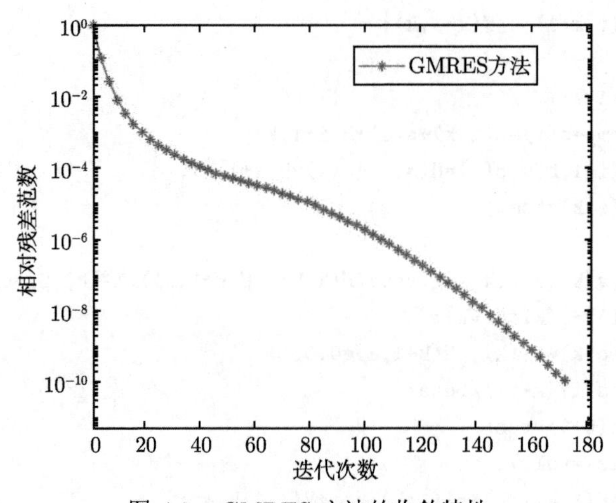

图 4.3　GMRES 方法的收敛特性

实际使用 GMRES 方法时的主要问题是 k 不能太大, 这是因为这一方法的内存需求量为 $O(kn)$, 而计算机的内存又是有限的, 这样就会出现近似解 x_k 还不满足精度要求, 而 k 已经不能再增加的情形.

解决这一问题的一个简单而行之有效的办法就是重开始技术. 它的基本思想是, 先选定一个不太大的正整数 m, 用 GMRES 方法产生 x_m, 然后再以 x_m 作为初始向量重新开始. 这就是重开始 GMRES 方法, 通常记为 GMRES(m) 方法, 具体计算过程可简述如下.

算法 4.4 (GMRES(m) 方法)　给定矩阵 $A \in \mathbf{R}^{n\times n}$, 向量 $b \in \mathbf{R}^n$, 正整数 m, 初始向量 x_0 和允许误差 $\varepsilon > 0$. 本算法计算 $x_m \in \mathbf{R}^n$, 使得 $\|b - Ax_m\|_2/\|b - Ax_0\|_2 \leqslant \varepsilon$.

选取 x_0; 计算 $r_0 = b - Ax_0$; $\beta = \|r_0\|_2$; $\rho_m := \beta$; $x_m := x_0$;
while $(\rho_m/\beta > \varepsilon)$
　　$r_0 = b - Ax_m$; $\beta_0 = \|r_0\|_2$; $v_1 = r_0/\beta_0$;
　　以 v_1 为初始向量产生一个长度为 m 的 Arnoldi 分解

$AV_m = V_{m+1}\widetilde{H}_{m+1,m}$;

计算 $\widetilde{H}_{m+1,m}$ 的 QR 分解 : $\widetilde{H}_{m+1,m} = G^{\mathrm{T}}\begin{bmatrix} R_m \\ 0 \end{bmatrix}$;

按式 (4.55) 计算 t_m 和 ρ_m;

求解 $R_m z_m = t_m$ 得到 z_m;

计算 $x_m = x_0 + V_m z_m$;

end

这一算法是目前求解大型稀疏非对称线性方程组的常用方法之一. 至于算法 4.4 中的 m 取多大为好, 现在还没有理论上的结果. 在理论上仅可以保证, 在系数矩阵 A 有正定的对称部分时, 对任意的 m, 算法 4.4 总是收敛的 (见后面的收敛性定理). 但对于一般情形, 并非对任意的 m 总能保证其收敛. 例如, 对线性方程组

$$Ax := \begin{bmatrix} 0 & 1 \\ -1 & 0 \end{bmatrix}\begin{bmatrix} x_1 \\ x_2 \end{bmatrix} = \begin{bmatrix} 1 \\ 1 \end{bmatrix} := b,$$

利用 GMRES (1) 求解, 不论循环多少次, 总有 $x_k = 0$, 而 $\|Ax_k - b\|_2 = \sqrt{2}$, 永远不会得到原方程组之真解满足要求的近似解. 但如果用 GMRES 求解, 则只需两步就可以得到该方程组的精确解.

GMRES(m) 的 MATLAB 程序如下:

```
%重开始GMRES方法-GMRES(m)-mgmres_m.m
function [x,out,int,time,res,resvec,flag]=mgmres_m(A,b,x,m,N,tol)
tic;flag=0;int=0;r= b-A*x;%计算残差
beta=norm(r);res=norm(r)/beta;resvec(1)=res;
n=length(b);%m=restrt;
V(1:n,1:m+1)=zeros(n,m+1);
H(1:m+1,1:m)=zeros(m+1,m);
e1=zeros(n,1);e1(1)=1.0;
c(1:m)=zeros(m,1);s(1:m)=zeros(m,1);
for k=1:N
    V(:,1)=r/norm(r);
    xi=norm(r)*e1;
    for j=1:m %用Arnoldi方法构造正交基
        w=A*V(:,j);
        for i=1:j
```

```
            H(i,j)=w'*V(:,i);
            w=w-H(i,j)*V(:,i);
        end
        H(j+1,j)=norm(w);
        if abs(H(j+1,j))/beta<tol,
            return;
        else
            V(:,j+1)=w/H(j+1,j);
        end
        for i=1:j-1 %第i次Givens变换
            temp=c(i)*H(i,j)+s(i)*H(i+1,j);
            H(i+1,j)=-s(i)*H(i,j)+c(i)*H(i+1,j);
            H(i,j)=temp;
        end
        [c(j),s(j),H(j,j)]=givens(H(j,j),H(j+1,j));%第j次Givens变换
        xi(j+1)=-s(j)*xi(j);xi(j)=c(j)*xi(j);
        H(j+1,j)=0.0;res=abs(xi(j+1))/beta;
        resvec((k-1)*m+j+1)=res;
        if(res<=tol)
            y=H(1:j,1:j)\xi(1:j);
            x=x+V(:,1:j)*y;
            break;%跳出内循环
        end
    end
    if (res<tol )
        out=k;int=j;break;%跳出外循环
    end
    y=H(1:m,1:m)\xi(1:m);
    x=x+V(:,1:m)*y;
    r=b-A*x;
end
if (res>tol),flag=1;end;%不收敛
time=toc;
```

例 4.4　用 GMRES(m) 方法求解例 4.3 的线性方程组.

表 4.1 列出了对于不同的 m, 达到收敛 (容许误差为 $\varepsilon = 10^{-10}$) 所需要的外迭代次数、内迭代次数、总迭代次数和 CPU 时间 (s).

从表 4.1 中的数据可看出, 对于本例而言, 与 GMRES 方法相比, 对于比较小的 m 值, GMRES(m) 方法并不占优势. 事实上, 前面已经指出, 只有在无法使用 GMRES 方法时 (如超出计算机的内存), 才考虑使用 GMRES(m) 方法, 并且 m

不宜取得太小 (ex44.m).

表 4.1 GMRES(m) 方法对 m 的依赖性

m	外迭代次数	内迭代次数	总迭代次数	CPU 时间	相对残差
10	47	3	463	0.2621	9.8273e–11
20	14	12	272	0.1488	9.1166e–11
30	9	8	248	0.1327	9.3534e–11
40	6	27	227	0.1267	9.4923e–11
50	5	19	219	0.1244	9.9472e–11
60	4	26	206	0.1203	9.9062e–11
GMRES	1	172	172	0.1651	8.8473e–11

此外, 对于不同的 m 值, 迭代过程的收敛轨迹如图 4.4 所示, 其中横坐标为迭代步数 k, 纵坐标为相对残差 $\|r_k\|_2/\|r_0\|_2$, 这里 r_k 是第 k 步得到的残差向量.

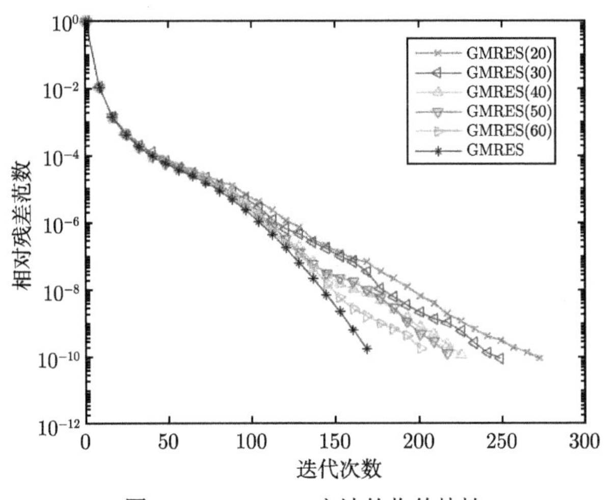

图 4.4 GMRES 方法的收敛特性

4.2.2 预处理 GMRES 方法

回顾共轭梯度法求解方程组 $Ax = b$ 时预处理技术的重要性, 考虑预处理广义极小残量法 (简记为 PGMRES 方法). 因为共轭梯度法适用于对称正定矩阵 A, 所以预处理矩阵 M 需要保持对称. 对于非对称矩阵 A, 预处理矩阵 M 就没有必要是对称的. 此时方程组 $Ax = b$ 被预处理为

$$M^{-1}Ax = M^{-1}b. \tag{4.60}$$

这里 M 应该取为 A 的一个近似矩阵, 以保证用 GMRES 方法求解预处理方程组 (4.60) 比求解原方程组 $Ax=b$ 有更快的收敛速度.

由于 GMRES 方法只涉及矩阵与向量的乘法, 所以要保证 M^{-1} 与某一个向量 r 的乘法 $z=M^{-1}r$ 容易计算, 即 $Mz=r$ 容易求解. 这启发选取 M 为 (块) 对角矩阵或 (块) 三角形矩阵, 如 Jacobi 预处理矩阵

$$M=D=\mathrm{diag}\{a_{11},\cdots,a_{nn}\},$$

Gauss-Seidel 预处理矩阵

$$M=D-L$$

以及 SOR 预处理矩阵

$$M=\frac{1}{\omega}(D-\omega L),$$

式中

$$L=-\begin{bmatrix} 0 & & & \\ a_{21} & 0 & & \\ \vdots & \ddots & \ddots & \\ a_{n1} & \cdots & a_{n,n-1} & 0 \end{bmatrix}.$$

对方程组 (4.60) 用 GMRES 方法, 得到如下 PGMRES 方法.

算法 4.5 (PGMRES 方法) 给定矩阵 $A\in\mathbf{R}^{n\times n}$, 向量 $b\in\mathbf{R}^n$, 预处理子 M, 初始向量 x_0 和允许误差 $\varepsilon>0$. 本算法计算 $x_k\in\mathbf{R}^n$, 使得 $\|r_k\|_2/\|r_0\|_2\leqslant\varepsilon$, 其中 $r_k=b-Ax_k$.

$r_0=M^{-1}(b-Ax_0)$; $\beta=\|r_0\|_2$;

for $k=1,2,\cdots$

  对 $\mathcal{K}_k(M^{-1}A,v_1)$ 用 Arnoldi 分解计算 $V_k=[v_1,v_2,\cdots,v_k]$

  以及 $(k+1)\times k$ 矩阵 $\widetilde{H}_{k+1,k}$.

  计算 $\widetilde{H}_{k+1,k}$ 的 QR 分解: $\widetilde{H}_{k+1,k}=G^{\mathrm{T}}\begin{bmatrix} R_k \\ 0 \end{bmatrix}$;

  按式 (4.55) 计算 t_k 和 ρ_k;

  if $|\rho_k|/\beta\leqslant\varepsilon$

    求解 $R_kz_k=t_k$ 得到 z_k;

    计算 $x_k=x_0+V_kz_k$; 停算.

end

end

对方程组 (4.60) 用 GMRES (m) 得到如下算法.

算法 4.6 (PGMRES (m) 方法) 给定矩阵 $A \in \mathbf{R}^{n\times n}$, 向量 $b \in \mathbf{R}^n$, 正整数 m, 预处理子 M 和允许误差 $\varepsilon > 0$, 选取初始向量 $x_0 \in \mathbf{R}^n$. 本算法计算 $x_k \in \mathbf{R}^n$, 使得 $\|r_k\|_2/\|r_0\|_2 \leqslant \varepsilon$, 其中 $r_k = b - Ax_k$.

步 1, 计算残量 $r_0 = M^{-1}(b - Ax_0)$, $\beta = \|r_0\|_2$ 和初始正交化向量 $v_1 = r_0/\beta$.

步 2, 对 $\mathcal{K}_m(M^{-1}A, v_1)$ 用 Arnoldi 分解计算 $V_m = [v_1, v_2, \cdots, v_m]$ 以及 $(m+1)\times m$ 矩阵 $\widetilde{H}_{m+1,m}$.

步 3, 计算满足极小化问题

$$\min\left\{\|\beta e_1^{(m+1)} - \widetilde{H}_{m+1,m}z\|_2 : z \in \mathbf{R}^m\right\}$$

的最小二乘解 z_m, 令 $x_m = x_0 + V_m z_m$. 若 x_m 达到精度要求, 停算.

步 4, 置 $x_0 := x_m$, 转步 1.

下面通过数值例子, 观察 PGMRES 方法的效果 (ex45.m).

例 4.5 仍考虑例 4.3 的线性方程组. 取预处理矩阵 $M = \mathrm{diag}(A)$, 应用 PGMRES 方法到该方程组上, 迭代 12 步后得到的近似解 $\widetilde{x} = x_{12}$ 满足

$$\|\widetilde{x} - x_*\|_2 = 1.7407 \times 10^{-8}.$$

迭代过程的收敛轨迹如图 4.5 所示, 其中横坐标为迭代步数 k, 纵坐标为相对残差 $\|r_k\|_2/\|r_0\|_2$, 这里 r_k 是第 k 步得到的残差向量.

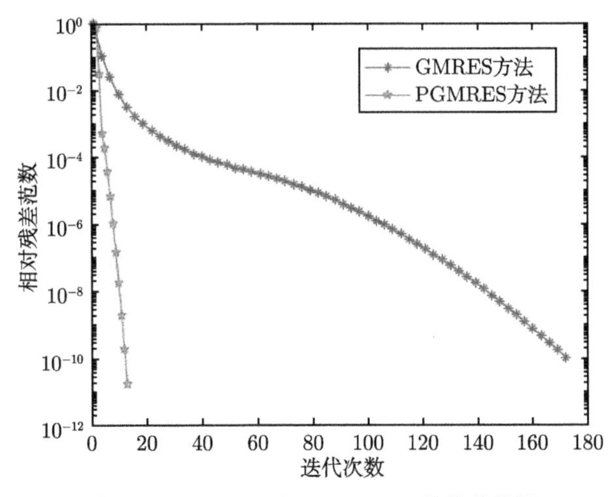

图 4.5 GMRES 和 PGMRES 的收敛特性

例 4.6 用 PGMRES(m) 方法求解例 4.3 的线性方程组, 取预处理矩阵 $M = \mathrm{diag}(A)$. 表 4.2 列出了对于不同的 m, 达到收敛 (容许误差为 $\varepsilon = 10^{-10}$) 所需要的外迭代次数、内迭代次数、总迭代次数和 CPU 时间 (s).

表 4.2 PGMRES(m) 方法对 m 的依赖性

m	外迭代次数	内迭代次数	总迭代次数	CPU 时间	相对残差
3	21	3	63	0.1692	7.3458e–11
6	4	3	21	0.0449	3.8001e–11
9	2	5	14	0.0290	8.0750e–11
12	1	12	12	0.0238	1.7551e–11
PGMRES	1	12	12	0.0394	1.7551e–11

此外, 对于不同的 m 值, 迭代过程的收敛轨迹如图 4.6 所示, 其中横坐标为迭代步数 k, 纵坐标为相对残差 $\|r_k\|_2/\|r_0\|_2$, 这里 r_k 是第 k 步得到的残差向量.

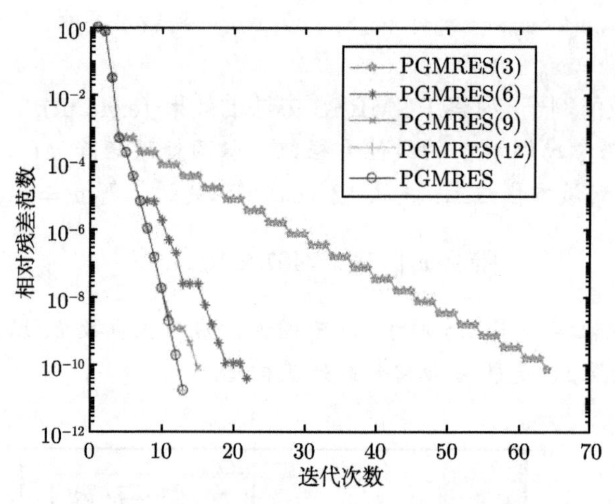

图 4.6 PGMRES(m) 方法对 m 的依赖性

4.2.3 收敛性分析

前一节的 CG 方法的收敛性都是关于对称矩阵的. 当系数矩阵非对称时, 对 Krylov 子空间方法 (比如 GMRES 方法) 的收敛性进行分析就会遇到很大的困难. 首先来看 GMRES 方法的一个重要性质.

定理 4.4 GMRES 方法不会发生中断.

证明 若 $h_{k+1,k} \neq 0$, 则计算过程直至第 k 步都不会中断. 事实上, 当 $h_{k+1,k} \neq 0$ 时, 由式 (4.58) 和式 (4.59), R_k 的对角元满足

$$r_{k,k} = h_{k,k} := c_k h_{k,k} + s_k h_{k+1,k} = \sqrt{h_{k,k}^2 + h_{k+1,k}^2} > 0.$$

故正交化可进行, 极小化问题可解.

由此可知, 只有当 $h_{k+1,k}=0$ 时, 计算过程才在第 k 步中断, 此时向量 v_{k+1} 不能构造. 但此时成立

$$AV_k = V_k H_k,$$

故 $\sigma(H_k)\subset\sigma(A)$. 由于 A 非奇异, 故 H_k 也非奇异. 在第 k 步, 极小化问题 (4.52) 变为

$$\begin{aligned}\|\beta v_1 - AV_k z\|_2 &= \|\beta v_1 - V_k H_k z\|_2 = \left\|V_k\left(\beta e_1^{(k)} - H_k z\right)\right\|_2 \\ &= \|\beta e_1^{(k)} - H_k z\|_2.\end{aligned}$$

而 H_k 非奇异, 当 $z_k = H_k^{-1}(\beta e_1^{(k)})$ 时, $\|\beta v_1 - AV_k z\|_2$ 达到极小值 0, 即 $\|r_k\|_2=0$, 故

$$x_k = x_0 + V_k z_k$$

是精确解, 换言之, GMRES 方法若在第 k 步中断, 则在这一步已得到精确解. □

下面的定理是 GMRES 方法的另一个性质.

定理 4.5 设 $\{x_i\}$ 是 GMRES 方法产生的迭代序列. 若 x_k 是精确解, 而 $x_i\,(i<k)$ 不是精确解, 则算法在第 k 步中断.

证明 由假设, 有

$$r_i \neq 0,\quad i=1,2,\cdots,k-1,\quad 而\ r_k=0.$$

但 $\|r_k\|_2$ 是 $\widetilde{\xi}_k = \beta V_k e_1^{(k+1)}$ 最后一个分量的绝对值, 即它是

$$\begin{bmatrix} 1 & & & & \\ & \ddots & & & \\ & & 1 & & \\ & & & c_k & s_k \\ & & & -s_k & c_k \end{bmatrix}\begin{bmatrix} \\ \widetilde{\xi}_{k-1} \\ \\ \\ 0 \end{bmatrix}$$

的第 $k+1$ 个分量的绝对值, 即

$$\|r_k\|_2 = |s_k e_k^{\mathrm{T}} \widetilde{\xi}_{k-1}|. \tag{4.61}$$

但

$$|e_k^{\mathrm{T}} \widetilde{\xi}_{k-1}| = \|r_{k-1}\|_2 \neq 0, \tag{4.62}$$

故 $s_k=0$. 由于

$$s_k = \frac{h_{k+1,k}}{\sqrt{h_{k,k}^2 + h_{k+1,k}^2}},$$

故有 $h_{k+1,k}=0$, 这样 $\widetilde{v}_{k+1}=0$ (由式 (4.50) 所定义), 算法中断. □

由式 (4.61) 和式 (4.62) 容易得到下面的推论.

推论 4.2 GMRES 方法的残量范数 $\|r_k\|_2$ 有表达式

$$\|r_k\|_2=\left(\prod_{i=1}^{k}|s_i|\right)\|r_0\|_2. \tag{4.63}$$

定理4.6 初始残量 r_0 的最小多项式次数是 k 的充分必要条件是 $\widetilde{v}_{k+1}=0$ 且 $\widetilde{v}_i\neq 0\,(i=1,2,\cdots,k)$, 其中 $\widetilde{v}_{i+1}\,(i=1,2,\cdots,k)$ 由式 (4.50) 所定义.

证明 若 $r_0=\|r_0\|_2v_1$ 的最小多项式次数为 k, 则存在一个 k 次多项式 ϕ_k, 使得 $\phi_k(A)v_1=0$, 且 ϕ_k 是次数最低者. 因此

$$\mathcal{K}_{k+1}=\mathrm{span}\{v_1,Av_1,\cdots,A^kv_1\}=\mathcal{K}_k.$$

由于 $\widetilde{v}_{k+1}\in\mathcal{K}_{k+1}=\mathcal{K}_k$, 且 $\widetilde{v}_{k+1}\perp\mathcal{K}_k$, 故 $\widetilde{v}_{k+1}=0$. 另外, 若存在某个 $i\,(1\leqslant i\leqslant k)$, 使 $\widetilde{v}_i=0$, 则存在一个 $i-1$ 次多项式 ϕ_{i-1} 使 $\phi_{i-1}(A)v_1=0$, 这与 v_1 的最小多项式次数为 k 矛盾, 故 $\widetilde{v}_i\neq 0,\ 1\leqslant i\leqslant k$.

反之, 设 $\widetilde{v}_{k+1}=0$ 且 $\widetilde{v}_i\neq 0,\ i=1,2,\cdots,k$. 由 $\widetilde{v}_{k+1}=0$ 可知, 存在一个 k 次多项式 ϕ_k, 使 $\phi_k(A)v_1=0$, 而且 k 是次数最小者. 否则, 当存在 $\phi_i\,(i<k)$ 使 $\phi_i(A)v_1=0$ 时, 就有 $\mathcal{K}_{i+1}=\mathcal{K}_i$, 因此 $\widetilde{v}_{i+1}=0$, 这与 $\widetilde{v}_i\neq 0\,(1\leqslant i\leqslant k)$ 矛盾. □

进一步, 由上述三个定理可以推出如下结论.

推论 4.3 GMRES 方法在第 k 步产生的解 x_k 是精确解的充分必要条件为下列诸等价条件:

(1) 算法在第 k 步中断;

(2) $h_{k+1,k}=0$;

(3) $\widetilde{v}_{k+1}=0$;

(4) r_0 的最小多项式次数为 k.

推论 4.4 GMRES 方法得到的残量模序列 $\{\|r_k\|_2\}$ 是单调下降的, 对于 n 阶方程组至多迭代 n 步即可得到精确解.

注意到, 对于 GMRES(m) 方法, 虽然它总能进行下去, 但可能不收敛. 当然, 当 m 充分大时是收敛的. 特别地, 当 $m=n$ 时, 一个重开始迭代即可得到精确解.

1. GMRES(m) 的收敛性定理

下面考虑 GMRES(m) 方法的误差估计. 利用 Krylov 子空间的性质, 注意到任意的 $x=x_0+\varphi_{k-1}(A)r_0$ (即 $x\in x_0+\mathcal{K}_k(A,r_0)$), 可导出

$$\|r_k\|_2=\min\|b-Ax\|_2=\min_{\varphi_{k-1}\in\mathcal{P}_{k-1}}\|b-A(x_0+\varphi_{k-1}(A)r_0)\|_2$$

$$= \min_{\varphi_{k-1}\in\mathcal{P}_{k-1}} \|(I - A\varphi_{k-1}(A))r_0\|_2 = \min_{\psi\in\mathcal{P}_k^0} \|\psi(A)r_0\|_2, \tag{4.64}$$

式中, $\mathcal{P}_k^0$ 如式 (4.40) 中所定义.

定理 4.7 设 A 是正定的 (即 A 的对称部分是对称正定的), $m > 0$ 是任意给定的整数, 并假定在 GMRES(m) 中重新开始了 ℓ 次产生了近似解 $x_m^{(\ell)}$, 则有

$$\frac{\|r_m^{(\ell)}\|_2}{\|r_0\|_2} \leqslant \left[\sqrt{1 - \frac{\lambda_{\min}^2(M)}{\lambda_{\max}(A^{\mathrm{T}}A)}}\right]^{\ell m}, \tag{4.65}$$

式中, $M = \frac{1}{2}(A + A^{\mathrm{T}})$, 其他的记号如前所述.

证明 因为 A 是正定的, 即其对称部分

$$M = \frac{1}{2}(A + A^{\mathrm{T}}) \tag{4.66}$$

是对称正定的, 定义

$$\psi_\alpha(t) = (1 + \alpha t)^m, \quad \alpha \in \mathbf{R}. \tag{4.67}$$

显然有 $\psi_\alpha(t) \in \mathcal{P}_m^0$. 下面先给出 $\min\limits_{\alpha} \|\psi_\alpha(A)\|_2$ 的上界估计.

现在任取一个 $u \in \mathbf{R}^n, \|u\|_2 = 1$ (即 u 是单位向量), 并记 $\widehat{\psi}_\alpha(t) = 1 + \alpha t$, 则有

$$\begin{aligned}\|\widehat{\psi}_\alpha(A)u\|_2^2 &= u^{\mathrm{T}}(I + \alpha A)^{\mathrm{T}}(I + \alpha A)u \\ &= 1 + 2\alpha u^{\mathrm{T}} M u + \alpha^2 u^{\mathrm{T}} A^{\mathrm{T}} A u,\end{aligned}$$

从而, 当 $\alpha \geqslant 0$ 时, 有

$$\|\widehat{\psi}_\alpha(A)\|_2 \geqslant \|\widehat{\psi}_\alpha(A)u\|_2 \geqslant 1, \tag{4.68}$$

而当 $\alpha \leqslant 0$ 时, 有

$$\|\widehat{\psi}_\alpha(A)u\|_2^2 \leqslant 1 + 2\alpha\lambda_{\min}(M) + \alpha^2\lambda_{\max}(A^{\mathrm{T}}A), \tag{4.69}$$

式中, $\lambda_{\min}(M)$ 和 $\lambda_{\max}(A^{\mathrm{T}}A)$ 分别为 M 的最小特征值和 $A^{\mathrm{T}}A$ 的最大特征值.

注意到单位向量 u 的任意性, 式 (4.69) 蕴涵着当 $\alpha \leqslant 0$ 时, 有

$$\|\widehat{\psi}_\alpha(A)\|_2^2 \leqslant 1 + 2\alpha\lambda_{\min}(M) + \alpha^2\lambda_{\max}(A^{\mathrm{T}}A). \tag{4.70}$$

不等式 (4.70) 的右边是关于 α 的二次函数, 在

$$\alpha = -\frac{\lambda_{\min}(M)}{\lambda_{\max}(A^{\mathrm{T}}A)} \leqslant 0$$

处达到最小值 $1-\lambda_{\min}^2(M)/\lambda_{\max}(A^{\mathrm{T}}A)$, 从而有

$$\min_{\alpha<0}\|\widehat{\psi}_\alpha(A)\|_2^2 \leqslant 1-\frac{\lambda_{\min}^2(M)}{\lambda_{\max}(A^{\mathrm{T}}A)}<1.$$

再注意到式 (4.68), 有

$$\min_{\alpha\in\mathbf{R}}\|\widehat{\psi}_\alpha(A)\|_2 \leqslant \sqrt{1-\frac{\lambda_{\min}^2(M)}{\lambda_{\max}(A^{\mathrm{T}}A)}} \equiv \kappa. \tag{4.71}$$

如果从 x_0 出发, 应用 GMRES 迭代 m 步得到 x_m, 则对 $k=m$ 应用式 (4.64), 有

$$\begin{aligned}\|r_m\|_2 &\leqslant \min_\alpha \|\psi_\alpha(A)r_0\|_2 \leqslant \min_\alpha \|\psi_\alpha(A)\|_2\|r_0\|_2\\ &\leqslant \min_\alpha \|\widehat{\psi}_\alpha(A)\|_2^m\|r_0\|_2 \leqslant \kappa^m\|r_0\|_2,\end{aligned} \tag{4.72}$$

其中最后一个不等式用到了式 (4.71).

假定以 $x_m^{(1)}=x_m$ 再重新开始, 用 GMRES 迭代产生 $x_m^{(2)}$, 则由式 (4.72) 又有

$$\|r_m^{(2)}\|_2 \leqslant \kappa^m\|r_m^{(1)}\|_2 \leqslant \kappa^{2m}\|r_0\|_2,$$

式中

$$r_m^{(2)}=b-Ax_m^{(2)};\quad r_m^{(1)}=b-Ax_m^{(1)}=r_m.$$

如此可证, 若重新开始了 ℓ 次, 产生了 $x_m^{(\ell)}$, 则有

$$\|r_m^{(\ell)}\|_2 \leqslant \kappa^{\ell m}\|r_0\|_2,$$

式中, $r_m^{(\ell)}=b-Ax_m^{(\ell)}$. 将 κ 的表达式代入上式即得定理的结论. □

注 4.3　定理 4.7 表明, 如果系数矩阵 A 是正定的, 则对任意给定的正数 $m>0$, GMRES(m) 总是收敛的.

2. 茹科夫斯基映射

要研究 GMRES 方法对更广一类线性方程组的收敛性, 需要借助复变函数中的茹科夫斯基 (Joukowski) 映射来导出复变元的 Chebyshev 多项式的一种易于使用的定义.

茹科夫斯基映射是指如下定义的从复平面到复平面的映射 (图 4.7):

$$z=\frac{1}{2}(w+w^{-1}) \equiv J(w). \tag{4.73}$$

对任意的 $w = r\mathrm{e}^{\mathrm{i}\theta}$, $r > 1$, 有

$$z = J(w) = x + \mathrm{i}\, y \equiv a_r \cos\theta + \mathrm{i}\, b_r \sin\theta,$$

式中

$$a_r = \frac{1}{2}(r + r^{-1}), \quad b_r = \frac{1}{2}(r - r^{-1}). \tag{4.74}$$

从几何上看, J 将 w 平面内的圆

$$C_r = \left\{w = r\mathrm{e}^{\mathrm{i}\theta} : 0 \leqslant \theta \leqslant 2\pi\right\},$$

映射到 z 平面的一个椭圆

$$E_r = \left\{z = x + \mathrm{i}\, y : \frac{x^2}{a_r^2} + \frac{y^2}{b_r^2} = 1\right\}.$$

显然, 这一映射也将 w 平面内的圆

$$C_{r^{-1}} = \left\{w = r^{-1}\mathrm{e}^{-\mathrm{i}\theta} : 0 \leqslant \theta \leqslant 2\pi\right\},$$

映射到了 E_r.

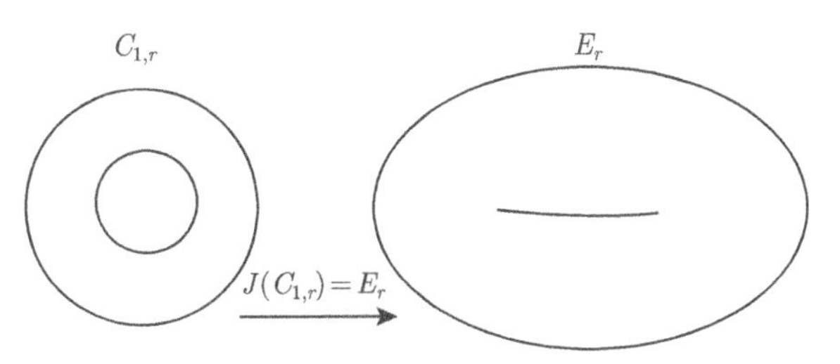

图 4.7 茹科夫斯基映射 $z = J(w)$

当 $r = 1$ 时, 有 $b_r = 0$. 此时 $z = J(w) = \cos\theta$, 即 J 把单位圆周映射到 z 平面内的线段 $[-1, 1]$. 当 θ 从 0 变到 π 时, z 从 1 变到 -1; 而当 θ 从 π 变到 2π 时, z 从 -1 变到 1.

当 C_r 连续地收缩到单位圆周 C_1 时, E_r 将连续地收缩到线段 $[-1, 1]$. 因此, 由 E_r 所包围的区域

$$E_r = \left\{z = x + \mathrm{i}\, y : \frac{x^2}{a_r^2} + \frac{y^2}{b_r^2} \leqslant 1\right\}$$

中的每一个点 z, 在圆环

$$C_{1,r} = \left\{w : 1 \leqslant |w| \leqslant r\right\}$$

中都存在一个点 w, 使得 $z = J(w)$, 即 $J(C_{1,r}) = E_r$.

现在将 z 平面沿线段 $[-1, 1]$ 切开, 取定 $\sqrt{z^2-1}$ 的一个解析分支, 使得

$$w = z + \sqrt{z^2 - 1} \equiv J^{-1}(z) \tag{4.75}$$

刚好在单位圆外, 即 $|w| \geqslant 1$. 显然, J^{-1} 刚好将 z 平面内的椭圆 E_r 映射到 w 平面内的圆环 $C_{1,r}$, 而且有 $J^{-1}(E_r) = C_{1,r}$.

下面考察 z 平面内的一个中心位于 $z_c = x_c + \mathrm{i}\, y_c$ 的椭圆

$$E(a, b; z_c) = \left\{ z = x + \mathrm{i}\, y : \frac{(x - x_c)^2}{a^2} + \frac{(y - y_c)^2}{b^2} = 1 \right\},$$

这里 $0 < b < a$. 令 $d = \sqrt{a^2 - b^2}$, 即 d 为椭圆的半焦距. 现在作平移伸缩变换

$$\widetilde{z} = \frac{z - z_c}{d} \quad \left(\text{即} \ \ \widetilde{x} = \frac{x - x_c}{d}, \ \ \widetilde{y} = \frac{y - y_c}{d} \right),$$

则该变换将椭圆 $E(a, b; z_c)$ 变为中心在原点的椭圆

$$E_{\widetilde{r}} = \left\{ \widetilde{z} = \widetilde{x} + \mathrm{i}\, \widetilde{y} : \frac{\widetilde{x}^2}{a_{\widetilde{r}}^2} + \frac{\widetilde{y}^2}{b_{\widetilde{r}}^2} = 1 \right\},$$

式中, $\widetilde{r}$ 为

$$\frac{a}{d} = \frac{1}{2}(r + r^{-1})$$

的最大根

$$\widetilde{r} = \frac{a}{d} + \sqrt{\left(\frac{a}{d}\right)^2 - 1}, \tag{4.76}$$

$a_{\widetilde{r}}$ 和 $b_{\widetilde{r}}$ 是在式 (4.74) 中将 r 换作 $\widetilde{r}$ 而得到的.

再由茹科夫斯基映射的性质, 映射

$$\frac{z - z_c}{d} = \frac{w + w^{-1}}{2} \tag{4.77}$$

实现了区域

$$E(a, b; z_c) = \left\{ z = x + \mathrm{i}\, y : \frac{(x - x_c)^2}{a^2} + \frac{(y - y_c)^2}{b^2} \leqslant 1 \right\} \tag{4.78}$$

与圆环

$$C_{1,\widetilde{r}} = \{ w : 1 \leqslant |w| \leqslant \widetilde{r} \} \tag{4.79}$$

之间的点与点之间的一一对应关系.

3. 复变元的 Chebyshev 多项式

借助茹科夫斯基映射, 定义函数

$$C_k(z) = \frac{1}{2}(w^k + w^{-k}), \tag{4.80}$$

式中

$$z = \frac{1}{2}(w + w^{-1}).$$

由定义显然有

$$C_0(z) = \frac{1}{2}(w^0 + w^0) = 1,$$

$$C_1(z) = \frac{1}{2}(w + w^{-1}) = z.$$

而且容易导出

$$\begin{aligned} zC_k(z) &= \frac{1}{2}(w + w^{-1}) \cdot \frac{1}{2}(w^k + w^{-k}) \\ &= \frac{1}{4}\left[(w^{k+1} + w^{-(k+1)}) + (w^{k-1} + w^{-(k-1)})\right] \\ &= \frac{1}{2}\left[C_{k+1}(z) + C_{k-1}(z)\right], \end{aligned}$$

从而有

$$C_{k+1}(z) = 2zC_k(z) - C_{k-1}(z).$$

这表明由式 (4.80) 所定义的复变函数就是第一类 Chebyshev 多项式. 换句话说, 式 (4.80) 是复变元的 Chebyshev 多项式的又一种表达方式.

再由式 (4.75), 即知式 (4.80) 又可写为

$$C_k(z) = \frac{1}{2}\left[\left(z + \sqrt{z^2 - 1}\right)^k + \left(z + \sqrt{z^2 - 1}\right)^{-k}\right].$$

4. GMRES 方法的收敛性定理

现在考虑 GMRES 方法的收敛性和误差估计. 设 A 是可对角化的, 即存在一个非奇异矩阵 $X \in \mathbf{R}^{n\times n}$, 使得 $A = X\Lambda X^{-1}$, 其中 $\Lambda = \mathrm{diag}\{\lambda_1, \lambda_2, \cdots, \lambda_n\}$. 注意到

$$\psi(A) = X\psi(\Lambda)X^{-1}, \quad \psi(\Lambda) = \mathrm{diag}\{\psi(\lambda_1), \psi(\lambda_2), \cdots, \psi(\lambda_n)\},$$

由式 (4.64), 得

$$\|r_k\|_2 \leqslant \|X\|_2 \cdot \|X^{-1}\|_2 \min_{\psi \in \mathcal{P}_k^0} \max_{1 \leqslant i \leqslant n} |\psi(\lambda_i)| \cdot \|r_0\|_2. \tag{4.81}$$

再定义

$$\nu(A) = \inf\{\|X\|_2 \|X^{-1}\|_2 : A = X\Lambda X^{-1}\}, \tag{4.82}$$

则有

$$\|r_k\|_2 \leqslant \nu(A) \min_{\psi \in \mathcal{P}_k^0} \max_{1 \leqslant i \leqslant n} |\psi(\lambda_i)| \cdot \|r_0\|_2, \tag{4.83}$$

其中由式 (4.82) 所定义的数 $\nu(A)$ 被称为 A 的谱条件数.

下面通过选择特殊的多项式 $\psi \in \mathcal{P}_k^0$ 给出

$$\min_{\psi \in \mathcal{P}_k^0} \max_{1 \leqslant i \leqslant n} |\psi(\lambda_i)|$$

的尽可能小的上界估计. 由于这里的 λ_i 可能是复数, 因此比对称矩阵时的相应估计要困难得多, 需要用到复变元 Chebyshev 多项式的有关性质.

定理 4.8 设式 (4.48) 的系数矩阵 A 是可对角化的, 并满足

$$\lambda(A) \subset E(a, b; z_c),$$

其中 $z_c = c$, 而且 $0 < b < a < c$, 并假设 GMRES 方法已经进行了 k 步得到了 x_k, 则残量 $r_k = b - Ax_k$ 满足

$$\frac{\|r_k\|_2}{\|r_0\|_2} \leqslant 2\nu(A) \left(\frac{a+b}{c + \sqrt{c^2 + b^2 - a^2}} \right)^k, \tag{4.84}$$

这里的 $\nu(A)$ 由式 (4.82) 所定义.

证明 令 $d = \sqrt{a^2 - b^2}$, 并定义

$$\widehat{\psi}(z) = C_k\left(\frac{z - z_c}{d}\right) \Big/ C_k\left(\frac{-z_c}{d}\right),$$

则有 $\widehat{\psi} \in \mathcal{P}_k^0$. 这样, 由式 (4.83), 有

$$\frac{\|r_k\|_2}{\|r_0\|_2} \leqslant \nu(A) \max_{\lambda \in \lambda(A)} |\widehat{\psi}(\lambda)| \leqslant \nu(A) \max_{z \in E(a,b;z_c)} |\widehat{\psi}(z)|. \tag{4.85}$$

由式 (4.80) 和式 (4.85), 有

$$C_k\left(\frac{z-z_c}{d}\right)=\frac{1}{2}(w^k+w^{-k}), \tag{4.86}$$

式中

$$\frac{z-z_c}{d}=\frac{1}{2}(w+w^{-1}). \tag{4.87}$$

注意: 式 (4.87) 所定义的映射实现了区域 $E(a,b;z_c)$ 与圆环 $C_{1,\widetilde{r}}$ 之间的点与点之间的一一对应关系, 有

$$\max_{z\in E(a,b;z_c)}|\widehat{\psi}(z)|=\max_{w\in C_{1,\widetilde{r}}}\left|\frac{w^k+w^{-k}}{2C_k(-z_c/d)}\right|. \tag{4.88}$$

在式 (4.87) 中令 $z=0$, 得

$$-\frac{z_c}{d}=-\frac{c}{d}=\frac{1}{2}(w_0+w_0^{-1}). \tag{4.89}$$

解此方程, 并选择其模最大者, 即

$$w_0=-\frac{c}{d}-\sqrt{\left(\frac{c}{d}\right)^2-1}. \tag{4.90}$$

此外, 对任意的 $w=re^{\mathrm{i}\theta}$, 其中 $1\leqslant r\leqslant\widetilde{r}$, 有

$$w^k+w^{-k}=(r^k+r^{-k})\cos k\theta+\mathrm{i}\,(r^k-r^{-k})\sin k\theta,$$

从而有

$$\begin{aligned}|w^k+w^{-k}|^2&=(r^k+r^{-k})^2\cos^2 k\theta+(r^k-r^{-k})^2\sin^2 k\theta\\&=(r^k-r^{-k})^2+4\cos^2 k\theta.\end{aligned}$$

显然, 该函数在圆周 $w=re^{\mathrm{i}\theta}$ 上的最大值为

$$(r^k-r^{-k})^2+4=(r^k+r^{-k})^2,$$

从而

$$|w^k+w^{-k}|\leqslant r^k+r^{-k},\quad w=re^{\mathrm{i}\theta}. \tag{4.91}$$

这样, 由式 (4.86)、式 (4.88)、式 (4.89) 和式 (4.91), 有

$$\max_{z\in E(a,b;z_c)}|\widehat{\psi}(z)|=\frac{\widetilde{r}^k+\widetilde{r}^{-k}}{|w_0^k+w_0^{-k}|}, \tag{4.92}$$

这里 $\widetilde{r}$ 由 (4.76) 定义.

此外, 由 $\widetilde{r}$ 的定义 (4.76)、w_0 的定义 (4.90) 以及 $d^2 = a^2 - b^2$, 得

$$\widetilde{r} = \frac{a+b}{d}, \quad w_0 = -\frac{c+\sqrt{c^2+b^2-a^2}}{d},$$

从而

$$\begin{aligned}
\frac{\widetilde{r}^k + \widetilde{r}^{-k}}{|w_0^k + w_0^{-k}|} &= \frac{[(a+b)/d]^k + [(a+b)/d]^{-k}}{\left[(c+\sqrt{c^2+b^2-a^2})/d\right]^k + \left[(c+\sqrt{c^2+b^2-a^2})/d\right]^{-k}} \\
&= \left(\frac{a+b}{c+\sqrt{c^2+b^2-a^2}}\right)^k \frac{1+[d/(a+b)]^{2k}}{1+\left[(c+\sqrt{c^2+b^2-a^2})/d\right]^{-2k}} \\
&\leqslant \left(\frac{a+b}{c+\sqrt{c^2+b^2-a^2}}\right)^k \left[1+\left(\frac{a-b}{a+b}\right)^k\right] \\
&\leqslant 2\left(\frac{a+b}{c+\sqrt{c^2+b^2-a^2}}\right)^k.
\end{aligned} \tag{4.93}$$

将式 (4.93)、式 (4.92) 和式 (4.85) 结合起来即得定理的结论. □

习 题 4

4.1 设 $A \in \mathbf{R}^{n\times n}$ 是对称正定矩阵, $p_1, \cdots, p_k$ 是相互共轭正交的向量组, 即满足 $p_i^{\mathrm{T}} A p_j = 0\,(i \neq j)$. 试证明: $p_1, \cdots, p_k$ 是线性无关的.

4.2 设 $A \in \mathbf{R}^{n\times n}$ 是对称正定矩阵, $\mathcal{X}$ 是 $\mathbf{R}^n$ 的一个 k 维子空间. 试证明: $x_k \in \mathcal{X}$ 满足

$$\|x_k - A^{-1}b\|_A = \min_{x\in\mathcal{X}} \|x - A^{-1}b\|_A$$

的充分必要条件是 $r_k = b - Ax_k$ 垂直于子空间 $\mathcal{X}$, 其中 $b \in \mathbf{R}^n$ 是任意给定的向量.

4.3 设对称正定矩阵 $A \in \mathbf{R}^{n\times n}$ 至多有 l 个互不相同的特征值. 试证明: 在没有舍入误差的前提下, 共轭梯度法至多 l 步即可得到方程组 $Ax = b$ 的精确解.

4.4 设对称矩阵 $A \in \mathbf{R}^{n\times n}$ 只有 l 个互不相同的特征值, $b \in \mathbf{R}^n$ 是任一向量. 试证明: 子空间 $\mathcal{X} = \mathrm{span}\{b, Ab, \cdots, A^{n-1}b\}$ 的维数至多为 l.

4.5 设 r_k 和 z_k 是由预处理共轭梯度法 (算法 4.2) 产生的. 证明: 若 $r_k \neq 0$, 则必有 $z_k^{\mathrm{T}} r_k \neq 0$.

4.6 设

$$A = \begin{bmatrix} 1 & 0 & 0 \\ 1 & 1 & 0 \\ 1 & 1 & 1 \end{bmatrix}, \quad b = \begin{bmatrix} 1 \\ 1 \\ 1 \end{bmatrix}.$$

取 $m=2$, $x_0=0$. 分别用 GMRES 方法和 GMRES(m) 方法计算出 x_1.

4.7　证明: 若 GMRES 方法中出现 $h_{k+1,k}=0$, 则相应的近似解 x_k 为精确解. 反之亦然.

4.8　设矩阵 $A\in\mathbf{R}^{n\times n}$ 非奇异. 证明 GMRES 方法中的最小二乘问题 (4.52) 是满秩的.

第 5 章　解线性方程组的矩阵分解法

本章考虑如下 n 阶线性方程组

$$Ax = b \tag{5.1}$$

的矩阵分解法, 其中 $A = (a_{ij})$ 称为方程组的系数矩阵, $b = (b_1, b_2, \cdots, b_n)^{\mathrm{T}}$ 称为方程组的右端项, 向量 $x = (x_1, x_2, \cdots, x_n)^{\mathrm{T}}$ 为所求的解. 若系数矩阵 A 是非奇异的, 则线性方程组 (5.1) 存在唯一解.

所谓矩阵分解, 是指将一个矩阵分解为两个具有特殊结构矩阵的乘积. 例如, LU 分解, 将矩阵 A 分解成单位下三角矩阵 L 与上三角矩阵 U 的乘积: $A = LU$. 矩阵分解法是求解线性方程组的精确解法, 是指在没有舍入误差的情况下经过有限次运算可求得方程组精确解的方法. 本章主要介绍求解线性方程组 (5.1) 的 LU 分解法、Choleshy 分解法、带状方程组的解法以及舍入误差分析等.

5.1　LU 分解法

把一个 n 阶矩阵分解成两个三角形矩阵的乘积称为矩阵的三角分解. 本节介绍矩阵的 LU 分解 $A = LU$, 其中 L 是单位下三角矩阵, U 是上三角矩阵. 这种形式的分解对于求解方程组 (5.1) 是十分有用的. 事实上, 若 $A = LU$ 是一个 LU 分解, 则 (5.1) 转化为 $Ly = b$ 及 $Ux = y$ 两个三角形方程组. 由于三角形方程组很容易通过向前消去法或回代方法求解, 且只有 $O(n^2)$ 的计算量, 故研究矩阵的 LU 分解十分有意义.

1. 顺序 LU 分解法

首先讨论矩阵的 LU 分解. 设 $A = LU$, 其中 L 为一个单位下三角矩阵, U 为一个上三角矩阵, 即

$$L = \begin{bmatrix} 1 & & & \\ l_{21} & 1 & & \\ \vdots & \vdots & \ddots & \\ l_{n1} & l_{n2} & \cdots & 1 \end{bmatrix}, \quad U = \begin{bmatrix} u_{11} & u_{12} & \cdots & u_{1n} \\ & u_{22} & \cdots & u_{2n} \\ & & \ddots & \vdots \\ & & & u_{nn} \end{bmatrix}. \tag{5.2}$$

下面推导三角形矩阵 L 和 U 的元素的计算公式. 由等式 $A = LU$, 得

$$a_{ij} = \begin{bmatrix} l_{i1}, & \cdots, & l_{i,i-1}, & 1, & 0, & \cdots, & 0 \end{bmatrix} \begin{bmatrix} u_{1j} \\ \vdots \\ u_{j-1,j} \\ u_{jj} \\ 0 \\ \vdots \\ 0 \end{bmatrix}. \tag{5.3}$$

当 $j \geqslant i$ 时, 有

$$a_{ij} = l_{i1}u_{1j} + \cdots + l_{i,\,i-1}u_{i-1,\,j} + u_{ij},$$

于是

$$u_{ij} = a_{ij} - \sum_{r=1}^{i-1} l_{ir}u_{rj};$$

当 $j < i$ 时, 有

$$a_{ij} = l_{i1}u_{1j} + \cdots + l_{i,\,j-1}u_{j-1,\,j} + l_{ij}u_{jj},$$

于是

$$l_{ij} = \left(a_{ij} - \sum_{r=1}^{j-1} l_{ir}u_{rj}\right) \bigg/ u_{jj}.$$

即

$$u_{1j} = a_{1j}, \quad j = 1, \cdots, n; \quad l_{i1} = a_{i1}/u_{11}, \quad i = 2, \cdots, n; \tag{5.4}$$

$$u_{ij} = a_{ij} - \sum_{r=1}^{i-1} l_{ir}u_{rj}, \quad i = 2, \cdots, n;\ j = i, \cdots, n; \tag{5.5}$$

$$l_{ij} = \left(a_{ij} - \sum_{r=1}^{j-1} l_{ir}u_{rj}\right) \bigg/ u_{jj}, \quad i = 3, \cdots, n;\ j = 2, \cdots, i-1. \tag{5.6}$$

为了便于编程计算, 将式 (5.4) 第 1 式中的下标 j 换成 i, 式 (5.5) 中的下标 i 换成 k, 下标 j 换成 i, 式 (5.6) 中的下标 j 换成 k, 则有

$$u_{1i} = a_{1i}, \quad i = 1, \cdots, n; \quad l_{i1} = a_{i1}/u_{11}, \quad i = 2, \cdots, n; \tag{5.7}$$

$$u_{ki} = a_{ki} - \sum_{r=1}^{k-1} l_{kr}u_{ri}, \quad k = 2, \cdots, n;\ i = k, \cdots, n; \tag{5.8}$$

$$l_{ik} = \left(a_{ik} - \sum_{r=1}^{k-1} l_{ir}u_{rk}\right) \Big/ u_{kk}, \quad k = 2, \cdots, n-1;\ i = k+1, \cdots, n. \tag{5.9}$$

上述这种按矩阵 A 元素的自然顺序进行分解的方法称为顺序 LU 分解法. 下面是用顺序 LU 分解求解线性方程组的算法步骤.

算法 5.1(顺序 LU 分解法)

步 1, 输入系数矩阵 A, 右端项 b.

步 2, LU 分解:

$u_{1i} = a_{1i}, \quad i = 1, \cdots, n;$

$l_{i1} = a_{i1}/u_{11}, \quad i = 2, \cdots, n;$

对 $k = 2, \cdots, n$, 计算

$$u_{ki} = a_{ki} - \sum_{r=1}^{k-1} l_{kr}u_{ri}, \quad i = k, \cdots, n;$$

$$l_{ik} = \left(a_{ik} - \sum_{r=1}^{k-1} l_{ir}u_{rk}\right) \Big/ u_{kk}, \quad i = k+1, \cdots, n.$$

步 3, 用向前消去法解下三角方程组 $Ly = b$:

$y_1 = b_1;$

$$y_k = b_k - \sum_{i=1}^{k-1} l_{ki}y_i, \quad k = 2, \cdots, n.$$

步 4, 用回代法解上三角方程组 $Ux = y$:

$x_n = y_n/u_{nn};$

$$x_k = \left(y_k - \sum_{i=k+1}^{n} u_{ki}x_i\right) \Big/ u_{kk}, \quad k = n-1, \cdots, 1.$$

注 5.1 可以看出, 利用 LU 分解, 分开了系数矩阵的计算和对右端项的计算. 正是这一特点, 使得 LU 分解法特别适用于求解系数矩阵相同而右端项不同的一系列方程组, 而控制论等领域中刚好存在这样的实际问题.

下面考虑顺序 LU 分解的程序实现. 注意到 LU 分解后, 原系数矩阵 A 的数据不再需要保留, 因此, 为了节省存储空间, 可在 MATLAB 程序中将分解后的单位下三角矩阵 L 和上三角矩阵 U 分别存放在系数矩阵 A 的严格下三角和上三角部分 (单位下三角矩阵的对角线元素 1 不需存储), 而不再为其开辟额外的存储单元.

算法 5.1 的 MATLAB 程序如下:

```
%顺序LU分解法程序-mslu.m
function [x,A]=mslu(A,b)
%输入:A为系数矩阵,b为右端向量
%输出:x为解向量,L和U分别存放在A的严格下三角和上三角部分
n=length(b);
%顺序LU分解
for k=1:n
   A(k:n,k)=A(k:n,k)-A(k:n,1:k-1)*A(1:k-1,k);
   A(k+1:n,k)=A(k+1:n,k)/A(k,k);%乘子向量
   A(k,k+1:n)=A(k,k+1:n)-A(k,1:k-1)*A(1:k-1,k+1:n);
end
%解下三角矩阵Ly=b
y=zeros(n,1);
for k=1:n,
   y(k)=b(k)-A(k,1:k-1)*y(1:k-1);
end
%解上三角方程组Ux=y
x=zeros(n,1);
for k=n:-1:1,
   x(k)=(y(k)-A(k,k+1:n)*x(k+1:n))/A(k,k);
end
```

例 5.1 利用程序 mslu.m 计算线性方程组 $Ax = b$ 的解, 其中

$$A = \begin{bmatrix} 2 & -1 & 4 & -3 & 1 \\ -1 & 1 & 2 & 1 & 3 \\ 4 & 2 & 3 & 3 & -1 \\ -3 & 1 & 3 & 2 & 4 \\ 1 & 3 & -1 & 4 & 4 \end{bmatrix}, \quad b = \begin{bmatrix} 11 \\ 14 \\ 4 \\ 16 \\ 18 \end{bmatrix}.$$

解 在 MATLAB 命令窗口输入 (ex51.m):

```
>> A=[2 -1 4 -3 1;-1 1 2 1 3;4 2 3 3 -1;-3 1 3 2 4;1 3 -1 4 4];
>> b=[11 14 4 16 18]';
>> [x,A]=mslu(A,b)
```

可得计算结果 (略).

2. 列主元 LU 分解法

为了提高计算的数值稳定性, 有必要考虑列主元 LU 分解技术. 这只需要在顺序 LU 分解的第 k 步避免绝对值较小的 u_{kk} 作除数即可. 假设第 $k-1$ 步已经完成, 在进行第 k 步分解之前进行选主元的操作. 可以引入

$$s_i = a_{ik} - \sum_{r=1}^{k-1} l_{ir}u_{rk}, \quad i = k, k+1, \cdots, n,$$

且令

$$|s_{i_k}| = \max_{k \leqslant i \leqslant n} |s_i|.$$

然后用 s_{i_k} 作为 u_{kk} 并交换增广矩阵 $[A, b]$ 的第 k 行和第 i_k 行, 于是有 $|l_{ik}| \leqslant 1$ $(i = k+1, \cdots, n)$, 再进行第 k 步分解. 算法如下.

算法 5.2(列主元 LU 分解法)

步 1, 输入系数矩阵 A, 右端项 b.

步 2, 列主元 LU 分解:

对 $k = 1, \cdots, n$,

① 计算 $s_i = a_{ik} - \sum_{r=1}^{k-1} l_{ir}u_{rk} \Longrightarrow a_{ik}, \quad i = k, k+1, \cdots, n$.

② 选主元 $|s_{i_k}| = \max_{k \leqslant i \leqslant n} |s_i|$, 并记录 i_k, $s_{i_k} \Longrightarrow u_{kk}$.

③ 交换 $[A, b]$ 的第 k 行和第 i_k 行元素.

④ 计算 L 的第 k 列元素: $l_{ik} = s_i/u_{kk} = a_{ik}/a_{kk}$
$\Longrightarrow a_{ik}$, $i = k+1, \cdots, n$.

⑤ 计算 U 的第 k 行元素: $u_{kj} = a_{kj} - \sum_{r=1}^{k-1} l_{kr}u_{rj}$
$\Longrightarrow a_{kj}, j = k+1, \cdots, n$.

步 3, 用向前消去法解下三角方程组 $Ly = b$:

$$y_1 = b_1; \quad y_k = b_k - \sum_{j=1}^{k-1} l_{kj}y_j, \quad k = 2, \cdots, n.$$

步 4, 用回代法解上三角方程组 $Ux = y$:

$$x_n = y_n/u_{nn}; \quad x_k = \left(y_k - \sum_{j=k+1}^{n} u_{kj}x_j\right) \Bigg/ u_{kk}, \quad k = n-1, \cdots, 1.$$

下面给出列主元 LU 分解法的 MATLAB 程序:

```
%列主元LU分解法程序-mplu.m
function [x,A,P]=mplu(A,b)
%列主元LU分解PA=LU,A为系数矩阵,b为右端向量, x返回解向量,L和U分别
%存放在A的严格下三角和上三角部分,P返回选主元时记录行交换的置换阵
n=length(b);
P=eye(n); %P记录选择主元时候所进行的行变换
for k=1:n  %列主元LU分解
   A(k:n,k)=A(k:n,k)-A(k:n,1:k-1)*A(1:k-1,k);
   [~,m]=max(abs(A(k:n,k)));   %选列主元
   m=m+k-1;
   if m~=k
      A([k m],:)=A([m k],:);
      P([k m],:)=P([m k],:);
      %b([k m],:)=b([m k],:);
   end
   A(k+1:n,k)=A(k+1:n,k)/A(k,k);
   A(k,k+1:n)=A(k,k+1:n)-A(k,1:k-1)*A(1:k-1,k+1:n);
end
b=P*b; y=zeros(n,1);
for k=1:n %解下三角矩阵Ly=b
   y(k)=b(k)-A(k,1:k-1)*y(1:k-1);
end
x=zeros(n,1);
for k=n:-1:1 %解上三角方程组Ux=y
   x(k)=(y(k)-A(k,k+1:n)*x(k+1:n))/A(k,k);
end
```

例 5.2 利用程序 mplu.m 计算例 5.1 中的线性方程组的解.

解 在 MATLAB 命令窗口输入 (ex52.m):

```
>> A=[2 -1 4 -3 1;-1 1 2 1 3;4 2 3 3 -1;-3 1 3 2 4;1 3 -1 4 4];
>> b=[11 14 4 16 18]';
>> [x,A,P]=mplu(A,b)
```

可得计算结果 (略).

3. 不完全 LU 分解

当 A 的非零元较少且按一定规则分布时 (称为非零元的稀疏模式), 其 LU 分解 (又称完全 LU 分解) 产生的单位下三角矩阵 L 和上三角矩阵 U 一般不能保持和 A 相同的稀疏模式. 我们需要的是, 在保持稀疏模式的前提下进行 LU 分解, 称为矩阵 A 的不完全 LU 分解. 这样分解后 L 和 U 的乘积只是 A 的一个近似:

$A \approx LU$. 这种分解得到的 L 和 U 的逆矩阵往往用来对方程组 $Ax = b$ 作预处理:

$$\widetilde{A}\widetilde{x} = \widetilde{b}, \quad \widetilde{A} = L^{-1}AU^{-1}, \quad \widetilde{x} = Ux, \quad \widetilde{b} = L^{-1}b.$$

使得预处理后方程组的系数矩阵有更好的条件数.

MATLAB 系统封装了一个不完全 LU (ILU) 分解的函数——ilu. 这一函数生成一个单位下三角矩阵、一个上三角矩阵和一个置换矩阵, 其调用格式为:

(1) ilu(A,options) ——计算 A 的不完全 LU 分解. options 是一个最多包含五个设置选项的输入结构体. 这些字段必须严格按照表 5.1 所示方法命名; 可以在此结构体中包含任意数目的字段, 并以任意顺序定义这些字段, 也可以忽略任何其他字段. ilu(A,options) 返回 L+U-speye(size(A)), 其中 L 为单位下三角矩阵, U 为上三角矩阵.

(2) [L,U]=ilu(A,options) ——分别在 L 和 U 中返回单位下三角矩阵和上三角矩阵.

(3) [L,U,P]=ilu(A,options) ——返回 L 中的单位下三角矩阵、U 中的上三角矩阵和 P 中的置换矩阵.

注意, ilu 函数的局限性仅适用于稀疏方阵.

表 5.1　结构体参数 options 的设置选项

域名	说明
type	分解的类型. type 的值包括: 'nofill'(默认) —— 执行具有 0 填充级别的 ILU 分解 (称为 ILU(0)). 如果将 type 设置为 'nofill', 则仅使用 milu 设置选项; 所有其他字段都将被忽略. 'crout' —— 执行 ILU 分解的 Crout 版本, 称为 ILUC. 如果将 type 设置为'crout', 则仅使用 droptol 和 milu 设置选项; 所有其他字段都将被忽略. 'ilutp' —— 执行带阈值和选择主元的 ILU 分解. 如果未指定 type, 则会执行 0 填充级别的 ILU 分解. 在将 type 设置为'ilutp' 的情况下, 仅会执行选择主元的分解.
droptol	不完全 LU 分解的调降容差. droptol 是一个非负标量, 默认值为 0, 这会生成完全的 LU 分解.
milu	修改后的不完全 LU 分解. milu 的值包括: 'row' —— 生成行总和修正的不完全 LU 分解. 新构成的因子列中的条目从上三角因子 U 的对角线中减去, 并保留列总和, 也即 A*e=L*U*e, 其中 e 是由 1 组成的向量. 'col' —— 生成列总和修正的不完全 LU 分解. 新构成的因子列中的条目从上三角因子 U 的对角线中减去, 并保留列总和, 即 e'*A=e'*L*U. 'off'(默认值) —— 不生成修正的不完全 LU 分解.
udiag	如果 udiag 为 1, 上三角因子的对角线上的任何零都将替换为局部调降容差. 默认值为 0.
thresh	Pivot threshold between 0 (强制对角线数据透视) 和 1 之间的主元阈值 (默认值), 该阈值始终选择数据透视表中的列的最大量值条目.

例 5.3 从一个稀疏矩阵开始, 并计算 LU 分解.

在命令窗口输入代码 (ex53.m):

```
A=gallery('neumann',1600) + speye(1600); %稀疏矩阵
nnz(A), %稀疏矩阵的非零元个数
options.type='crout';%设置options结构变量
options.milu='row';
options.droptol=0.1;
[L,U]=ilu(A,options);
e=ones(size(A,2),1);
norm(A*e-L*U*e),%误差
nnz(ilu(A,options)),%ILU分解的非零元个数
nnz(lu(A)),%LU分解的非零元个数
```

显示出的 A 与 LU 的行总和之差的范数为: 1.4251e–014. 此外, 此例显示 A 具有 7840 个非零元, 完全 LU 分解具有 126478 个非零元, 不完全 LU 分解 (采用 0 填充级别) 具有 7843 个非零值, 数量与 A 的数量几乎相同.

值得注意的是, 这些不完全 LU 分解可很好地用作通过 GMRES (广义极小残量法) 等子空间迭代方法求解的线性方程组的预条件子.

5.2 Cholesky 分解法

前面讨论的 LU 分解法, 是求解一般方程组的矩阵分解方法, 不考虑方程组系数矩阵本身的特点. 但在实际应用中经常会遇到一些特殊类型的方程组, 其系数矩阵具有某种特殊性, 如对称正定矩阵、稀疏 (带状) 矩阵等. 对于这些方程组, 若还用原有的一般方法来求解, 势必造成存储空间和计算的浪费. 因此, 有必要构造适合特殊方程组的求解方法. 本节主要介绍解对称正定方程组的 Cholesky 分解法.

1. 基本 Cholesky 分解

当线性方程组的系数矩阵 A 是对称正定矩阵时, 可利用对称正定的特点使 LU 分解减少计算量, 从而节省存储空间. 由于对称正定矩阵的所有顺序主子式都大于零, 故其必存在唯一的 LU 分解. 由于 A 是对称的, 即 $a_{ij}=a_{ji}$, $i,j=1,2,\cdots,n$. 由 LU 分解式 (5.7)～式 (5.9), 有

$$u_{1i}=a_{1i},\quad i=1,\cdots,n;\quad l_{i1}=\frac{a_{i1}}{a_{11}},\quad i=2,\cdots,n,$$

则

$$l_{i1}=\frac{a_{i1}}{a_{11}}=\frac{a_{1i}}{a_{11}}=\frac{u_{1i}}{u_{11}},\quad i=2,\cdots,n. \tag{5.10}$$

若已求得第 1 步到第 $k-1$ 步的 L 和 U 的元素有如下关系, 即

$$l_{ij} = \frac{u_{ji}}{u_{jj}}, \quad j = 1, \cdots, k-1;\ i = j+1, \cdots, n. \tag{5.11}$$

则对于第 k 步, 由式 (5.8)、式 (5.9) 和式 (5.11), 得

$$u_{ki} = a_{ki} - \sum_{r=1}^{k-1} l_{kr} u_{ri} = a_{ki} - \sum_{r=1}^{k-1} \frac{u_{rk} u_{ri}}{u_{rr}}, \quad i = k, \cdots, n;$$

$$\begin{aligned} l_{ik} &= \left(a_{ik} - \sum_{r=1}^{k-1} l_{ir} u_{rk} \right) \Bigg/ u_{kk} \\ &= \left(a_{ik} - \sum_{r=1}^{k-1} \frac{u_{rk} u_{ri}}{u_{rr}} \right) \Bigg/ u_{kk} = \frac{u_{ki}}{u_{kk}}, \quad i = k+1, \cdots, n. \end{aligned}$$

由此, 得

$$l_{ik} = \frac{u_{ki}}{u_{kk}}, \quad k = 1, \cdots, n-1;\ i = k+1, \cdots, n. \tag{5.12}$$

这样, 利用式 (5.12) 计算 L 的元素可节省工作量, 计算量节省了将近一半, 而 U 的元素仍用式 (5.8) 计算:

$$u_{ki} = a_{ki} - \sum_{r=1}^{k-1} l_{kr} u_{ri}, \quad k = 2, \cdots, n;\ i = k, \cdots, n.$$

注 5.2 由式 (5.12), 得

$$u_{ki} = u_{kk} l_{ik}, \quad k = 1, \cdots, n-1;\ i = k+1, \cdots, n,$$

此即

$$U = DL^{\mathrm{T}},$$

式中, D 为以 $u_{kk}\,(k = 1, \cdots, n)$ 为对角元的对角矩阵. 这样, 就把对称正定矩阵 A 分解成了

$$A = LU = LDL^{\mathrm{T}}$$

的形式. 这种分解方法称为 Cholesky 分解法.

下面建立用 Cholesky 分解法求解对称正定方程组的算法步骤.

$$Ax = b \Longrightarrow \begin{cases} A = LDL^{\mathrm{T}}, \\ LDL^{\mathrm{T}} x = b \end{cases} \Longrightarrow \begin{cases} Ly = b, \\ Dz = y, \\ L^{\mathrm{T}} x = z. \end{cases} \tag{5.13}$$

算法 5.3(Cholesky 分解法)

步 1, 输入对称正定矩阵 A 和右端向量 b.

步 2, Cholesky 分解:

$$u_{1i} = a_{1i}, \quad i = 1, \cdots, n;$$

$$l_{i1} = u_{1i}/u_{11}, \quad i = 2, \cdots, n.$$

对 $k = 2, \cdots, n$, 计算

$$u_{ki} = a_{ki} - \sum_{r=1}^{k-1} l_{kr}u_{ri}, \quad i = k, \cdots, n;$$

$$l_{ik} = u_{ki}/u_{kk}, \quad i = k+1, \cdots, n.$$

步 3, 用向前消去法解下三角方程组 $Ly = b$:

$$y_1 = b_1,$$

对 $k = 2, \cdots, n$, 计算 $y_k = b_k - \sum\limits_{i=1}^{k-1} l_{ki}y_i$.

步 4, 解对角形方程组 $Dz = y$:

对 $k = 1, \cdots, n$, 计算 $z_k = y_k/d_k$.

步 5, 用回代法解上三角方程组 $L^{\mathrm{T}}x = z$:

$$x_n = z_n,$$

对 $k = n-1, \cdots, 1$, 计算 $x_k = z_k - \sum\limits_{i=k+1}^{n} l_{ik}x_i$.

根据算法 5.3, 编制 MATLAB 程序如下:

```
%Cholesky分解法程序-mchol.m
function [x,L,D]=mchol(A,b)
%用Cholesky分解法解对称正定方程组Ax=b
%输入:系数矩阵A,右端项b
%输出:解向量x,单位下三角矩阵L,对角矩阵D
n=size(A,1);D=zeros(1,n);L=eye(n,n);
U(1,:)=A(1,:);L(2:n,1)=U(1,2:n)/U(1,1);%Cholesky分解
for k=2:n
   U(k,k:n)=A(k,k:n)-L(k,1:k-1)*U(1:k-1,k:n);
   L(k+1:n,k)=U(k,k+1:n)/U(k,k);
end
%求解下三角方程组Ly=b(向前消去法)
y=zeros(n,1); y(1)=b(1);
for k=2:n,
     y(k)=b(k)-L(k,1:k-1)*y([1:k-1]);
end
```

```
%求解对角方程组Dz=y
D=diag(diag(U));
for k=1:n,
    z(k)=y(k)/D(k,k);
end
%求解上三角方程组L'x=z(回代法)
x=zeros(n,1);U=L';x(n)=z(n);
for k=(n-1):-1:1,
    x(k)=z(k)-U(k,k+1:n)*x(k+1:n);
end
```

例 5.4 利用程序 mchol.m 计算下列对称正定方程组的解

$$\begin{bmatrix} 1 & 1 & -1 \\ 1 & 2 & -3 \\ -1 & -3 & 3 \end{bmatrix} \begin{bmatrix} x_1 \\ x_2 \\ x_3 \end{bmatrix} = \begin{bmatrix} 0 \\ -3 \\ 2 \end{bmatrix}.$$

解 在 MATLAB 命令窗口输入:

```
>> A=[1,1,-1; 1,2,-3; -1,-3,3];
>> b=[0,-3,2]';
>> [x,L,D]=mchol(A,b)
```

可得计算结果 (略).

2. 不完全 Cholesky 分解

在预处理共轭梯度法中, 往往需要对称正定矩阵 A 的不完全 Cholesky 分解 $A \approx LDL^{\mathrm{T}}$ 来获得预处理子 $M = LDL^{\mathrm{T}}$. 由于 A 的对称性, 相对于非对称情形的松弛 ILU 分解, 可以考虑其松弛不完全 Cholesky 分解 (简称 RIC 分解):

$$A = LDL^{\mathrm{T}} + R, \tag{5.14}$$

式中, L 为单位下三角矩阵, R 为剩余矩阵, D 为对角矩阵.

易知, 此时 R 也是对称的, 而且也可以实现分解 (5.14), 即先用 LU 分解法求 A 的松弛不完全 LU 分解 (简称 RILU 分解)

$$A = LU + R,$$

然后取 $D = \mathrm{diag}(u_{11}, u_{22}, \cdots, u_{nn})$ 为 U 的对角元素所构成的对角矩阵. 这样便得到了式 (5.14) 中的 L, D 和 R.

MATLAB 系统封装了一个不完全 Cholesky 分解的函数——ichol. 其调用格式为:

(1) L=ichol(A) ——使用零填充对 A 执行不完全 Cholesky 分解.

(2) L=ichol(A,options) ——使用结构体参数 options 指定的选项 (见表 5.2) 对 A 执行不完全 Cholesky 分解.

表 5.2 结构体参数 options 的设置选项

稀疏矩阵 A: 最多包含五个字段的结构体		
字段名称	结构	说明
type	分解的类型	指示要执行的不完全 Cholesky 分解类型. 此字段的有效值为 'nofill' 和 'ict'. 'nofill' 变体执行零填充的不完全 Cholesky 分解 (IC(0)). 'ict' 变体执行使用阈值调降的不完全 Cholesky 分解 (ICT). 默认值为 'nofill'.
droptol	类型为 'ict' 时的调降容差	执行 ICT 时用作调降容差的非负标量. 量值小于局部调降容差的元素将从生成的因子中删除, 但对角线元素除外, 该元素永不会被删除. 分解的第 j 步的局部调降容差为 norm(A(j:end,j),1)*droptol. 若 'type' 为 'nofill', 则忽略 'droptol'. 默认值为 0.
michol	指示是否执行修正的不完全 Cholesky 分解	指示是否执行修正的不完全 Cholesky 分解 (MIC). 该字段可能为 'on' 或 'off'. 执行 MIC 时, 将为对角线补偿所删除的元素, 以实施关系 A*e = L*L'*e, 其中 e = ones(size (A,2),1). 默认值为 'off'.
diagcomp	使用指定的系数执行补偿的不完全 Cholesky 分解	构造不完全 Cholesky 因子时用作全局对角线偏移量 α 的非负实数标量. 也就是说, 不必对 A 执行不完全 Cholesky 分解, 即可构造 A+alpha*diag(diag(A)) 分解. 默认值为 0.
shape	确定引用并返回的三角矩阵	有效值为 'upper' 和 'lower'. 如果指定 'upper', 则仅引用 A 的上三角矩阵并且会构造 R, 以使 A 接近 R'*R. 如果指定 'lower', 则仅引用 A 的下三角矩阵并且会构造 L, 以使 A 接近 L*L'. 默认值为 'lower'.

例 5.5 假设 A 是带有 Dirichlet 边界条件的 100×100 方形网格上的二维、五点离散负 Laplace 矩阵. A 的大小为 $98 \times 98 = 9604$ (并非 10000, 因为网格边框用于施加 Dirichlet 条件). 对 A 实施无填充的不完全 Cholesky 分解是指在 A 包含非零值的相同位置仅包含非零值的分解. 此分解的计算非常容易. 尽管 LL^{T} 乘积通常与 A 完全不同, 但 LL^{T} 乘积将与 A 在其向上舍入模式上匹配.

在 MATLAB 命令窗口输入如下代码 (ex55.m):

```
N=100;A=delsq(numgrid('S',N));
L=ichol(A);%无填充不完全Cholesky分解
norm(A-L*L','fro')./norm(A,'fro'),%误差
```

```
norm(A-(L*L').*spones(A),'fro')./norm(A,'fro'),
```

显示的结果是: ans = 0.0916.

例 5.6　对例 5.5 中的矩阵 A 使用不完全 Cholesky 分解作为预条件子来提高共轭梯度法的收敛速度.

在 MATLAB 命令窗口输入代码 (ex56.m):

```
N=100;A=delsq(numgrid('S',N));
b=ones(size(A,1),1);
tol=1e-6;maxit=100;
[x0,fl0,rr0,it0,rv0]=pcg(A,b,tol,maxit);%不用预条件子
L1=ichol(A);%不完全Cholesky分解
[x1,fl1,rr1,it1,rv1]=pcg(A,b,tol,maxit,L1,L1');%L1预处理
options.type='nofill';options.michol='on';
L2=ichol(A,options); %options选项的不完全Cholesky分解
e=ones(size(A,2),1);norm(A*e-L2*(L2'*e)),%误差
[x2,fl2,rr2,it2,rv2]=pcg(A,b,tol,maxit,L2,L2');%L2预处理
t0=[1:3:maxit]'; rv0=rv0(t0);
semilogy(t0,rv0./norm(b),'bv-');hold on
t1=[1:2:it1]'; rv1=rv1(t1);
semilogy(t1,rv1./norm(b),'r*-');%绘图
t2=[1:2:it2]'; rv2=rv2(t2);
semilogy(t2,rv2./norm(b),'ko-');
legend('No Preconditioner','IC(0)','MIC(0)');
```

运行上述程序得到可视化结果如图 5.1 所示.

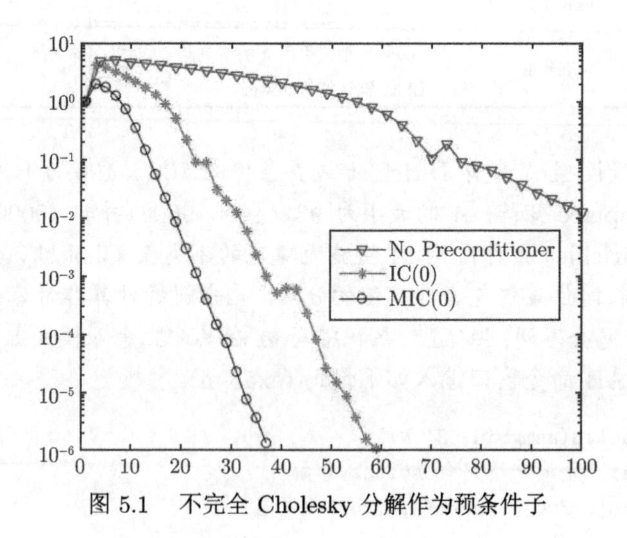

图 5.1　不完全 Cholesky 分解作为预条件子

请注意, 如果直接使用共轭梯度法, 在指定的最大迭代次数内达不到给定的容许误差. 运行默认参数的不完全 Cholesky 分解, 得到 fl1=0, 表示 pcg 收敛到请求的公差, 经过 59 次迭代 (it1 值) 后实现收敛. 但由于此矩阵是一个离散的 Laplace 矩阵, 因此使用修正不完全 Cholesky 分解可创建一个更好的预条件子. 修正不完全 Cholesky 分解会构造一个近似的分解, 该分解会保留算子对常向量的作用. 也就是说, 对于 e=ones(size(A,2),1), 即使 norm(A-L*L','fro')/norm(A,'fro') 不接近零, norm(A*e-L*(L'*e)) 也将约为零. 不必为此语法指定类型, 因为 nofill 是默认值, 但这是一种好的做法. 以上绘图显示, 修正不完全 Cholesky 分解预条件子创建的收敛更快.

5.3 带状方程组的解法

5.3.1 三对角方程组

在科学与工程计算中, 常遇到求解三对角方程组的问题. 例如, 三次样条插值计算, 以及用有限差分法求解二阶常系数线性常微分方程的边值问题和热传导问题, 经常需要求解三对角方程组 (即系数矩阵为三对角矩阵的方程组). 三对角矩阵属于所谓的 "带状矩阵", 在大多数应用中, 带状矩阵是严格对角占优的或正定的. 下面给出带状矩阵的定义.

定义 5.1 n 阶矩阵称为带状矩阵, 如果存在正整数 $p, q\,(1 < p, q < n)$, 当 $j \geqslant i+p$ 或 $i \geqslant j+q$ 时, 有 $a_{ij}=0$, 并称 $w=p+q-1$ 为该带状矩阵的 "带宽".

三对角方程组的一般形式是

$$Ax := \begin{bmatrix} b_1 & c_1 & & & \\ a_2 & b_2 & c_2 & & \\ & \ddots & \ddots & \ddots & \\ & & a_{n-1} & b_{n-1} & c_{n-1} \\ & & & a_n & b_n \end{bmatrix} \begin{bmatrix} x_1 \\ x_2 \\ \vdots \\ x_{n-1} \\ x_n \end{bmatrix} = \begin{bmatrix} f_1 \\ f_2 \\ \vdots \\ f_{n-1} \\ f_n \end{bmatrix} := f. \tag{5.15}$$

显然三对角矩阵的带宽为 3. 本节介绍求解方程组 (5.15) 的追赶法和变参数追赶法.

1. 追赶法

将顺序 LU 分解法应用于三对角方程组得到所谓的 "追赶法". 事实上, 一方面, 可将三对角矩阵 A 分解为

$$A = LU, \tag{5.16}$$

式中

$$L=\begin{bmatrix} l_1 & & & & \\ a_2 & l_2 & & & \\ & \ddots & \ddots & & \\ & & a_{n-1} & l_{n-1} & \\ & & & a_n & l_n \end{bmatrix},\quad U=\begin{bmatrix} 1 & u_1 & & & \\ & 1 & u_2 & & \\ & & \ddots & \ddots & \\ & & & 1 & u_{n-1} \\ & & & & 1 \end{bmatrix}.$$

比较式 (5.16) 两端的对应元素, 得

$$b_1=l_1,\quad c_{k-1}=l_{k-1}u_{k-1},\quad b_k=a_k u_{k-1}+l_k,\quad k=2,\cdots,n.$$

于是有

$$l_1=b_1,\ \ u_{k-1}=\frac{c_{k-1}}{l_{k-1}},\ \ l_k=b_k-a_k u_{k-1},\quad k=2,\cdots,n. \tag{5.17}$$

另一方面, 方程组 (5.15) 等价于求解 $Ly=f$ 和 $Ux=y$, 其中 $y=(y_1,y_2,\cdots,y_n)^{\mathrm{T}}$. 分别比较 $Ly=f$ 和 $Ux=y$ 两端的对应元素, 得

$$\begin{cases} l_1 y_1=f_1,\ \ a_k y_{k-1}+l_k y_k=f_k,\quad k=2,3,\cdots,n, \\ x_k+u_k x_{k+1}=y_k,\ \ k=1,2,\cdots,n-1,\quad x_n=y_n. \end{cases} \tag{5.18}$$

结合式 (5.17) 和式 (5.18) 可得下面的算法.

算法 5.4(追赶法) 计算三对角方程组 $Ax=f$ 的解.

$l_1=b_1;\ y_1=\dfrac{f_1}{l_1};$

for $k=2:n$

$\quad u_{k-1}=\dfrac{c_{k-1}}{l_{k-1}};\ l_k=b_k-a_k u_{k-1};\ y_k=\dfrac{f_k-a_k y_{k-1}}{l_k};$

end

$x_n=y_n;$

for $k=n-1:-1:1$

$\quad x_k=y_k-u_k x_{k+1};$

end

算法 5.4 被称为 “追赶法” 的原因: 一是第 1 步关于指标 k 由小到大计算 l_k, u_k 和 y_k 这三个量, 这是 “向前追” 的过程; 二是第 2 步关于指标 k 从大到小计算方程组的解 x_k, 此即 “往回赶” 的过程. 追赶法只有 $5n-4$ 次乘除法

运算和 $3n-3$ 次加减法运算, 且当系数矩阵对角占优时数值稳定, 是解三对角方程组的优秀算法. 编程计算时, 可将 l_k, u_k 依次存放在 b_k, c_k 的位置, 而将 y_k 和 x_k 先后存放在 f_k 的位置, 因此整个计算过程只需 $4n$ 个存储单元.

追赶法的 MATLAB 程序如下:

```
%追赶法程序-mchase.m
function [f]=mchase(a,b,c,f)
%用追赶法解三对角方程组Ax=f
%输入:b,a,c分别为A的次下、次上、主对角线,f为右端项
%输出:解向量f[LU分解中的l(k),u(k)存放在b(k),c(k)的位置,
%y(k)和x(k)先后存放在f(k)的位置]
n=length(b);f(1)=f(1)/b(1);
for k=2:n
    c(k-1)=c(k-1)/b(k-1);
    b(k)=b(k)-a(k)*c(k-1);
    f(k)=(f(k)-a(k)*f(k-1))/b(k);
end
for k=n-1:-1:1
    f(k)=f(k)-c(k)*f(k+1);
end
```

定理 5.1 若方程组 (5.15) 的系数矩阵的元素满足条件

$$|b_1| > |c_1| > 0,\ |b_n| > |a_n| > 0,\ |b_k| > |a_k| + |c_k|, \quad k = 2, \cdots, n-1,$$

则追赶法是可行的.

证明 由式 (5.17) 和式 (5.18) 可知, 只需证明 $l_k \neq 0\,(k=1,2,\cdots,n)$ 即可. 显然 $l_1 = b_1 \neq 0$, 且 $|l_1| = |b_1| > |c_1|$. 设 $|l_{k-1}| > |c_{k-1}|$, 则

$$\begin{aligned}
|l_k| &= |b_k - a_k u_{k-1}| = \left| b_k - \frac{a_k}{l_{k-1}} c_{k-1} \right| \\
&\geqslant |b_k| - |a_k| \cdot \left| \frac{c_{k-1}}{l_{k-1}} \right| > |b_k| - |a_k| \\
&> \begin{cases} |c_k|, & k < n, \\ 0, & k = n, \end{cases}
\end{aligned}$$

即 $l_k \neq 0,\ k = 2, \cdots, n$. 从而, 追赶法是可行的. □

注 5.3 满足定理 5.1 条件的三对角矩阵即为严格对角占优的, 例 5.1 说明对于严格对角占优的三对角矩阵, 追赶法总是可行的.

2. 变参数追赶法

需要指出的是, 追赶法的本质是没有选取主元的 Gauss 消去法, 因此对于一般的三对角矩阵, 不一定存在如式 (5.16) 的三角分解. 或者三角分解可以进行下去, 但计算过程不是数值稳定的, 因而最终得到的解并不可靠. 这就促使考虑对追赶法进行改进和修正.

将三对角矩阵 A 分解为

$$A = D\widetilde{L}\widetilde{U}, \tag{5.19}$$

式中, $D = \mathrm{diag}(d_1, d_2, \cdots, d_n)$,

$$\widetilde{L} = \begin{bmatrix} l_1 & 1 & & & \\ & l_2 & 1 & & \\ & & \ddots & \ddots & \\ & & & l_n & 1 \end{bmatrix}_{n\times(n+1)}, \quad \widetilde{U} = \begin{bmatrix} u_1 & & & \\ 1 & u_2 & & \\ & 1 & \ddots & \\ & & \ddots & u_n \\ & & & 1 \end{bmatrix}_{(n+1)\times n}.$$

比较式 (5.19) 两端的元素, 得

$$\begin{cases} b_k = d_k(l_k u_k + 1), & k = 1, 2, \cdots, n, \\ a_k = d_k l_k,\ c_{k-1} = d_{k-1} u_k, & k = 2, \cdots, n. \end{cases}$$

选取 l_1, u_1 使得 $l_1 u_1 + 1 \neq 0$, 则有

$$\begin{cases} d_1 = \dfrac{b_1}{l_1 u_1 + 1}, \\ u_k = \dfrac{c_{k-1}}{d_{k-1}},\ d_k = b_k - a_k u_k,\ l_k = \dfrac{a_k}{d_k}, \quad k = 2, 3, \cdots, n. \end{cases}$$

注意到, 求解 $Ax = f$ 等价于求解 $\widetilde{L}y = D^{-1}f := g$ 和 $\widetilde{U}x = y$, 其中

$$y = (y_1, y_2, \cdots, y_{n+1})^{\mathrm{T}}, \quad g = \left(\frac{f_1}{d_1}, \frac{f_2}{d_2}, \cdots, \frac{f_n}{d_n}\right)^{\mathrm{T}}.$$

比较 $\widetilde{L}y = g$ 和 $\widetilde{U}x = y$ 两端的元素, 得

$$l_k y_k + y_{k+1} = g_k, \quad k = 1, 2, \cdots, n; \tag{5.20}$$

$$\begin{cases} u_1x_1 = y_1, \\ x_k + u_{k+1}x_{k+1} = y_{k+1}, \quad k = 1, 2, \cdots, n-1, \\ x_n = y_{n+1}. \end{cases} \tag{5.21}$$

由式 (5.20) 和式 (5.21) 可以发现, 只要计算出 x_1, 其他的可以依次计算出来. 下面推导计算 x_1 的公式.

由式 (5.21), 得

$$\begin{aligned} x_1 &= y_2 - u_2x_2 = y_2 - u_2(y_3 - u_3x_3) \\ &= y_2 + (-u_2)y_3 + (-u_2)(-u_3)x_3 \\ &= \cdots \\ &= y_2 + (-u_2)y_3 + (-u_2)(-u_3)y_4 \\ &\quad + \cdots + (-u_2)(-u_3)\cdots(-u_{n-1})y_n + (-u_2)(-u_3)\cdots(-u_n)y_{n+1}. \end{aligned} \tag{5.22}$$

由式 (5.20), 得

$$\begin{aligned} y_{k+1} &= g_k - l_ky_k = g_k - l_k(g_{k-1} - l_{k-1}y_{k-1}) \\ &= g_k + (-l_k)g_{k-1} + (-l_k)(-l_{k-1})y_{k-1} \\ &= \cdots \\ &= g_k + (-l_k)g_{k-1} + (-l_k)(-l_{k-1})g_{k-2} \\ &\quad + \cdots + (-l_k)(-l_{k-1})\cdots(-l_2)g_1 \\ &\quad + (-l_k)(-l_{k-1})\cdots(-l_1)(u_1x_1), \quad k = 1, 2, \cdots, n. \end{aligned} \tag{5.23}$$

将式 (5.23) 代入式 (5.22) 并整理, 得

$$\begin{aligned} &[1 + u_1l_1 + (u_1u_2)(l_2l_1) + \cdots + (u_1\cdots u_n)(l_n\cdots l_1)]x_1 \\ =\ &[1 + u_2l_2 + \cdots + (u_2\cdots u_n)(l_n\cdots l_2)]g_1 \\ &+ (-u_2)[1 + u_3l_3 + \cdots + (u_3\cdots u_n)(l_n\cdots l_3)]g_2 \\ &+ \cdots + [(-u_2)\cdots(-u_{n-1})](1 + u_nl_n)g_{n-1} + [(-u_2)\cdots(-u_n)]g_n. \end{aligned}$$

令

$$s_k = 1 + u_k l_k + \cdots + (u_k \cdots u_n)(l_n \cdots l_k), \quad k = 1, 2, \cdots, n,$$

$$t_1 = s_2 g_1 + (-u_2) s_3 g_2 + \cdots + [(-u_2)\cdots(-u_{n-1})] s_n g_{n-1} + [(-u_2)\cdots(-u_n)] g_n.$$

则

$$x_1 = \frac{t_1}{s_1},$$

且有递推公式

$$s_n = 1 + u_n l_n, \quad s_k = 1 + u_k s_{k+1} l_k, \quad k = n-1, n-2, \cdots, 1,$$

$$t_n = g_n, \quad t_k = s_{k+1} g_k - u_{k+1} t_{k+1}, \quad k = n-1, n-2, \cdots, 1.$$

综合上述, 可得下面的变参数追赶法.

算法 5.5(变参数追赶法)　计算三对角方程组 $Ax = f$ 的解. 选取 l_1 和 u_1 使得 $l_1 u_1 + 1 \neq 0$.

$d_1 = \dfrac{b_1}{l_1 u_1 + 1}$; $g_1 = \dfrac{f_1}{d_1}$;

for $k = 2 : n$

　　$u_k = \dfrac{c_{k-1}}{d_{k-1}}$; $d_k = b_k - a_k u_k$; $l_k = \dfrac{a_k}{d_k}$; $g_k = \dfrac{f_k}{d_k}$;

end

$s_n = 1 + u_n l_n$; $t_n = g_n$;

for $k = n-1 : -1 : 1$

　　$s_k = 1 + u_k s_{k+1} l_k$; $t_k = s_{k+1} g_k - u_{k+1} t_{k+1}$;

end

$x_1 = \dfrac{t_1}{s_1}$; $y_1 = u_1 x_1$;

for $k = 1 : n$

　　$y_{k+1} = g_k - l_k y_k$;

end

$x_n = y_{n+1}$;

for $k = n-1 : -1 : 2$

　　$x_k = y_{k+1} - u_{k+1} x_{k+1}$;

end

算法 5.5 需 $10n - 8$ 次乘除运算、$5n - 5$ 次加减运算. 由于算法中的 l_1 和 u_1 的选取只需使得 $l_1 u_1 + 1 \neq 0$, 可以认为它们是两个可变的参数, 故称为 “变参数追赶法”.

变参数追赶法的 MATLAB 程序如下:

```
%变参数追赶法程序-mchase_var.m
function [x]=mchase_var(a,b,c,f,l1,u1)
%用变参数追赶法解三对角方程组Ax=f
%输入:a为A的下对角线,b为A的主对角线,c为A的次上对角线,
%f为右端向量;l1,u1满足l1*u1+1不为0
%输出:解向量x
n=length(b);x=zeros(n,1);l=zeros(n,1);
u=zeros(n,1);l(1)=l1;u(1)=u1;
d(1)=b(1)/(l(1)*u(1)+1);g(1)=f(1)/d(1);
for k=2:n
    u(k)=c(k-1)/d(k-1);d(k)=b(k)-a(k)*u(k);
    l(k)=a(k)/d(k);g(k)=f(k)/d(k);
end
s(n)=1+u(n)*l(n);t(n)=g(n);
for k=n-1:-1:1
    s(k)=1+u(k)*s(k+1)*l(k);
    t(k)=s(k+1)*g(k)-u(k+1)*t(k+1);
end
x(1)=t(1)/s(1);y(1)=u(1)*x(1);
for k=1:n
    y(k+1)=g(k)-l(k)*y(k);
end
x(n)=y(n+1);
for k=n-1:-1:2
    x(k)=y(k+1)-u(k+1)*x(k+1);
end
```

例 5.7 设

$$A=\begin{bmatrix} 4 & -1 & & & \\ -2 & 4 & -1 & & \\ & \ddots & \ddots & \ddots & \\ & & -2 & 4 & -1 \\ & & & -2 & 4 \end{bmatrix},\quad f=\begin{bmatrix} 3 \\ 1 \\ \vdots \\ 1 \\ 2 \end{bmatrix}.$$

用追赶法和变参数追赶法 (取 $l_1=u_1=1$) 求解三对角方程组 $Ax=f$, 并计算实际误差 $\|f-Ax\|_2$.

解 利用程序 mchase.m 和 mchase_var.m, 编写 MATLAB 脚本文件 (ex57.m), 并对不同的维数 n, 在命令窗口运行该程序, 得到数值结果如表 5.3 所示.

表 5.3　追赶法和变参数追赶法的数值结果

维数	追赶法		变参数追赶法	
	误差	计算时间	误差	计算时间
1024	7.1650e–15	0.0056	1.2212e–15	0.0103
2048	1.0091e–14	0.0058	1.2212e–15	0.0106
4096	1.4241e–14	0.0064	1.2212e–15	0.0109
8192	2.0118e–14	0.0066	1.2212e–15	0.0128

例 5.8　设

$$A=\begin{bmatrix} 2 & 3 & & & \\ 6 & 9 & 3 & & \\ & \ddots & \ddots & \ddots & \\ & & 6 & 9 & 3 \\ & & & 6 & 9 \end{bmatrix},\quad f=\begin{bmatrix} 5 \\ 10 \\ \vdots \\ 10 \\ 12 \end{bmatrix}.$$

试用追赶法和变参数追赶法 (取 $l_1=u_1=1$) 求解三对角方程组 $Ax=f$, 并计算实际误差 $\|f-Ax\|_2$.

解　对于此例, 追赶法已经失效, 但变参数追赶法仍然非常有效, 数值结果 (运行 MATLAB 脚本文件 ex58.m) 如表 5.4 所示.

表 5.4　变参数追赶法的数值结果

维数	追赶法	变参数追赶法	
		误差	计算时间
1024	失效	4.1355e–14	0.0101
4096	失效	8.0975e–14	0.0111

5.3.2　块三对角方程组

用有限差分法五点格式离散二维 Poisson 方程, 得到的代数方程组 $Ax=f$ 的系数矩阵是一个块三对角矩阵, 即

$$\begin{bmatrix} B_1 & C_1 & & & \\ A_2 & B_2 & C_2 & & \\ & \ddots & \ddots & \ddots & \\ & & A_{m-1} & B_{m-1} & C_{m-1} \\ & & & A_m & B_m \end{bmatrix}\begin{bmatrix} x_1 \\ x_2 \\ \vdots \\ x_{m-1} \\ x_m \end{bmatrix}=\begin{bmatrix} f_1 \\ f_2 \\ \vdots \\ f_{m-1} \\ f_m \end{bmatrix}, \tag{5.24}$$

式中, A_k, B_k, C_k 均为 r 阶方阵; x_k, f_k 为 r 维列向量. 当 A 可逆时, 方程组有唯一解 x^*. 本节介绍求解方程组 (5.24) 的块追赶法和双参数块追赶法.

1. 块追赶法

将三对角方程矩阵 A 分解为 $A = LU$, 其中

$$L = \begin{bmatrix} L_1 & & & & \\ A_2 & L_2 & & & \\ & \ddots & \ddots & & \\ & & A_{m-1} & L_{m-1} & \\ & & & A_m & L_m \end{bmatrix}, \quad U = \begin{bmatrix} I & U_1 & & & \\ & I & U_2 & & \\ & & \ddots & \ddots & \\ & & & I & U_{m-1} \\ & & & & I \end{bmatrix}.$$

比较 $A = LU$ 两端的对应的子矩阵, 得

$$B_1 = L_1, \quad C_{k-1} = L_{k-1}U_{k-1}, \quad B_k = A_kU_{k-1} + L_k, \quad k = 2, \cdots, n.$$

于是有

$$L_1 = B_1, \quad U_{k-1} = L_{k-1}^{-1}C_{k-1}, \quad L_k = B_k - A_kU_{k-1}, \quad k = 2, \cdots, n. \tag{5.25}$$

求解三对角方程组 $Ax = f$ 等价于求解

$$Ly = f \quad 和 \quad Ux = y,$$

式中, $y = \left[y_1^{\mathrm{T}}, y_2^{\mathrm{T}}, \cdots, y_m^{\mathrm{T}}\right]^{\mathrm{T}}$. 分别比较 $Ly = f$ 和 $Ux = y$ 两端的对应元素, 得

$$\begin{cases} L_1y_1 = f_1, \quad A_ky_{k-1} + L_ky_k = f_k, \quad k = 2, 3, \cdots, m, \\ x_k + U_kx_{k+1} = y_k, \quad k = 1, 2, \cdots, m-1, \quad x_m = y_m. \end{cases} \tag{5.26}$$

结合式 (5.25) 和式 (5.26) 可得下面的算法.

算法 5.6(块追赶法) 计算块三对角方程组 $Ax = f$ 的解.

$L_1 = B_1$; $y_1 = L_1^{-1}f_1$;

for $k = 2 : m$

  $U_{k-1} = L_{k-1}^{-1}C_{k-1}$; $L_k = B_k - A_kU_{k-1}$; $y_k = L_k^{-1}(f_k - A_ky_{k-1})$;

end

$x_m = y_m$;

for $k = m-1 : -1 : 1$

$x_k = y_k - U_k x_{k+1}$;

end

注意: 算法 5.6 在编程计算时, 可将 L_k 和 U_k 依次存放在 B_k 和 C_k 的位置, 而将 y_k 和 x_k 先后存放在 f_k 的位置.

块追赶法的 MATLAB 程序如下:

```
%块追赶法程序-mchase_block.m
function [fi]=mchase_block(Ai,Bi,Ci,fi,m)
%用块追赶法解块三对角方程组Ax=f
%输入:Ai为次下对角块,Bi为主对角块,Ci为次上对角块,fi为右端向量, m是块数
%输出:解向量fi,其中LU分解的L{k},U{k}存放在Bi{k},Ci{k}的位置,
%y{k}和x{k}先后存放在fi{k}的位置
fi{1}=Bi{1}\fi{1};
for k=2:m
    Ci{k-1}=Bi{k-1}\Ci{k-1};Bi{k}=Bi{k}-Ai{k}*Ci{k-1};
    fi{k}=Bi{k}\(fi{k}-Ai{k}*fi{k-1});
end
for k=m-1:-1:1
    fi{k}=fi{k}-Ci{k}*fi{k+1};
end
```

2. 双参数块追赶法

注意到块三对角方程组 (5.24) 的前 $m-1$ 个子方程为

$$\begin{cases} B_1x_1 + C_1x_2 = f_1, \\ A_2x_1 + B_2x_2 + C_2x_3 = f_2, \\ \qquad\cdots\cdots \\ A_{m-1}x_{m-2} + B_{m-1}x_{m-1} + C_{m-1}x_m = f_{m-1}. \end{cases}$$

将上式中的 $x_2, x_3, \cdots, x_m$ 都用 x_1 表示出来, 即

$$\begin{aligned} x_2 &= C_1^{-1}(f_1 - B_1x_1) := s_2 + T_2x_1, \\ x_3 &= C_2^{-1}(f_2 - A_2x_1 - B_2x_2) \\ &= C_2^{-1}(f_2 - B_2s_2) - C_2^{-1}(A_2 + B_2T_2)x_1 := s_3 + T_3x_1, \\ &\cdots\cdots \\ x_m &= C_{m-1}^{-1}(f_{m-1} - A_{m-1}x_{m-2} - B_{m-1}x_{m-1}) := s_m + T_mx_1. \end{aligned}$$

记 $s_1=0, T_1=I_r$ (r 阶单位阵), 则 $x_1=s_1+T_1x_1$. 于是形式上有

$$x_k=s_k+T_kx_1,\quad k=1,2,\cdots,m. \tag{5.27}$$

下面推导参数序列 $\{s_k\}$ 和 $\{T_k\}$ 的递推计算公式. 注意到由第 k 个子方程 $A_kx_{k-1}+B_kx_k+C_kx_{k+1}=f_k$ 可得

$$\begin{aligned}x_{k+1}&=C_k^{-1}(f_k-A_kx_{k-1}-B_kx_k)\\&=C_k^{-1}(f_k-A_ks_{k-1}-B_ks_k)-C_k^{-1}(A_kT_{k-1}+B_kT_k)x_1.\end{aligned}$$

将上式与式 (5.27) 比较, 得

$$\begin{aligned}&s_1=0,\quad s_2=C_1^{-1}f_1,\\&s_{k+1}=C_k^{-1}(f_k-A_ks_{k-1}-B_ks_k),\quad k=2,\cdots,m-1,\\&T_1=I_r,\quad T_2=-C_1^{-1}B_1,\\&T_{k+1}=-C_k^{-1}(A_kT_{k-1}+B_kT_k),\quad k=2,\cdots,m-1.\end{aligned}$$

将式 (5.27) 代入式 (5.24) 的第 m 个子方程, 得

$$(A_mT_{m-1}+B_mT_m)x_1=f_m-A_ms_{m-1}-B_ms_m. \tag{5.28}$$

若 r 阶方程组 (5.28) 有解 x_1, 则可由式 (5.27) 确定方程组 $Ax=f$ 的唯一解. 称这种方法为解块三对角方程组的**双参数法**.

因为 A 可逆, 故方程组 $Ax=f$ 有唯一解, 从而 x_1 存在. 假设方程组 (5.28) 有无穷多组解, 则对每一个解 x_1, 由式 (5.27) 都可求得方程组 $Ax=f$ 的一组解, 这与方程组 $Ax=f$ 有唯一解矛盾. 因此 x_1 存在且唯一, 从而方程组 (5.28) 的系数矩阵 $A_mT_{m-1}+B_mT_m$ 非奇异, 且有

$$x_1=(A_mT_{m-1}+B_mT_m)^{-1}(f_m-A_ms_{m-1}-B_ms_m),$$

代入 (5.27) 即可求得方程组 $Ax=f$ 的唯一解. 算法如下.

算法 5.7(双参数块追赶法) 本算法计算块三对角方程组 $Ax=f$ 的解.

$s_1=0$; $s_2=C_1^{-1}f_1$; $T_1=I_r$; $T_2=-C_1^{-1}B_1$;
for $k=2:m-1$
  $s_{k+1}=C_k^{-1}(f_k-A_ks_{k-1}-B_ks_k)$;
  $T_{k+1}=-C_k^{-1}(A_kT_{k-1}+B_kT_k)$;
end

$x_1 = (A_m T_{m-1} + B_m T_m)^{-1}(f_m - A_m s_{m-1} - B_m s_m)$;
for $k = 2 : m$
　　$x_k = s_k + T_k x_1$;
end

双参数块追赶法的 MATLAB 程序如下:

```
%双参数块追赶法程序-doub_par_bchase.m
function x=doub_par_bchase(Ai,Bi,Ci,fi,m)
%用双参数法解三对角方程组 Ax=f
%输入:Ai为A的次下对角块,Bi为主对角块,Ci为次上对角块,fi为右端向量
%输出:解向量x
x=cell(m,1);s=cell(m,1);T=cell(m,1);
s{1}=zeros(3,1);s{2}=Ci{1}\fi{1};
T{1}=eye(3);T{2}=-Ci{1}\Bi{1};
for k=2:m-1
    s{k+1}=Ci{k}\(fi{k}-Ai{k}*s{k-1}-Bi{k}*s{k});
    T{k+1}=-Ci{k}\(Ai{k}*T{k-1}+Bi{k}*T{k});
end
x{1}=(Ai{m}*T{m-1}+Bi{m}*T{m})\(fi{m}-Ai{m}*s{m-1}-Bi{m}*s{m});
for k=2:m
    x{k}=s{k}+T{k}*x{1};
end
```

例 5.9　选取子矩阵分别为

$$B_k = \begin{bmatrix} 4 & -1 & 0 \\ -1 & 4 & -1 \\ 0 & -1 & 4 \end{bmatrix}, \quad A_k = C_k^{\mathrm{T}} = \begin{bmatrix} 13 & 0 & 0 \\ 0 & 11 & 0 \\ 1 & 0 & 12 \end{bmatrix}, \quad k = 1, 2, \cdots, m.$$

分别对 $m = 10^3, 5\times10^3, 10^4, 5\times10^4, 10^5, 5\times10^5$ 使用块追赶法和双参数法求解块三对角矩阵 $Ax = f$, 其中 $f_k = (1, 0, 1)^{\mathrm{T}}$. 并将所得数值解 x 代入 $Ax = f$, 各子方程的误差为

$$\delta_1 = \|B_1 x_1 + C_1 x_2 - f_1\|_2,$$

$$\delta_k = \|A_k x_{k-1} + B_k x_k + C_k x_{k+1} - f_k\|_2, \quad k = 2, \cdots, m-1,$$

$$\delta_m = \|A_m x_{m-1} + B_m x_m - f_m\|_2.$$

运行脚本程序 ex59.m, 两种方法的计算时间 (PC Intel Core i5-3470 CPU 3.2GHz, MATLAB R2015b) 和各子方程的误差最大值 $\max\{\delta_k\}_{k=1}^m$ 如表 5.5 所示.

表 5.5 块追赶法和双参数法的数值结果

维数	块追赶法		双参数法	
	误差	计算时间	误差	计算时间
1×10^3	1.9956e–11	0.0319	5.5943e–16	0.0235
5×10^3	1.8646e–11	0.1277	7.0217e–16	0.0821
1×10^4	1.2669e–10	0.2503	4.9772e–16	0.1551
5×10^4	5.1618e–11	1.2301	8.8991e–16	0.7532
1×10^5	1.2903e–09	2.4382	8.9509e–16	1.4845
5×10^5	8.6523e–10	12.1268	6.2942e–16	7.4758

从表 5.5 可以看出, 对于此例, 双参数法要比块追赶法有效得多.

例 5.10 选取子矩阵分别为

$$B_k=\begin{bmatrix}2&-1&0\\-2&1&0\\0&0&3\end{bmatrix},\quad A_k=C_k=\begin{bmatrix}2&0&0\\0&2&0\\0&0&2\end{bmatrix},\quad k=1,2,\cdots,m.$$

分别对 $m=10^3,5\times10^3,10^4,5\times10^4,10^5,5\times10^5$ 使用块追赶法和双参数法求解块三对角矩阵 $Ax=f$, 其中 $f_k=(1,2,1)^{\mathrm{T}}$.

运行脚本程序 ex510.m, 两种方法的计算结果如表 5.6 所示.

表 5.6 双参数法的数值结果

维数	块追赶法	双参数法	
		误差	计算时间
1×10^3	失效	4.4409e–16	0.0240
5×10^3	失效	4.4409e–16	0.0848
1×10^4	失效	5.5511e–16	0.1622
5×10^4	失效	4.4409e–16	0.7594
1×10^5	失效	6.6613e–16	1.5165
5×10^5	失效	5.5511e–16	7.4960

从表 5.6 可以看出, 当块追赶法失效时, 双参数法依然十分有效. 当然, 也可以构造出块追赶法有效而双参数法失效的算例. 由此可见, 块追赶法和双参数法可以互为补充.

5.4 舍入误差分析

本节对用直接法求解方程组得到的解进行舍入误差分析. 下面先介绍矩阵的条件数, 它是判断矩阵病态与否的一种度量.

1. 矩阵的条件数

定义 5.2 设 A 为非奇异矩阵, 称 $\kappa(A)=\|A^{-1}\|\cdot\|A\|$ 为矩阵 A 的条件数, 这里 $\|\cdot\|$ 是任意的算子范数.

从定义 5.2 可知, $\kappa(A)=\kappa(A^{-1})$. 常用的条件数有

(1) 无穷范数条件数

$$\kappa(A)_\infty=\|A^{-1}\|_\infty\cdot\|A\|_\infty.$$

(2) 谱条件数

$$\kappa(A)_2=\|A^{-1}\|_2\cdot\|A\|_2=\sqrt{\frac{\lambda_{\max}(A^{\mathrm{T}}A)}{\lambda_{\min}(A^{\mathrm{T}}A)}}.$$

当 A 为对称矩阵时, $\kappa(A)_2=|\lambda_1|/|\lambda_n|$, 其中 λ_1 和 λ_n 分别是 A 的绝对值最大和绝对值最小的特征值.

容易验证, 矩阵的条件数有如下性质:

(1) 任意非零矩阵的条件数 $\kappa(A)\geqslant 1$;

(2) 若 $c\neq 0$ 为常数, 则 $\kappa(cA)=\kappa(A)$;

(3) 若 A 为正交矩阵, 则 $\kappa(A)_2=1$;

(4) 若 A 为非奇异矩阵, Q 为正交矩阵, 则 $\kappa(QA)_2=\kappa(AQ)_2=\kappa(A)_2$.

2. 舍入误差对解的影响

用直接法解线性方程组 $Ax=b$, 由于测量误差或舍入误差的存在, 导致 A 和 b 有误差 δA 和 δb. δA 和 δb 同计算机运算和精度有关, 计算精度越高, $\|\delta A\|$ 和 $\|\delta b\|$ 必然越小. 下面分析 $\|\delta A\|$ 和 $\|\delta b\|$ 对解的扰动的影响.

定义 5.3 如果矩阵 A 或 b 的微小变化, 引起方程组 $Ax=b$ 的解的巨大变化, 则称方程组是病态的, 称矩阵 A 为病态矩阵. 否则, 称方程组是良态的, 称矩阵 A 为良态矩阵.

当 A 和 b 都有微小的变化时, 解的变化可以用下面定理描述.

定理 5.2 设 $A\in\mathbf{R}^{n\times n}$ 为非奇异矩阵, $\delta A\in\mathbf{R}^{n\times n}$ 满足 $\|\delta A\|\cdot\|A^{-1}\|<1$. 若 x 和 δx 满足

$$Ax=b,\quad (A+\delta A)(x+\delta x)=b+\delta b, \tag{5.29}$$

则

$$\frac{\|\delta x\|}{\|x\|}\leqslant\frac{\kappa(A)}{1-\kappa(A)\varepsilon_r(A)}\left(\varepsilon_r(A)+\varepsilon_r(b)\right), \tag{5.30}$$

式中, $\varepsilon_r(A) = \dfrac{\|\delta A\|}{\|A\|}$, $\varepsilon_r(b) = \dfrac{\|\delta b\|}{\|b\|}$, 这里的矩阵范数是由向量范数诱导出来的算子范数.

证明 由于 $A + \delta A = (I + \delta AA^{-1})A$ 和 $\|\delta AA^{-1}\| \leqslant \|\delta A\| \cdot \|A^{-1}\| < 1$, 则 $A + \delta A$ 可逆且

$$\|(I + \delta AA^{-1})^{-1}\| \leqslant \frac{1}{1 - \|A^{-1}\| \cdot \|\delta A\|},$$

可知

$$\|(A + \delta A)^{-1}\| = \|A^{-1}(I + \delta AA^{-1})^{-1}\| \leqslant \frac{\|A^{-1}\|}{1 - \|A^{-1}\| \cdot \|\delta A\|}.$$

此外, 由式 (5.29), 得

$$\begin{aligned}
\delta x &= (A + \delta A)^{-1}(b + \delta b) - x \\
&= (A + \delta A)^{-1}b + (A + \delta A)^{-1}\delta b - A^{-1}b \\
&= \left((A + \delta A)^{-1} - A^{-1}\right) b + (A + \delta A)^{-1}\delta b \\
&= -(A + \delta A)^{-1}\delta AA^{-1}b + (A + \delta A)^{-1}\delta b \\
&= -(A + \delta A)^{-1}\delta Ax + (A + \delta A)^{-1}\delta b.
\end{aligned}$$

从而

$$\begin{aligned}
\|\delta x\| &\leqslant \|(A + \delta A)^{-1}\| \cdot \|\delta A\| \cdot \|x\| + \|(A + \delta A)^{-1}\| \cdot \|\delta b\| \\
&\leqslant \frac{\|A^{-1}\|}{1 - \|A^{-1}\| \cdot \|\delta A\|} \left(\|\delta A\| \cdot \|x\| + \|\delta b\|\right),
\end{aligned}$$

两边除以 $\|x\|$, 注意到 $\|b\| = \|Ax\| \leqslant \|A\| \cdot \|x\|$, 可得

$$\begin{aligned}
\frac{\|\delta x\|}{\|x\|} &\leqslant \frac{\|A^{-1}\|}{1 - \|A^{-1}\| \cdot \|\delta A\|} \left(\|\delta A\| + \frac{\|\delta b\|}{\|x\|}\right) \\
&= \frac{\|A^{-1}\| \cdot \|A\|}{1 - \|A^{-1}\| \cdot \|A\| \cdot \frac{\|\delta A\|}{\|A\|}} \left(\frac{\|\delta A\|}{\|A\|} + \frac{\|\delta b\|}{\|A\| \cdot \|x\|}\right) \\
&\leqslant \frac{\|A^{-1}\| \cdot \|A\|}{1 - \|A^{-1}\| \cdot \|A\| \cdot \frac{\|\delta A\|}{\|A\|}} \left(\frac{\|\delta A\|}{\|A\|} + \frac{\|\delta b\|}{\|b\|}\right),
\end{aligned}$$

即得到式 (5.30). □

根据定理 5.2, 当 $\kappa(A)$ 越大时, A 和 b 扰动之后得到的解的相对误差也越大, 相应的方程组也越病态.

对于病态的方程组, 为了得到较精确的近似解, 可以采用如下措施来减少舍入误差的影响: ①采用高精度计算; ②采用数值稳定性较好的算法; ③采用迭代改善计算解的办法.

设 x 是方程组 $Ax=b$ 的一个近似解, 如果它没有达到精度要求, 怎样产生一个更好的近似解呢? 记 $r=b-Ax$, 由于 x 为近似解, 所以 $r\neq 0$. 考虑方程组 $Az=r$, 如果 z 是 $Az=r$ 的精确解, 则 $A(x+z)=Ax+r=b$, 即 $x+z$ 为 $Ax=b$ 的一个精确解. 实际中 z 可能还是 $Az=r$ 的近似解. 当 $x+z$ 还是不够精确时, 把 $x+z$ 看作上述的 x, 重复上述过程. 设矩阵 A 有列主元 LU 分解 $PA=LU$, 下面给出对近似解的迭代改进:

(1) $r:=b-Ax$;

(2) 解方程组 $Ly=Pr$, 得 y;

(3) 解方程组 $Uz=y$, 得 z;

(4) 令 $x:=x+z$;

(5) 若 x 达到精度的要求, 停算; 否则, 转 (1).

习 题 5

5.1 用列主元 LU 分解法解下面的方程组

(1) $\begin{cases} -3x_1+2x_2+6x_3=4, \\ 10x_1-7x_2=7, \\ 5x_1-x_2+5x_3=6; \end{cases}$ (2) $\begin{cases} x_1+2x_2+3x_3=6, \\ 5x_1-6x_2+9x_3=8, \\ 3x_1-2x_2+x_3=2. \end{cases}$

5.2 试证明:

(1) 正定矩阵必存在 LU 分解;

(2) 如果对称矩阵的各阶顺序主子式不等于零, 则必存在 LU 分解.

5.3 证明: 非奇异矩阵 A 不一定有 LU 分解.

5.4 证明: 非奇异矩阵 $A\in\mathbf{R}^{n\times n}$ 有唯一 LDU 分解的充要条件是 A 的顺序主子式 D_1, $D_2, \cdots, D_{n-1}$ 都是非零的.

5.5 已知方程组 $Ax=f$, 其中

$$A=\begin{bmatrix} 2 & -1 & b \\ -1 & 2 & a \\ b & -1 & 2 \end{bmatrix}, \quad f=\begin{bmatrix} 0 \\ 1 \\ 0 \end{bmatrix}.$$

(1) 试问参数满足什么条件式时, 可选用 Cholesky 分解法求解该方程组?

(2) 取 $b=0,\ a=1$, 试用追赶法求解该方程组.

5.6 已知方程组

$$\begin{bmatrix} 1 & 0 & -1 \\ 2 & 2 & 1 \\ 0 & 2 & 2 \end{bmatrix} \begin{bmatrix} x_1 \\ x_2 \\ x_3 \end{bmatrix} = \begin{bmatrix} 1/2 \\ 1/3 \\ -2/3 \end{bmatrix}$$

的解为 $x = (1/2, -1/3, 0)^{\mathrm{T}}$. 如果右端有微小扰动 $\|\delta b\|_\infty = 0.5 \times 10^{-6}$, 估计由此引起的解的相对误差.

5.7 方程组 $Ax = b$, 其中 A 为 $m \times n$ 对称且非奇异矩阵. 设 A 有误差 δA, 则原方程组变化为 $(A + \delta A)(x + \delta x) = b$, 其中 δx 为解的误差向量. 证明:

$$\frac{\|\delta x\|_2}{\|x + \delta x\|_2} \leqslant \left|\frac{\lambda_1}{\lambda_n}\right| \frac{\|\delta A\|_2}{\|A\|_2},$$

式中, λ_1 和 λ_n 分别为 A 的按模最大和最小的特征值.

第 6 章　线性最小二乘问题的数值解法

当给定的矩阵 $A \in \mathbf{C}^{n\times n}$ 非奇异时, 对任何向量 $b \in \mathbf{C}^n$, 线性方程组 $Ax = b$ 总有唯一解 $x = A^{-1}b$. 但在许多实际问题中, 矩阵 A 不是方阵, 甚至不是满秩的, 而且 $b \notin \mathcal{R}(A)$. 此时, 方程组 $Ax = b$ 可能无解或者有无穷多个解. 本章将讨论这样的一类线性方程组的有关理论及数值方法.

6.1　线性最小二乘问题的数学性质

本节讨论线性最小二乘问题的有关性质. 首先给出最小二乘问题的定义.

定义 6.1　设 $A \in \mathbf{C}^{m\times n}$, $b \in \mathbf{C}^m$, 确定 $x \in \mathbf{C}^n$ 使得

$$\|Ax - b\|_2 = \min_{z\in\mathbf{C}^n} \|Az - b\|_2. \tag{6.1}$$

问题 (6.1) 称为线性最小二乘问题 (least squares, LS 问题), 而 x 则称为最小二乘解或极小解. 称 $r(x) = b - Ax$ 为残差向量 (简称残量).

所有最小二乘解的集合记为 S_{LS}, 即

$$S_{\mathrm{LS}} = \left\{x \in \mathbf{C}^n : x \text{ 满足 } (6.1)\right\}. \tag{6.2}$$

S_{LS} 中 2-范数最小者称为极小范数解, 记为 x_{LS}, 即

$$\|x_{\mathrm{LS}}\|_2 = \min\left\{\|x\|_2 : x \in S_{\mathrm{LS}}\right\}.$$

线性最小二乘问题 (6.1) 的解 x 又可称为线性方程组

$$Ax = b, \quad A \in \mathbf{C}^{m\times n}, \quad b \in \mathbf{C}^m \tag{6.3}$$

的最小二乘解, 即 x 在残量 $r(x) = b - Ax$ 的 2-范数最小的意义下满足方程组 (6.3). 当 $m > n$ 时称为超定方程组或矛盾方程组; 当 $m < n$ 时称为欠定方程组.

不难发现, 若将矩阵 A 写成 $A = [a_1, a_2, \cdots, a_n]$, $a_i \in \mathbf{C}^m$, $i = 1, 2, \cdots, n$, 则求解最小二乘问题 (6.1) 等价于求 $\{a_i\}_{i=1}^n$ 的线性组合使之与向量 b 之差的 2-范数达到最小. 可分为两种情况: 第一种是 $\{a_i\}_{i=1}^n$ 线性无关, 即 A 为列满秩; 第二种是 $\{a_i\}_{i=1}^n$ 线性相关, 即 A 为秩亏的. 下面分别针对这两种情形讨论最小二乘问题 (6.1) 极小解的数值解法.

1. 最小二乘解的一般特征

矩阵的广义逆是研究线性方程组 (6.3) 最小二乘解的一个重要而有力的工具. 下面讨论:

(1) 当方程组 (6.3) 有解时, 如何确定 $x_0 \in \mathbf{C}^n$, 使得

$$\|x_0\|_2 = \min_{Ax=b} \|x\|_2,$$

称这样的 x_0 为方程组 (6.3) 的极小范数解.

(2) 当方程组 (6.3) 无解时, 如何确定 $x_0 \in \mathbf{C}^n$, 使得

$$\|x_0\|_2 = \min_{\min \|Ax-b\|_2} \|x\|_2,$$

称这样的 x_0 为方程组 (6.3) 的极小范数最小二乘解.

引理 6.1 设 $A \in \mathbf{C}^{m\times n}$, 则有

(1) $[\mathcal{R}(A)]^{\perp} = \mathcal{N}(A^*)$, 并且 $\mathbf{C}^m = \mathcal{R}(A) \oplus \mathcal{N}(A^*)$.

(2) $[\mathcal{R}(A^*)]^{\perp} = \mathcal{N}(A)$, 并且 $\mathbf{C}^n = \mathcal{R}(A^*) \oplus \mathcal{N}(A)$.

证明 (1) 将 A 按列划分为 $A=[a_1, a_2, \cdots, a_n]$, 其中 $a_i \in \mathbf{C}^m\,(i=1,2,\cdots,n)$, 由于

$$\mathcal{R}(A) = \mathrm{span}\{a_1, a_2, \cdots, a_n\},$$

所以

$$\begin{aligned}[\mathcal{R}(A)]^{\perp} &= \{x : x \perp a_i,\ i = 1,2,\cdots,n\}\\ &= \{x : a_i^* x = 0,\ i = 1,2,\cdots,n\ \}\\ &= \{x : A^* x = 0\} = \mathcal{N}(A^*),\end{aligned}$$

即 $\mathcal{R}(A) \perp \mathcal{N}(A^*)$, 从而 $\mathcal{R}(A) + \mathcal{N}(A^*)$ 为直和. 再由

$$\dim \mathcal{R}(A) + \dim \mathcal{N}(A^*) = \mathrm{rank}(A) + [m - \mathrm{rank}(A)] = m,$$

可得 $\mathbf{C}^m = \mathcal{R}(A^*) \oplus \mathcal{N}(A)$.

(2) 在 (1) 中以 $A^* \in \mathbf{C}^{n\times m}$ 代替 $A \in \mathbf{C}^{m\times n}$ 即可得 (2). □

设矩阵 A 的奇异值分解为

$$A = U \begin{bmatrix} \Sigma_r & O \\ O & O \end{bmatrix} V^*,$$

其中 $U=[U_1,U_2]$, $V=[V_1,V_2]$ 为酉矩阵, $U_1=[u_1,\cdots,u_r]$, $U_2=[u_{r+1},\cdots,u_n]$, $V_1=[v_1,\cdots,v_r]$, $V_2=[v_{r+1},\cdots,v_n]$; $\Sigma_r=\mathrm{diag}(\sigma_1,\cdots,\sigma_r)$, $\sigma_1\geqslant\cdots\geqslant\sigma_r>0$. 于是

$$A=U_1\Sigma_rV_1^*,\quad A^\dagger=V_1\Sigma_r^{-1}U_1^*,\quad A^*=V_1\Sigma_rU_1^*. \tag{6.4}$$

容易验证

$$AA^\dagger=U_1U_1^*,\quad A^\dagger A=V_1V_1^*,\quad A^*A=V_1\Sigma_r^2V_1^*. \tag{6.5}$$

由于 $\{u_i\}_{i=1}^r$ 和 $\{v_i\}_{i=r+1}^n$ 分别是 $\mathcal{R}(A)$ 和 $\mathcal{N}(A)$ 的标准正交基, 故 $\mathcal{R}(A)$ 和 $\mathcal{N}(A)$ 上的正交投影矩阵分别为

$$P_{\mathcal{R}(A)}=U_1U_1^*=AA^\dagger,\quad P_{\mathcal{N}(A)}=V_2V_2^*=I_n-V_1V_1^*=I_n-A^\dagger A. \tag{6.6}$$

而 $\mathcal{R}(A)^\perp=\mathcal{N}(A^*)$ 和 $\mathcal{N}(A)^\perp=\mathcal{R}(A^*)$ 上的正交投影矩阵分别为

$$P_{\mathcal{R}(A)^\perp}=I_m-AA^\dagger,\quad P_{\mathcal{N}(A)^\perp}=A^\dagger A. \tag{6.7}$$

有下面的定理.

定理 6.1 设 $A\in\mathbf{C}^{m\times n}$, $b\in\mathbf{C}^m$, 则线性方程组 (6.3) 有解的充要条件是

$$AA^\dagger b=b, \tag{6.8}$$

并且在有解时, 其通解为

$$x=A^\dagger b+(I-A^\dagger A)z, \tag{6.9}$$

其中 $z\in\mathbf{C}^n$ 任意.

证明 若 $AA^\dagger b=b$, 则显然方程组 (6.3) 有解 $x=A^\dagger b$. 反之, 若 $Ax=b$, 则

$$AA^\dagger b=AA^\dagger Ax=Ax=b.$$

下面证明其通解为式 (6.9). 事实上, 根据式 (6.6), 有

$$\mathcal{N}(A)=\{(I_n-A^\dagger A)z:z\in\mathbf{C}^n\}.$$

故线性方程组 (6.3) 的通解可以表示为 $x=A^\dagger b+(I-A^\dagger A)z$, 其中 $z\in\mathbf{C}^n$ 任意. □

注 6.1 式 (6.9) 表明: $x_0=A^\dagger b$ 是方程组 $Ax=b$ 的一个解, 而 $(I-A^\dagger A)z$ 是对应齐次方程组 $Ax=0$ 的通解.

定理 6.2 如果方程组 (6.3) 有解, 则它的极小范数解 x_0 唯一, 并且 $x_0=A^\dagger b$.

证明 先证 $x_0 \in \mathcal{R}(A^*)$. 若 $x_0 \notin \mathcal{R}(A^*)$, 则由引理 6.1 (2) 作向量分解, 得

$$x_0 = y_0 + y_1, \quad y_0 \in \mathcal{R}(A^*), \quad y_1 \in \mathcal{N}(A) = [\mathcal{R}(A^*)]^\perp, \quad y_1 \neq 0.$$

由于 $y_0 \perp y_1$, 所以

$$\|x_0\|_2^2 = \|y_0\|_2^2 + \|y_1\|_2^2 > \|y_0\|_2^2.$$

但是 $Ay_0 = Ay_0 + Ay_1 = Ax_0 = b$, 所以 x_0 不是方程组 (6.3) 的极小范数解. 这与前提冲突, 故 $x_0 \in \mathcal{R}(A^*)$.

再证 x_0 唯一. 若 z_0 也是方程 (6.3) 的极小范数解, 则 $z_0 \in \mathcal{R}(A^*)$, 从而

$$x_0 - z_0 \in \mathcal{R}(A^*) = [\mathcal{N}(A)]^\perp.$$

另外, 由于 $A(x_0 - z_0) = 0$, 所以 $x_0 - z_0 \in \mathcal{N}(A)$, 故只能有 $x_0 - z_0 = 0$, 即 $x_0 = z_0$.

最后证 $x_0 = A^\dagger b$. 根据定理 6.1 可得方程组 (6.3) 的通解为

$$x = A^\dagger b + (I - A^\dagger A)z \quad (z \in \mathbf{C}^n \text{ 任意}).$$

取 $z = 0$, 则 $x_0 = A^\dagger b$ 是方程组 (6.3) 的一个解. 因为

$$\begin{aligned}\big(x_0, (I - A^\dagger A)z\big) &= z^*(I - A^\dagger A)^* x_0 \\ &= z^*(I - A^\dagger A)A^\dagger b \\ &= z^*(A^\dagger - A^\dagger A A^\dagger)b = 0,\end{aligned}$$

所以

$$\|x\|_2^2 = \|x_0\|_2^2 + \|(I - A^\dagger A)z\|_2^2 \geqslant \|x_0\|_2^2.$$

故 $x_0 = A^\dagger b$ 是方程组 (6.3) 的极小范数解. □

定理 6.3 如果线性方程组 (6.3) 无解, 则它的极小范数最小二乘解 x_0 唯一, 并且 $x_0 = A^\dagger b$.

证明 由于方程组 (6.3) 无解, 所以 $b \notin \mathcal{R}(A)$. 根据引理 6.1 (1) 作向量分解 $b = b_1 + b_2$, 其中 $b_1 \in \mathcal{R}(A)$, $b_2 \in \mathcal{N}(A^*) = [\mathcal{R}(A)]^\perp$ 且 $b_2 \neq 0$. 注意到 $Ax - b_1 \in \mathcal{R}(A)$ 及 $b_2 \in [\mathcal{R}(A)]^\perp$, 可得 $(Ax - b_1) \perp b_2$, 于是有

$$\|Ax - b\|_2^2 = \|(Ax - b_1) + (-b_2)\|_2^2 = \|Ax - b_1\|_2^2 + \|b_2\|_2^2,$$

这表明 $\min \|Ax - b\|_2$ 等价于 $\min \|Ax - b_1\|_2$.

因为 $b_1 \in \mathcal{R}(A)$, 所以方程组 $Ax = b_1$ 有解, 根据定理 6.2 可得它的唯一极小范数解为 $A^\dagger b_1$. 由于 $b_2 \in \mathcal{N}(A^*)$, 所以 $A^* b_2 = 0$. 于是得

$$A^\dagger b_2 = A^\dagger A A^\dagger b_2 = A^\dagger (AA^\dagger)^* b_2 = A^\dagger (A^\dagger)^* A^* b_2 = 0,$$

所以 $x_0 = A^\dagger b = A^\dagger(b_1 + b_2) = A^\dagger b_1$ 是方程组 $Ax = b_1$ 的唯一极小范数解, 也是方程组 (6.3) 的唯一极小范数最小二乘解. □

2. 线性 LS 的等价性问题

下面的定理给出了最小二乘问题极小解的一个刻画.

定理 6.4　x 是最小二乘问题 (6.1) 的极小解, 即 $x \in S_{\mathrm{LS}}$ 的充分必要条件是 x 为方程

$$A^*Ax = A^*b \tag{6.10}$$

的解, 其中式 (6.10) 称为最小二乘问题的法方程.

证明　注意到最小二乘问题 (6.1) 等价于极小化问题

$$\min \varphi(x) = \frac{1}{2}\|Ax - b\|_2^2 = \frac{1}{2}x^*(A^*A)x - (b^*A)x + \frac{1}{2}\|b\|_2^2.$$

由于 $A^*A \in \mathbf{C}^{n\times n}$ 是半正定矩阵, 因此 n 元实函数 $\varphi(x)$ 是凸函数, 故 x 是最小二乘问题 (6.1) 的极小解等价于

$$\nabla\varphi(x) = A^*(Ax - b) = 0.$$ □

定理 6.4 说明最小二乘问题 (6.1) 与法方程 (6.10) 是等价的, 即法方程 (6.10) 与最小二乘问题 (6.1) 有相同的解集.

下面的定理给出最小二乘问题 (6.1) 的另一个等价性问题.

定理 6.5　设 $A \in \mathbf{C}^{m\times n}$, $b \in \mathbf{R}^n$, 则 x 和 $r = b - Ax$ 分别为最小二乘问题 (6.1) 的极小解和残量的充分必要条件是 x 和 r 为鞍点系统

$$\begin{bmatrix} I & A \\ A^* & O \end{bmatrix}\begin{bmatrix} r \\ x \end{bmatrix} = \begin{bmatrix} b \\ 0 \end{bmatrix} \tag{6.11}$$

的解. 上述线性系统称为最小二乘问题的 Karush-Kuhn-Tucker 方程 (KKT 方程).

证明　若 x 为最小二乘问题 (6.1) 的极小解, 而 $r = b - Ax$ 为其残量, 则

$$x = A^\dagger b + (I - A^\dagger A)z, \quad r = b - Ax = b - AA^\dagger b = (I - AA^\dagger)b.$$

由广义逆 $A^\dagger$ 的性质及等式 $r + Ax = b$, 得

$$A^*r = A^*(I - AA^\dagger)b = \left[(I - AA^\dagger)A\right]^* b = 0.$$

故式 (6.11) 是相容的线性系统, 且 x 和 r 满足式 (6.11).

反之, 通过验证广义逆的四个条件, 可以验证

$$B^{\dagger} \equiv \begin{bmatrix} I & A \\ A^{*} & O \end{bmatrix}^{\dagger} = \begin{bmatrix} I - AA^{\dagger} & (A^{\dagger})^{*} \\ A^{\dagger} & -A^{\dagger}(A^{\dagger})^{*} \end{bmatrix}.$$

故式 (6.11) 的任一解向量 x, r 有如下形式

$$\begin{bmatrix} r \\ x \end{bmatrix} = B^{\dagger}\begin{bmatrix} b \\ 0 \end{bmatrix} + (I - B^{\dagger}B)\begin{bmatrix} y \\ z \end{bmatrix} = \begin{bmatrix} (I - AA^{\dagger})b \\ A^{\dagger}b - (I - A^{\dagger}A)z \end{bmatrix},$$

式中, $y \in \mathbf{C}^{m}$, $z \in \mathbf{C}^{n}$ 为任意向量. 故满足式 (6.11) 的任一组向量 x, r 分别为式 (6.1) 的极小解和残量. □

3. 线性最小二乘问题的正则化

设矩阵 $A \in \mathbf{C}_{r}^{m\times n}$ 的奇异值分解为

$$A = U\Sigma V^{*}, \tag{6.12}$$

式中, $U = [u_1, u_2, \cdots, u_m]$ 为 m 阶酉矩阵; $V = [v_1, v_2, \cdots, v_n]$ 为 n 阶酉矩阵; $l = \min\{m, n\}$; $\sigma_1 \geqslant \sigma_2 \geqslant \cdots \geqslant \sigma_r > 0 = \sigma_{r+1} = \cdots = \sigma_l = 0$,

$$\Sigma = \mathrm{diag}\,(\sigma_1, \sigma_2, \cdots, \sigma_l)\,. \tag{6.13}$$

则最小二乘问题 (6.1) 的极小范数最小二乘解 x_{LS} 可表示为

$$x_{\mathrm{LS}} = A^{\dagger}b = \sum_{i=1}^{r}\frac{u_i^{*}b}{\sigma_i}v_i. \tag{6.14}$$

由于舍入误差的存在, 所有用于计算 $A^{\dagger}$ 和 x_{LS} 的算法, 实际上是计算某个扰动矩阵 $\widehat{A} = A + \Delta A$ 的广义逆 $\widehat{A}^{\dagger}$ 以及 $\widehat{x}_{\mathrm{LS}} = \widehat{A}^{\dagger}\widehat{b}$.

当 A 为病态的满秩矩阵, 即存在 $k\,(1 \leqslant k < l)$, 使得 $\sigma_k \gg \sigma_{k+1} \approx 0$. 由于在极小解 x_{LS} 的表达式中存在项

$$\frac{u_i^{*}b}{\sigma_i}v_i, \quad i = k+1, \cdots, l,$$

因此, 对 A 的较小扰动, 将会使极小解 x_{LS} 产生很大的误差. 此时, 称 A 为数值**秩亏**的. 当矩阵 A 秩亏而 ΔA 很小时, 则广义逆的不连续性表明了原来意义上的秩不再适用于数值计算. 当 $\widehat{A}$ 和 A 的秩不相同时, $\widehat{A}^{\dagger}$ 和 $A^{\dagger}$, $\widehat{x}_{\mathrm{LS}}$ 和 x_{LS} 可能会相差很大, 而且扰动 ΔA 越小, 其相差的程度会越大.

最小二乘问题的第一种正则化方法是截断的 LS 问题. 首先给出矩阵 A 的 δ 秩的定义.

定义 6.2 设 $A \in \mathbf{C}^{m\times n}$ 和 $\delta > 0$ 给定. 称数

$$k = \min_{B\in\mathbf{C}^{m\times n}} \{\operatorname{rank}(B) : \|A-B\|_2 \leqslant \delta\} \tag{6.15}$$

为矩阵 A 的 δ 秩.

由定义 6.2 和矩阵的降秩最佳逼近定理, 当 $k < l$ 时, 有

$$\|A-A_k\|_2 = \min_{\operatorname{rank}(B)\leqslant k} \|A-B\|_2 = \sigma_{k+1},$$

式中

$$A_k = \sum_{i=1}^{k} \sigma_i u_i v_i^*.$$

因此, 矩阵 A 的 δ 秩为 k 的充分必要条件是

$$\sigma_1 \geqslant \cdots \geqslant \sigma_k > \sigma_{k+1} \geqslant \cdots \geqslant \sigma_l.$$

对于最小二乘问题 (6.1), 截断的 LS 问题为

$$\|A_k x - b\|_2 = \min_{z\in\mathbf{C}^n} \|A_k z - b\|_2, \tag{6.16}$$

式中, A_k 为 A 的最佳秩-k 逼近. 此时, 式 (6.16) 的极小范数最小二乘解 $\bar{x}_{\mathrm{LS}}$ 可表示为

$$\bar{x}_{\mathrm{LS}} = A_k^{\dagger} b = \sum_{i=1}^{k} \frac{u_i^* b}{\sigma_i} v_i. \tag{6.17}$$

最小二乘问题的第二种正则化方法是所谓的 Tikhonov 正则化, 即考虑如下的正则化问题:

$$\|Ax-b\|_2^2 + \tau^2\|Dx\|_2^2 = \min_{z\in\mathbf{C}^n} \|Az-b\|_2^2 + \tau^2\|Dz\|_2^2, \tag{6.18}$$

式中, $\tau > 0$; $D = \operatorname{diag}(d_1, d_2, \cdots, d_n)$ 为正定的对角矩阵.

易见, 式 (6.18) 等价于

$$\left\| \begin{bmatrix} \tau D \\ A \end{bmatrix} x - \begin{bmatrix} 0 \\ b \end{bmatrix} \right\|_2^2 = \min_{z\in\mathbf{C}^n} \left\| \begin{bmatrix} \tau D \\ A \end{bmatrix} z - \begin{bmatrix} 0 \\ b \end{bmatrix} \right\|_2^2, \tag{6.19}$$

当 $\tau > 0$ 时, 系数矩阵是列满秩的, 因此有唯一的最小二乘解.

设 $m \geqslant n$, 则当 $D = I$ 时, 式 (6.19) 系数矩阵的奇异值为 $\widetilde{\sigma}_i = \sqrt{\sigma_i + \tau^2}$, $i = 1, 2, \cdots, n$. 此时式 (6.18) 的解可表示为

$$x(\tau) = \sum_{i=1}^{n} \frac{(u_i^* b)\sigma_i}{\sigma_i^2 + \tau^2} v_i = \sum_{i=1}^{n} \frac{(u_i^* b)\eta_i}{\sigma_i} v_i, \quad \eta_i = \frac{\sigma_i^2}{\sigma_i^2 + \tau^2}, \tag{6.20}$$

式中, η_i 为滤波因子. 当 $\tau \ll \sigma_i$ 时, $\eta_i \approx 1$; 当 $\tau \gg \sigma_i$ 时, $\eta_i \ll 1$.

正则化问题 (6.18) 的优点是它的解可以通过 QR 分解

$$\begin{bmatrix} \tau D \\ A \end{bmatrix} = Q \begin{bmatrix} R \\ O \end{bmatrix}$$

得到.

注 6.2 最小二乘问题的正则化已经把原来的最小二乘问题化为新的最小二乘问题. 事实上, 由式 (6.17) 和式 (6.20) 可以看出, 截断的 LS 问题和 Tikhonov 正则化的 LS 问题, 与最小二乘问题 (6.1) 的极小范数最小二乘解以及相应的残量各不相同. 正则化方法通常用于处理病态最小二乘问题和反问题等不适定问题.

6.2 满秩最小二乘问题的数值解法

本节假定最小二乘问题 (6.1) 中的矩阵 $A \in \mathbf{C}^{m\times n}\,(m \geqslant n)$ 为列满秩矩阵, 即 $\operatorname{rank}(A) = n$. 此时最小二乘问题 (6.1) 有唯一的极小范数最小二乘解 x_{LS}, 并且连续地依赖给定的数据 A 和 b. 对于这类问题, 介绍两种最基本的数值方法.

1. 法方程方法

由定理 6.4, 最小二乘问题 (6.1) 等价于其法方程

$$A^*Ax = A^*b.$$

当 $\operatorname{rank}(A) = n$ 时, A^*A 为 Hermite 正定矩阵, 法方程 (6.10) 的唯一解可以用 Cholesky 分解法求得. 写出算法步骤如下.

算法 6.1 (法方程 Cholesky 分解法) 给定 $A \in \mathbf{C}^{m\times n}\,(m \geqslant n)$ 为列满秩矩阵, $b \in \mathbf{C}^m$. 本算法计算 $\|Ax - b\|_2$ 的极小解 x_{LS}.

步 1, 对 n 阶 Hermite 正定矩阵 $B = A^*A$ 作 Cholesky 分解 $B = LL^*$, 其中 L 为下三角矩阵.

步 2, 依次解 $Ly = A^*b$, $L^*x = y$ 得到最小二乘问题 (6.1) 的解 x_{LS}.

n 阶 Hermite 正定矩阵 B 的 Cholesky 分解需要 $O(n^3/3)$ 次乘法. 而计算 A^*A 需要 mn^2 次乘法. 在算法 6.1 中, 第 2 步的计算量 (约 $O(n^2)$ 次乘法) 与第 1 步相比可以忽略. 所以该算法需要的乘法次数为 $O(mn^2+n^3/3)$. 当 $m \gg n$ 时, 算法的主要工作量在于 A^*A 的计算.

2. QR 分解方法

下面考虑最小二乘问题 (6.1) 中的矩阵 $A \in \mathbf{R}^{m\times n}\ (m \geqslant n)$ 的情形. 根据正交矩阵保持向量 2-范数不变的性质, 对于任意的正交矩阵 $Q \in \mathbf{R}^{m\times m}$, 最小二乘问题 (6.1) 等价于

$$\|Q^{\mathrm{T}}(Ax-b)\|_2 = \min\left\{\|Q^{\mathrm{T}}(Az-b)\|_2 : z \in \mathbf{R}^n\right\}. \tag{6.21}$$

这样, 就可望通过适当选取正交矩阵 Q, 使原问题 (6.1) 转化为较为容易求解的最小二乘问题 (6.21), 这就是正交化方法——QR 分解方法的基本思想.

设 A 有 QR 分解:

$$A = Q\begin{bmatrix} R \\ O \end{bmatrix} = Q_1 R, \tag{6.22}$$

式中, $Q \in \mathbf{R}^{m\times m}$ 为正交矩阵; Q_1 为 Q 的前 n 列组成的矩阵; $R \in \mathbf{R}^{n\times n}$ 为对角元均为正的上三角矩阵.

现取式 (6.21) 中的正交矩阵为分解式 (6.22) 中的 Q, 并记

$$f = Q^{\mathrm{T}}b = \begin{bmatrix} Q_1^{\mathrm{T}} \\ Q_2^{\mathrm{T}} \end{bmatrix} b = \begin{bmatrix} f_1 \\ f_2 \end{bmatrix} \begin{matrix} n \\ m-n \end{matrix}, \tag{6.23}$$

则对任意的 $x \in \mathbf{C}^n$, 有

$$\begin{aligned}\left\|Q^{\mathrm{T}}(Ax-b)\right\|_2^2 &= \left\|\begin{bmatrix} R \\ O \end{bmatrix} x - Q^{\mathrm{T}}b\right\|_2^2 = \left\|\begin{bmatrix} R \\ O \end{bmatrix} x - \begin{bmatrix} f_1 \\ f_2 \end{bmatrix}\right\|_2^2 \\ &= \|Rx-f_1\|_2^2 + \|f_2\|_2^2 .\end{aligned}$$

由此可知, x 是最小二乘问题 (6.1) 的解, 当且仅当 x 是上三角形方程组 $Rx = f_1$ 的解.

根据上述讨论, 有如下的 QR 分解算法. 在实施过程中, 采取对增广矩阵 $\widetilde{A} = [A, b]$ 进行 QR 分解的方法:

$$H_n \cdots H_2 H_1 [A, b] = [R, \widetilde{b}] \Longrightarrow Q^{\mathrm{T}}[A, b] = [R, \widetilde{b}], \tag{6.24}$$

得

$$A = QR, \quad \widetilde{b} = Q^{\mathrm{T}} b,$$

式中, $Q = H_1 H_2 \cdots H_n$. 式 (6.24) 表明, 对增广矩阵 $\widetilde{A} = [A, b]$ 实施 QR 分解, 当把矩阵 A 约化为上三角矩阵 R 时, 向量 b 约化成了 $Q^{\mathrm{T}} b$, 这正是所需要的.

算法 6.2 (LS 问题 QR 分解法) 给定 $A \in \mathbf{R}^{m \times n}\,(m \geqslant n)$ 为列满秩矩阵, $b \in \mathbf{R}^m$. 本算法计算 $\|Ax - b\|_2$ 的极小解 x_{LS}.

步 1, 计算增广矩阵 $\widetilde{A} = [A, b]$ 的 QR 分解并覆盖 $\widetilde{A}$.

步 2, 用回代法求解上三角形方程组 $\mathrm{triu}(\widetilde{A}(1:n, 1:n))x = \widetilde{A}(1:n, n+1)$, 得到最小二乘解 x_{LS}, 其中记号 $\mathrm{triu}(B)$ 表示提取矩阵 B 的上三角部分组成的上三角形矩阵.

注 6.3 算法 6.2 的主要工作量集中在增广矩阵 $\widetilde{A}$ 的 QR 分解. 可用如下三种方法之一实现这一分解:

(1) Householder 方法; (2) Givens 正交化方法;

(3) 修正的 Gram-Schmit 方法.

根据算法 6.2, 采用 Householder 变换 QR 分解编制 MATLAB 程序如下:

```
function [x]=ls_houseqr(A,b)
%用Householder变换QR分解求最小二乘问题min||Ax-b||
[m,n]=size(A);
[A]=house_qr([A,b]);%调用Householder变换QR分解程序
x=triu(A(1:n,1:n))\A(1:n,n+1);
```

例 6.1 用 MATLAB 程序 ls_houseqr.m 求解最小二乘问题 $\min \|Ax - b\|_2$, 其中

$$A = \begin{bmatrix} 2 & 3 & 4 \\ 4 & 3 & 2 \\ 4 & 5 & 6 \\ 9 & 5 & 7 \end{bmatrix}, \quad x = \begin{bmatrix} x_1 \\ x_2 \\ x_3 \end{bmatrix}, \quad b = \begin{bmatrix} 3 \\ 7 \\ 5 \\ 2 \end{bmatrix}.$$

解 在 MATLAB 命令窗口执行脚本程序 ex61.m, 即可得计算结果.

6.3 秩亏最小二乘问题的数值解法

本节讨论秩亏最小二乘问题 $\min \|Ax - b\|_2$ 的数值解法. 如果 $A \in \mathbf{R}_r^{m \times n}\,(m \geqslant n)$ 是秩亏损的, 即 $\mathrm{rank}(A) = r < n$, 此时, 最小二乘问题 (6.1) 有无穷多个解, 且 6.2 节所介绍的处理满秩最小二乘问题的法方程方法和 QR 分解法都不再有效. 因此, 本节专门讨论秩亏最小二乘问题的数值求解方法.

1. 奇异值分解法

设 $A \in \mathbf{R}^{m\times n}\,(m>n)$ 的奇异值分解为

$$A = U\Sigma V^{\mathrm{T}}, \quad \Sigma = \begin{bmatrix} \Sigma_r & O \\ O & O \end{bmatrix} \begin{matrix} r \\ m-r \end{matrix}, \tag{6.25}$$

其中 $U=[u_1,u_2,\cdots,u_m]$ 和 $V=[v_1,v_2,\cdots,v_n]$ 为正交矩阵; $\Sigma_r=\mathrm{diag}(\sigma_1,\cdots,\sigma_r)$, $\sigma_1 \geqslant \cdots \geqslant \sigma_r > 0$. 则由定理 6.2 和定理 6.3 可知

$$x_{\mathrm{LS}} = A^{\dagger}b = V\begin{bmatrix} \Sigma_r^{-1} & O \\ O & O \end{bmatrix}U^{\mathrm{T}} = \sum_{i=1}^{r}\frac{u_i^{\mathrm{T}}b}{\sigma_i}v_i. \tag{6.26}$$

因此, 一旦求出分解式 (6.25), 就可由式 (6.26) 容易地求出最小二乘问题 (6.1) 的极小范数解 x_{LS}.

例 6.2 用 MATLAB 系统自带的奇异值分解函数 svd 求解超定方程组 $Ax=b$, 其中

$$A=\begin{bmatrix} 1 & 2 & 3 & 4 \\ 1 & 4 & 5 & 6 \\ 1 & 5 & 6 & 7 \\ 1 & 8 & 9 & 10 \\ 1 & 11 & 12 & 13 \end{bmatrix}, \quad x=\begin{bmatrix} x_1 \\ x_2 \\ x_3 \\ x_4 \end{bmatrix}, \quad b=\begin{bmatrix} 11 \\ 13 \\ 15 \\ 18 \\ 20 \end{bmatrix}.$$

解 编制 MATLAB 程序, 并存成文件名 ex62.m:

```
A=[1 2 3 4; 1 4 5 6; 1 5 6 7; 1 8 9 10; 1 11 12 13];
b=[11 13 15 18 20]';[m,n]=size(A);
[U,S,V]=svd(A);
for i=1:n
    if abs(S(i,i))<1.0e-6
        r=i-1; break;
    end
end %r=rank(S);
x=zeros(n,1);
for i=1:r
    x=x+(U(:,i)'*b/S(i,i))*V(:,i);
end
x,fval=norm(A*x-b),
```

然后在命令窗口输入 ex62 即可得计算结果.

2. 列主元 QR 分解法

当矩阵 A 秩亏损时, 其 QR 分解不一定能给出列空间 $\mathcal{R}(A)$ 的一组标准正交基. 此时可计算经过列置换之后的矩阵 $\widetilde{A}=AP$ 的 QR 分解来解决, 即 $AP=QR$, 其中 P 是置换矩阵.

下面介绍列主元 QR 分解法来解决秩亏的最小二乘问题. 设最小二乘问题 (6.1) 中的已知向量 b 分解为

$$b=b_1+b_2, \quad b_1\in\mathcal{R}(A),\ b_2\in\mathcal{R}(A)^{\perp}. \tag{6.27}$$

易证问题 (6.1) 等价于

$$Ax=b_1. \tag{6.28}$$

现假定 $\mathcal{R}(A)=\mathcal{R}(Q_1)$, 其中 $Q_1\in\mathbf{R}^{m\times r}$ 且 $Q_1^{\mathrm{T}}Q_1=I_r$, 即 Q_1 的列构成 $\mathcal{R}(A)$ 的一组标准正交基. 则存在矩阵 $S\in\mathbf{R}^{r\times n}$ 和向量 $h\in\mathbf{R}^r$, 使得

$$A=Q_1S, \quad b_1=Q_1h. \tag{6.29}$$

将式 (6.29) 代入式 (6.28), 并注意到 Q_1 的列线性无关, 可知 (6.28) 等价于

$$Sx=h. \tag{6.30}$$

显然方程组 (6.30) 总是有解的. 进一步, 由式 (6.29) 可知

$$S=Q_1^{\mathrm{T}}A, \quad h=Q_1^{\mathrm{T}}b_1=Q_1^{\mathrm{T}}(b-b_2)=Q_1^{\mathrm{T}}b. \tag{6.31}$$

因此, 只要求得 $\mathcal{R}(A)$ 的一组标准正交基, 就可以通过式 (6.31) 和式 (6.30) 求得最小二乘问题 (6.1) 的任一解.

现由于 $\operatorname{rank}(A)=r<n$, 2.3 节介绍的 QR 分解式 (2.5) 一般不能产生 $\mathcal{R}(A)$ 的一组标准正交基. 但如果先对 A 的列进行适当的排列使其前 r 列线性无关, 然后再进行 QR 分解, 则仍然可以产生 $\mathcal{R}(A)$ 的一组标准正交基.

设有分解式

$$AP=Q\begin{bmatrix} R_{11} & R_{12} \\ O & O \end{bmatrix}\begin{matrix} r \\ m-r \end{matrix}, \tag{6.32}$$
$$\qquad\qquad\quad r \qquad n-r$$

式中, P 为置换矩阵; Q 为正交矩阵; R_{11} 为非奇异的上三角矩阵. 则 Q 的前 r 列就是 $\mathcal{R}(A)$ 的一组标准正交基.

一旦求出式 (6.32) 的分解式, 则由式 (6.28), 有

$$(Q^{\mathrm{T}}AP)(P^{\mathrm{T}}x) = Q^{\mathrm{T}}b_1,$$

由式 (6.32) 并令 $P^{\mathrm{T}}x = \begin{bmatrix} w \\ z \end{bmatrix}$, 得

$$\begin{bmatrix} R_{11} & R_{12} \\ O & O \end{bmatrix} \begin{bmatrix} w \\ z \end{bmatrix} = Q^{\mathrm{T}}b_1 = \begin{bmatrix} Q_1^{\mathrm{T}} \\ Q_2^{\mathrm{T}} \end{bmatrix} b_1 = \begin{bmatrix} h \\ g \end{bmatrix},$$

即

$$\begin{bmatrix} R_{11}w + R_{12}z \\ 0 \end{bmatrix} = \begin{bmatrix} h \\ g \end{bmatrix}.$$

由此, 得

$$w = R_{11}^{-1}(h - R_{12}z), \quad g = 0.$$

故

$$x = P\begin{bmatrix} w \\ z \end{bmatrix} = P\begin{bmatrix} R_{11}^{-1}(h - R_{12}z) \\ z \end{bmatrix}, \quad z \in \mathbf{R}^{n-r},$$

这就是最小二乘问题 (6.1) 的通解. 注意到上式还可以写为

$$x = x_b + P\begin{bmatrix} -R_{11}^{-1}R_{12} \\ I_{n-r} \end{bmatrix} z, \quad x_b = P\begin{bmatrix} R_{11}^{-1}h \\ 0 \end{bmatrix}, \quad z \in \mathbf{R}^{n-r}, \tag{6.33}$$

式中, x_b 为最小二乘问题的基本解.

下面讨论分解式 (6.32) 的具体实施过程. 类似于分解式 (2.5) 的计算过程, 这一分解可用 Householder 变换和适当的初等列变换相结合逐步求得. 假设对某一正整数 k, 已经求得 $k-1$ 个 Householder 变换 $H_1, H_2, \cdots, H_{k-1}$ 和 $k-1$ 个初等变换矩阵 $P_1, P_2, \cdots, P_{k-1}$, 使得

$$\begin{aligned} R_{k-1} &= (H_{k-1}\cdots H_2H_1)A(P_1P_2\cdots P_{k-1}) \\ &= \begin{array}{c} \left[\begin{array}{cc} R_{11}^{(k-1)} & R_{12}^{(k-1)} \\ O & R_{22}^{(k-1)} \end{array}\right] \begin{array}{l} k-1 \\ m-k+1 \end{array} \\ \begin{array}{cc} k-1 & n-k+1 \end{array} \end{array}, \end{aligned} \tag{6.34}$$

式中, $R_{11}^{(k-1)}$ 为非奇异的上三角矩阵. 现记

$$R_{22}^{(k-1)} = \left[v_k^{(k-1)}, v_{k+1}^{(k-1)}, \cdots, v_n^{(k-1)}\right],$$

即 $v_i^{(k-1)}$ 表示 $R_{22}^{(k-1)}$ 的第 $i-k+1$ 列. 下一步是首先确定指标 $p\ (k \leqslant p \leqslant n)$ 满足

$$\left\|v_p^{(k-1)}\right\|_2 = \max\left\{\|v_k^{(k-1)}\|_2, \|v_{k+1}^{(k-1)}\|_2, \cdots, \|v_n^{(k-1)}\|_2\right\}. \tag{6.35}$$

若 $\|v_p^{(k-1)}\|_2 = 0$, 停止计算. 否则取 P_k 为第 k 列与第 p 列交换的初等变换矩阵, 并确定一个 Householder 变换 $\widetilde{H}_k \in \mathbf{R}^{(m-k+1)\times(m-k+1)}$, 使得

$$\widetilde{H}_k v_p^{(k-1)} = \gamma_{kk} e_1.$$

令 $H_k = \mathrm{diag}(I_{k-1}, \widetilde{H}_k)$, 则有

$$R_k = \begin{bmatrix} R_{11}^{(k)} & R_{12}^{(k)} \\ O & R_{22}^{(k)} \end{bmatrix} \begin{matrix} k \\ m-k \end{matrix}, \quad \begin{matrix} k & n-k \end{matrix} \tag{6.36}$$

式中, $R_{11}^{(k)}$ 为 $k \times k$ 非奇异上三角矩阵.

这样, 从 $k=1$ 出发, 依次进行 $r\,(=\mathrm{rank}(A))$ 次 "列选主元" 的 Householder 变换, 即可得到分解式 (6.32). 值得一提的是, 如果只是利用这一分解来求秩亏的最小二乘问题的解 (通常是用来求基本解), 那么正交矩阵 $Q = H_1H_2\cdots H_r$ 没有必要显式地计算, 只需将计算过程中每一步的 Householder 变换同步地作用在向量 b 上即可.

此外, 为了减少 "列选主元" 的计算量, 不必每一步都按照 2-范数的定义去计算式 (6.35) 中的范数, 因为对于任何正交矩阵 $Q \in \mathbf{R}^{l\times l}$ 均成立

$$Q^{\mathrm{T}} x = \begin{bmatrix} \alpha \\ z \end{bmatrix} \begin{matrix} 1 \\ l-1 \end{matrix} \Longrightarrow \|z\|_2^2 = \|x\|_2^2 - \alpha^2.$$

这样, 可以通过修正旧的范数来得到新的范数, 即

$$\|x^{(j)}\|_2^2 = \|x^{(j-1)}\|_2^2 - a_{kj}^2.$$

综上所述, 可写出计算分解式 (6.32) 的算法并用以求解秩亏最小二乘问题的详细步骤如下.

算法 6.3(秩亏最小二乘问题的列主元 QR 分解法)

步 1, 输入矩阵 $A=(a_{ij})\in\mathbf{R}^{m\times n}$, $b\in\mathbf{R}^m$. 计算

$$p(j):=j,\ \ \sigma_j=A(:,j)^{\mathrm{T}}A(:,j),\ \ j=1,2,\cdots,n.$$

置 $k:=1$.

步 2, 确定 r 使满足 $\sigma_r=\max\limits_{k\leqslant j\leqslant n}\sigma_j$. 若 $\sigma_r=0$, 停算.

步 3, 交换 $p(r)$ 与 $p(k)$, σ_r 与 σ_k 以及 $A(:,r)$ 与 $A(:,k)$.

步 4, 确定一个 Householder 矩阵 $\widetilde{H}_k$ 使得

$$\widetilde{H}_kA(k:m,k)=\gamma_{kk}e_1,$$

并计算

$$[A,b]:=\mathrm{diag}(I_{k-1},\widetilde{H}_k)[A,b],\ \ \sigma_j:=\sigma_j-a_{kj}^2,\ \ j=k+1,\cdots,n.$$

步 5, 置 $k:=k+1$, 转步 2.

算法 6.3 的运算量是 $2mnr-r^2(m+n)+2r^3/3$ 次乘除法, 其中 $r=\mathrm{rank}(A)$. 分解式 (6.32) 中的上三角矩阵 R 存储在 A 的上三角部分, 初等变换矩阵 P 由整数向量 $p(1:n)$ 来记录, 即 $P=P_1P_2\cdots P_r$, 其中 P_k 通过单位矩阵交换第 k 列与第 $p(k)$ 列而得到. 而第 k 个 Householder 向量的 $k+1:n$ 分量存储在 $A(k+1:m,k)$ 中.

根据算法 6.3 编制 MATLAB 程序如下:

```
function [x,fval,P]=piv_house_qr(A,b)
%秩亏最小二乘问题的列主元QR分解法
[m,n]=size(A);%Q=eye(m);
A1=A;b1=b;P=eye(n);
for j=1:n
    c(j)=A(1:m,j)'*A(1:m,j);
end
[cr,r]=max(c);
for k=1:n
    if (cr<=0), break; end
    c([k r])=c([r k]);P(:,[k r])=P(:,[r k]);
    A(1:m,[k r])= A(1:m,[r k]);[v,beta]=house(A(k:m,k));
    H=eye(m-k+1)-beta*v*v';A(k:m,k:n)=H*A(k:m,k:n);
    b(k:m)=H*b(k:m);
    for j=k+1:n
        c(j)=c(j)-A(k,j)^2;
    end
```

```
    [cr,r]=max(c(k+1:n));r=r+k;
end
for i=1:m
    if sum(abs(A(i,:)))<1.0e-10
        rank=i-1;break;
    end
end
R11=A(1:rank,1:rank);c=b(1:rank);
x=P*[R11\c; zeros(rank,1)];fval=norm(A1*x-b1);
```

例 6.3 用 MATLAB 程序 piv_house_qr.m 求解例 6.2 中的最小二乘问题.

解 在 MATLAB 命令窗口输入 (ex63.m):

```
>> A=[1 2 3 4; 1 4 5 6; 1 5 6 7; 1 8 9 10; 1 11 12 13];
>> b=[11 13 15 18 20]';
>> [x,fval,P]=piv_house_qr(A,b)
```

即可得计算结果.

观察到此例求出的最小二乘解与例 6.2 不一样. 原因是本例求出的只是一个基解, 不是极小范数最小二乘解. 但它们对应的最优值是相同的.

此外, 如果希望求出秩亏最小二乘问题的极小范数解, 则还需将分解式 (6.32) 中的 R_{12} 约化为零矩阵. 这可以通过 r 次 Householder 变换来完成. 即确定 r 个 Householder 变换 $Z_1,\cdots,Z_r$ 和一个置换矩阵 $\widetilde{P}$ 使得

$$[R_{11},R_{12}]\,Z_1\cdots Z_r\widetilde{P}=[T,O],$$

式中, $T\in\mathbf{R}^{r\times r}$ 为上三角矩阵.

现令 $Z=PZ_1\cdots Z_r\widetilde{P}$, 则有

$$Q^{\mathrm{T}}AZ=\begin{bmatrix} T & O \\ O & O \end{bmatrix}\begin{matrix} r \\ m-r \end{matrix}, \tag{6.37}$$

由此, 得

$$x_{\mathrm{LS}}=Z\begin{bmatrix} T^{-1}c \\ 0 \end{bmatrix},$$

式中, c 为由 $Q^{\mathrm{T}}b$ 前 r 个分量构成的 r 维向量.

6.4 求解最小二乘问题的迭代方法

对于某些大型稀疏的最小二乘问题, 前面介绍的直接解法不一定有效. 此时, 迭代法应该是最好的选择. 本节讨论大型稀疏最小二乘问题

$$\|Ax-b\|_2=\min_{z\in\mathbf{R}^n}\|Az-b\|_2 \tag{6.38}$$

解的迭代算法, 包括矩阵分裂迭代法和 Krylov 子空间迭代法. 本节假定矩阵 A 是 $m\times n\,(m\geqslant n)$ 的列满秩实矩阵, b 是 m 维实向量, 即 $A\in\mathbf{R}_n^{m\times n}$, $b\in\mathbf{R}^m$. 于是, 最小二乘问题 (6.38) 有唯一的最小二乘解 x_{LS}. 这里所考虑的迭代算法基于最小二乘问题的法方程

$$A^{\mathrm{T}}Ax=A^{\mathrm{T}}b, \tag{6.39}$$

或基于其 KKT 方程

$$\begin{bmatrix} I_m & A \\ A^{\mathrm{T}} & O \end{bmatrix}\begin{bmatrix} r \\ x \end{bmatrix}=\begin{bmatrix} b \\ 0 \end{bmatrix}. \tag{6.40}$$

本节仅介绍基于法方程的矩阵分裂迭代法和共轭梯度法.

6.4.1 基于法方程的矩阵分裂法

由于 $A\in\mathbf{R}^{m\times n}$ 是列满秩的, 因此, 原则上讲, 任何适用于求解对称正定方程组的迭代方法都可用于求解最小二乘问题的法方程 (6.39), 从而得到相应的求解最小二乘问题 (6.38) 的迭代算法.

为了方便起见, 将 A 按列分块为 $A=[a_1,a_2,\cdots,a_n]$, 并记 $d_i=a_i^{\mathrm{T}}a_i$, $i=1,2,\cdots,n$. $D=\mathrm{diag}\,(d_1,d_2,\cdots,d_n)$. 于是可将矩阵 $A^{\mathrm{T}}A$ 分裂为

$$A^{\mathrm{T}}A=D-L-L^{\mathrm{T}}, \tag{6.41}$$

这里 $-L$ 是其严格下三角部分.

1. Jacobi 迭代法

在分裂 $A^{\mathrm{T}}A=M-N$ 中, 令 $M=D$, $N=L+L^{\mathrm{T}}$, 则得到 Jacobi 迭代格式为

$$x^{(k+1)}=D^{-1}[(D-A^{\mathrm{T}}A)x^{(k)}+A^{\mathrm{T}}b],\quad k=0,1,\cdots, \tag{6.42}$$

或等价地, 有

$$x^{(k+1)}=x^{(k)}+D^{-1}A^{\mathrm{T}}(b-Ax^{(k)}),\quad k=0,1,\cdots. \tag{6.43}$$

显然, Jacobi 迭代法的迭代矩阵为 $G_J=I-D^{-1}A^{\mathrm{T}}A$, 且迭代过程不需要显式地计算 $A^{\mathrm{T}}A$.

在实际计算中, 可以对每个分量进行迭代. 令 $r^{(k)} = b - Ax^{(k)}$, 执行下面的算法:

$r^{(0)} = b - Ax^{(0)}; k = 0;$

while $(\|r^{(k)}\|_2/\|r^{(0)}\|_2 \leqslant \varepsilon)$

  for $i = 1:n$

    $d_i = a_i^{\mathrm{T}} a_i;\quad x_i^{(k+1)} = x_i^{(k)} + a_i^{\mathrm{T}} r^{(k)}/d_i;$

  end

  $r^{(k+1)} = b - Ax^{(k+1)};\quad k = k+1;$

end

Jacobi 迭代法的 MATLAB 程序如下:

```
function [x,fval,k,time]=nls_jacobi(A,b,x,tol,max_it)
tic;n=size(A,2);r=b-A*x;
d=zeros(n,1);nr=norm(A'*r);k=0;
for i=1:n
    d(i)=A(:,i)'*A(:,i);
end
while(k<=max_it)
    k=k+1;
    for i=1:n
       x(i)=x(i)+A(:,i)'*r/d(i);
    end
    r=b-A*x;s=A'*r;
    if (norm(s)/nr<tol)
        break;
    end
end
fval=norm(r);time=toc;
```

例 6.4 利用 Jacobi 迭代法的 MATLAB 程序, 计算最小二乘问题 $\min \|b - Ax\|_2$ 的极小解, 其中

$$A = \begin{bmatrix} 4 & -1 & 0 & 0 \\ 1 & 4 & -1 & 0 \\ 0 & 1 & 4 & -1 \\ 0 & 0 & 1 & 4 \\ 1 & 3 & 2 & 1 \\ 0 & 2 & 0 & 3 \\ 8 & 2 & 3 & 0 \end{bmatrix}, \quad x = \begin{bmatrix} x_1 \\ x_2 \\ x_3 \\ x_4 \end{bmatrix}, \quad b = \begin{bmatrix} 9 \\ 12 \\ 11 \\ 13 \\ 17 \\ 15 \\ 19 \end{bmatrix}.$$

取初始点为零向量, 容许误差为 10^{-10}.

解 编写 MATLAB 脚本文件 ex64.m, 并在命令窗口运行之, 迭代 151 次, 得到极小解和极小值

$$x^* = (1.3482, 2.7533, 2.0536, 2.7970)^{\mathrm{T}}, \quad \|b - Ax^*\|_2 = 8.0473.$$

2. Gauss-Seidel 迭代法

在分裂 $A^{\mathrm{T}}A = M - N$ 中, 令 $M = D - L$, $N = L^{\mathrm{T}}$, 则得到 Gauss-Seidel 迭代格式为

$$x^{(k+1)} = D^{-1}\left[Lx^{(k+1)} + (D - L - A^{\mathrm{T}}A)x^{(k)} + A^{\mathrm{T}}b\right], \quad k = 0, 1, \cdots, \tag{6.44}$$

或等价地, 有

$$x^{(k+1)} = x^{(k)} + (D - L)^{-1}A^{\mathrm{T}}(b - Ax^{(k)}), \quad k = 0, 1, \cdots. \tag{6.45}$$

不难发现, Gauss-Seidel 迭代法的迭代矩阵为 $G_S = (D - L)^{-1}(D - L - A^{\mathrm{T}}A) = (D - L)^{-1}L^{\mathrm{T}}$, 并需要显式地计算 $A^{\mathrm{T}}A$.

为了避免 $A^{\mathrm{T}}A$ 的显式计算, 可在第 k 步引入辅助变量 $z_1 = x^{(k)}$, $r_1 = r^{(k)}$, 则式 (6.44) 可化为

$$\begin{aligned} x^{(k+1)} &= D^{-1}\left[Lx^{(k+1)} + A^{\mathrm{T}}b + (D - L - A^{\mathrm{T}}A)x^{(k)}\right] \\ &= x^{(k)} + D^{-1}\left[L(x^{(k+1)} - x^{(k)}) + A^{\mathrm{T}}(b - Ax^{(k)})\right] \\ &= z_1 + D^{-1}\left[L(x^{(k+1)} - z_1) + A^{\mathrm{T}}r_1\right]. \end{aligned} \tag{6.46}$$

详细的算法步骤如下:

$r^{(0)} = b - Ax^{(0)}$; $k = 0$;
while $(\|r^{(k)}\|_2/\|r^{(0)}\|_2 \leqslant \varepsilon)$
  $r_1 = r^{(k)}$; $z_1 = x^{(k)}$;
  for $i = 1 : n$
    $d_i = a_i^{\mathrm{T}}a_i$; $\alpha_i = a_i^{\mathrm{T}}r_i/d_i$;
    $z_{i+1} = z_i + \alpha_i e^{(i)}$; $r_{i+1} = r_i - \alpha_i a_i$;
  end
  $x^{(k+1)} = z_{n+1}$; $r^{(k+1)} = r_{n+1}$; $k = k + 1$;
end

以上算法不再需要显式地计算 $A^{\mathrm{T}}A$.

Gauss-Seidel 迭代法的 MATLAB 程序如下:

```
function [x,fval,k,time]=nls_seidel(A,b,x,tol,max_it)
tic;n=size(A,2);
r=b-A*x;d=zeros(n,1);
nr=norm(A'*r);k=0;E=eye(n);
for i=1:n
    d(i)=A(:,i)'*A(:,i);
end
D=diag(d);Z=[x];R=[r];
while(k<=max_it)
    k=k+1;
    for i=1:n
        delta=A(:,i)'*R(:,i)/d(i);
        z=Z(:,i)+delta*E(:,i);
        r=R(:,i)-delta*A(:,i);Z=[Z,z];R=[R,r];
    end
    x=Z(:,n+1);r=b-A*x;Z=[x];R=[r];
    if(norm(A'*r)/nr<tol),break;end
end
fval=norm(r);time=toc;
```

例 6.5 利用 Gauss-Seidel 迭代法的 MATLAB 程序, 计算例 6.4 中的最小二乘问题 $\min\|b-Ax\|_2$ 的极小解. 取初始点为零向量, 容许误差为 10^{-10}.

解 编写 MATLAB 脚本文件 ex65.m, 并在命令窗口运行之, 迭代 18 次, 得到极小解和极小值

$$x^*=(1.3482,2.7533,2.0536,2.7970)^{\mathrm{T}},\quad \|b-Ax^*\|_2=8.0473.$$

3. SOR 迭代法

在分裂 $A^{\mathrm{T}}A=M-N$ 中, 令

$$M=\frac{1}{\omega}(D-\omega L),\quad N=\frac{1}{\omega}\left[(1-\omega)D+\omega L^{\mathrm{T}}\right],\quad \omega\neq 0,$$

则得到 SOR 迭代格式为

$$x^{(k+1)}=\omega D^{-1}\left(Lx^{(k+1)}+L^{\mathrm{T}}x^{(k)}+A^{\mathrm{T}}b\right)+(1-\omega)x^{(k)},\quad k=0,1,\cdots,\tag{6.47}$$

式中, ω 为松弛因子. 或等价地, 有

$$x^{(k+1)}=x^{(k)}+\omega D^{-1}\left[L(x^{(k+1)}-x^{(k)})+A^{\mathrm{T}}(b-Ax^{(k)})\right],\quad k=0,1,\cdots.\tag{6.48}$$

上述迭代法也需要显式地计算 $A^{\mathrm{T}}A$, 其迭代矩阵为 $G_\omega = (D-\omega L)^{-1}\big[(1-\omega)D + \omega L^{\mathrm{T}}\big]$.

同样, 为了避免显式计算 $A^{\mathrm{T}}A$, 可在第 k 步引入辅助变量 $z_1 = x^{(k)}$, $r_1 = r^{(k)}$, 则式 (6.47) 可化为

$$\begin{aligned} x^{(k+1)} &= x^{(k)} + \omega D^{-1}\left[L(x^{(k+1)} - x^{(k)}) + A^{\mathrm{T}}(b - Ax^{(k)})\right] \\ &= z_1 + \omega D^{-1}\left[L(x^{(k+1)} - z_1) + A^{\mathrm{T}} r_1\right]. \end{aligned} \tag{6.49}$$

详细的算法步骤如下:

$r^{(0)} = b - Ax^{(0)}$; $k = 0$;
while $(\|r^{(k)}\|_2/\|r^{(0)}\|_2 \leqslant \varepsilon)$
  $r_1 = r^{(k)}$; $z_1 = x^{(k)}$;
  for $i = 1:n$
    $d_i = a_i^{\mathrm{T}} a_i$; $\alpha_i = \omega a_i^{\mathrm{T}} r_i / d_i$;
    $z_{i+1} = z_i + \alpha_i e^{(i)}$; $r_{i+1} = r_i - \alpha_i a_i$;
  end
  $x^{(k+1)} = z_{n+1}$, $r^{(k+1)} = r_{n+1}$; $k = k+1$;
end

注 6.4 关于上述三种迭代法的收敛性定理, 跟第 3 章中求解线性方程组的 Jacobi 迭代法、Gauss-Seidel 迭代法和 SOR 迭代法相类似, 只需将此处的 $A^{\mathrm{T}}A$ 和 $A^{\mathrm{T}}b$ 分别视作方程 $Ax = b$ 中的 A 和 b 即可得到类似的结论.

SOR 迭代法的 MATLAB 程序如下:

```
function [x,fval,k,time]=nls_sor(A,b,w,x,tol,max_it)
%SOR迭代法求解法方程A'Ax=A'b
tic;n=size(A,2);r=b-A*x;d=zeros(n,1);
nr=norm(A'*r);k=0; E=eye(n);
for(i=1:n),d(i)=A(:,i)'*A(:,i);end
D=diag(d);Z=[x];R=[r];
while (k<=max_it)
    k=k+1;
    for i=1:n
        delta=w*A(:,i)'*R(:,i)/d(i);
        z=Z(:,i)+delta*E(:,i);
        r=R(:,i)-delta*A(:,i);
        Z=[Z,z]; R=[R,r];
    end
```

```
        x=Z(:,n+1);r=b-A*x;Z=[x];R=[r];
        if(norm(A'*r)/nr<tol),break;end
    end
    fval=norm(r);time=toc;
```

例 6.6 利用 SOR 迭代法的 MATLAB 程序, 计算例 6.4 中的最小二乘问题的极小解. 取初始点为零向量, 松弛因子 $\omega = 1.05$, 容许误差为 10^{-6}.

解 编写 MATLAB 脚本文件 ex66.m, 并在命令窗口运行之, 迭代 17 次, 得到极小解和极小值

$$x^* = (1.3482, 2.7533, 2.0536, 2.7970)^{\mathrm{T}}, \quad \|b - Ax^*\|_2 = 8.0473.$$

6.4.2 基于法方程的共轭梯度法

由于 $A \in \mathbf{R}^{m\times n}\,(m \geqslant n)$ 列满秩, 故最小二乘问题的法方程 (6.39) 是对称正定方程组. 因此, 法方程 (6.39) 等价于极小化问题

$$\min f(x) = \frac{1}{2}x^{\mathrm{T}}(A^{\mathrm{T}}A)x - (A^{\mathrm{T}}b)^{\mathrm{T}}x. \tag{6.50}$$

事实上, $f(x)$ 的梯度为

$$\nabla f(x) = A^{\mathrm{T}}Ax - A^{\mathrm{T}}b,$$

且对任意给定的非零向量 p 和实数 α, 有

$$f(x+\alpha p) = f(x) + \alpha\nabla f(x)^{\mathrm{T}}p + \frac{1}{2}\alpha^2 p^{\mathrm{T}}A^{\mathrm{T}}Ap.$$

若 x^* 是法方程 (6.39) 的解, 则有 $\nabla f(x^*) = 0$. 因此, 对任意非零向量 $p \in \mathbf{R}^n$, 有

$$f(x^*+\alpha p)\begin{cases} > f(x^*), & \alpha \neq 0, \\ = f(x^*), & \alpha = 0. \end{cases}$$

故 x^* 是 $f(x)$ 的极小点. 反之, 因 $A^{\mathrm{T}}A$ 对称正定, 可知 $f(x)$ 在 $\mathbf{R}^n$ 中有唯一的极小点. 若 x^* 是 $f(x)$ 的极小点, 则必有 $\nabla f(x^*) = A^{\mathrm{T}}Ax^* - A^{\mathrm{T}}b = 0$, 即 x^* 是法方程 (6.39) 的解.

类似于用共轭梯度法求解对称正定方程组 $Ax = b$ 的思想, 设 $x^{(0)} \in \mathbf{R}^n$ 是任意给定的一个初始向量, 对于 $k = 0, 1, 2, \cdots$, 从 $x^{(k)}$ 出发, 沿方向 $p^{(k)}$ 求函数 $f(x)$ 在直线 $x = x^{(k)} + \alpha p^{(k)}$ 上的极小点, 得

$$x^{(k+1)} = x^{(k)} + \alpha_k p^{(k)}, \quad r^{(k)} = b - Ax^{(k)}, \tag{6.51}$$

$$s^{(k)} = A^{\mathrm{T}} r^{(k)}, \quad \alpha_k = \frac{(s^{(k)}, p^{(k)})}{(p^{(k)}, A^{\mathrm{T}} A p^{(k)})}, \tag{6.52}$$

称向量 $p^{(k)}$ 为搜索方向. 若向量组 $p^{(0)}, p^{(1)}, \cdots, p^{(k-1)}$ 满足

$$\left(p^{(i)}, A^{\mathrm{T}} A p^{(j)}\right) = 0, \quad i \neq j, \tag{6.53}$$

且 $p^{(k)} \neq 0, k = 0, 1, \cdots, n-1$, 则称向量组 $\{p^{(k)}\}$ 为 $\mathbf{R}^n$ 中关于 $A^{\mathrm{T}}A$ 的一个共轭向量组, 称迭代法 (6.51) 为*共轭方向法*. 特别地, 若取 $p^{(0)} = s^{(0)}$,

$$p^{(k+1)} = s^{(k+1)} + \beta_k p^{(k)}, \quad \beta_k = -\frac{(s^{(k+1)}, A^{\mathrm{T}} A p^{(k)})}{(p^{(k)}, A^{\mathrm{T}} A p^{(k)})}, \tag{6.54}$$

则称为*共轭梯度法*.

由式 (6.51)、式 (6.52) 及式 (6.54) 可知, 若存在 $k \geqslant 0$, 使得 $s^{(k)} = 0$, 则 $x^{(k)}$ 为最小二乘问题的解, 且有 $\alpha_k = \beta_k = 0$, $s^{(k+1)} = p^{(k+1)} = 0$. 此外, 在上述的共轭梯度法中每次迭代需要计算 4 次矩阵与向量的乘法, 因此有必要对 α_k 和 β_k 的计算公式进行化简.

定理 6.6 *在共轭梯度法 (6.51)、(6.52) 和 (6.54) 中, 若 $k > 0$, $s^{(k)} \neq 0$, 则有*

$$\begin{cases} (s^{(k)}, s^{(i)}) = (s^{(k)}, p^{(i)}) = (p^{(k)}, A^{\mathrm{T}} A p^{(i)}) = 0, \quad 0 \leqslant i < k, \\ (p^{(k)}, s^{(i)}) = (s^{(k)}, s^{(k)}), \quad 0 \leqslant i \leqslant k. \end{cases} \tag{6.55}$$

证明 由定理的条件, 有 $\alpha_i \neq 0, i = 0, 1, \cdots, k$. 根据迭代公式, 得

$$\begin{cases} s^{(k+1)} = A^{\mathrm{T}} r^{(k+1)} = A^{\mathrm{T}}(b - Ax^{(k+1)}) = s^{(k)} - \alpha_k A^{\mathrm{T}} A p^{(k)}, \\ p^{(k+1)} = s^{(k+1)} + \beta_k p^{(k)} = s^{(k)} - \alpha_k A^{\mathrm{T}} A p^{(k)} + \beta_k p^{(k)}. \end{cases} \tag{6.56}$$

下面用归纳法证明定理的结论. 注意到

$$\begin{aligned} (s^{(1)}, s^{(0)}) = (s^{(1)}, p^{(0)}) &= (s^{(0)}, p^{(0)}) - \alpha_0 (A^{\mathrm{T}} A p^{(0)}, p^{(0)}) = 0, \\ (p^{(1)}, A^{\mathrm{T}} A p^{(0)}) &= (s^{(1)}, A^{\mathrm{T}} A p^{(0)}) + \beta_0 (p^{(0)}, A^{\mathrm{T}} A p^{(0)}) = 0, \\ (p^{(1)}, s^{(0)}) &= (p^{(1)}, s^{(1)} + \alpha_0 A^{\mathrm{T}} A p^{(0)}) = (p^{(1)}, s^{(1)}) \\ &= (s^{(1)} + \beta_0 p^{(0)}, s^{(1)}) = (s^{(1)}, s^{(1)}), \end{aligned}$$

即 $k = 1$ 时结论成立. 现假定一直到 $k\,(> 1)$ 时, 结论成立, 则

$$(s^{(k+1)}, p^{(k)}) = (s^{(k)}, p^{(k)}) - \alpha_k (A^{\mathrm{T}} A p^{(k)}, p^{(k)}) = 0,$$

$$
\begin{aligned}
(p^{(k+1)}, A^{\mathrm{T}}Ap^{(k)}) &= (s^{(k+1)}, A^{\mathrm{T}}Ap^{(k)}) + \beta_k(p^{(k)}, A^{\mathrm{T}}Ap^{(k)}) = 0, \\
(s^{(k+1)}, s^{(k)}) &= (s^{(k+1)}, p^{(k)} - \beta_{k-1}p^{(k-1)}) = -\beta_{k-1}(s^{(k+1)}, p^{(k-1)}) \\
&= -\beta_{k-1}(s^{(k)} - \alpha_k A^{\mathrm{T}}Ap^{(k)}, p^{(k-1)}) = 0.
\end{aligned}
$$

当 $i<k$ 时, 有

$$
\begin{aligned}
(s^{(k+1)}, p^{(i)}) &= (s^{(k)}, p^{(i)}) - \alpha_k(A^{\mathrm{T}}Ap^{(k)}, p^{(i)}) = 0, \\
(p^{(k+1)}, A^{\mathrm{T}}Ap^{(i)}) &= (s^{(k+1)}, A^{\mathrm{T}}Ap^{(i)}) + \beta_k(p^{(k)}, A^{\mathrm{T}}Ap^{(i)}) \\
&= (s^{(k+1)}, A^{\mathrm{T}}Ap^{(i)}) = (s^{(k+1)}, (s^{(i)} - s^{(i+1)})/\alpha_i) = 0, \\
(s^{(k+1)}, s^{(i)}) &= (s^{(k+1)}, p^{(i)} - \beta_{i-1}p^{(i-1)}) = -\beta_{i-1}(s^{(k+1)}, p^{(i-1)}) \\
&= -\beta_{i-1}(s^{(k)} - \alpha_k A^{\mathrm{T}}Ap^{(k)}, p^{(i-1)}) = 0.
\end{aligned}
$$

又当 $i \leqslant k+1$ 时, 有

$$
\begin{aligned}
(p^{(k+1)}, s^{(i)}) &= \left(p^{(k+1)}, s^{(k+1)} + \sum_{l=i}^{k} \alpha_l A^{\mathrm{T}}Ap^{(l)}\right) = (p^{(k+1)}, s^{(k+1)}) \\
&= (s^{(k+1)} + \beta_k p^{(k)}, s^{(k+1)}) = (s^{(k+1)}, s^{(k+1)}).
\end{aligned}
$$

由归纳法原理, 定理得证. □

利用式 (6.56) 的第 1 式, 当 $\alpha_k \neq 0$ 时, 有

$$
A^{\mathrm{T}}Ap^{(k)} = \frac{s^{(k)} - s^{(k+1)}}{\alpha_k},
$$

代入 α_k 和 β_k 的表达式并化简, 得

$$
\alpha_k = \frac{\|s^{(k)}\|_2^2}{\|Ap^{(k)}\|_2^2}, \quad \beta_k = \frac{\|s^{(k+1)}\|_2^2}{\|s^{(k)}\|_2^2}. \tag{6.57}
$$

算法 6.4(CGLS) 给定矩阵 $A \in \mathbf{R}_n^{m\times n}$, 向量 $b \in \mathbf{R}^m$ 和容许误差 $\varepsilon > 0$. 本算法计算向量 $x^{(k)}$, 使得 $\|s^{(k)}\|_2/\|s^{(0)}\|_2 \leqslant \varepsilon$, 其中 $r^{(k)} = b - Ax^{(k)}$, $s^{(k)} = A^{\mathrm{T}}r^{(k)}$.

取初始向量 $x^{(0)} \in \mathbf{R}^n$;

计算 $r^{(0)} = b - Ax^{(0)}$; $p^{(0)} = s^{(0)} = A^{\mathrm{T}}r^{(0)}$; $\gamma_0 = \|s^{(0)}\|_2^2$; $k=0$;

while ($\|s^{(k)}\|_2/\|s^{(0)}\|_2 \leqslant \varepsilon$)

  $q^{(k)} = Ap^{(k)}$; $\alpha_k = \gamma_k/\|q^{(k)}\|_2^2$;

$x^{(k+1)} = x^{(k)} + \alpha_k p^{(k)}$;

$r^{(k+1)} = r^{(k)} - \alpha_k q^{(k)}$; $s^{(k+1)} = A^{\mathrm{T}} r^{(k+1)}$;

$\gamma_{k+1} = \|s^{(k+1)}\|_2^2$; $\beta_k = \gamma_{k+1}/\gamma_k$;

$p^{(k+1)} = s^{(k+1)} + \beta_k p^{(k)}$;

$k = k+1$;

end

算法 6.4 的有限终止性、收敛性和收敛速度的分析与求解对称正定方程组 $Ax = b$ 的共轭梯度法相类似, 此处不再赘述. 此外, 不难发现算法 6.4 的每次迭代已经减少到只需计算两次矩阵与向量的乘法.

算法 6.4 的 MATLAB 程序如下:

```
function [x,fval,k,time]=nls_cg(A,b,x,tol,max_it)
tic;n=size(A,2);r=b-A*x;
s=A'*r;p=s;gama=s'*s;
nr=norm(s);k=0;
while (k<=max_it)
    k=k+1;q=A*p;alpha=gama/(q'*q);
    x=x+alpha*p;r=r-alpha*q;s=A'*r;
    if (norm(s)/nr<tol),break;end
    gama1=s'*s;beta=gama1/gama;
    p=s+beta*p;gama=gama1;
end
fval=norm(r);time=toc;
```

例 6.7 利用 CG 法的 MATLAB 程序, 计算例 6.4 中的最小二乘问题的极小解, 并与 Jacobi 迭代法进行比较 (取初始点为零向量, 容许误差 $\varepsilon = 10^{-10}$).

解 编写 MATLAB 脚本文件 ex67.m, 并在命令窗口运行之, 得到数值结果如表 6.1 所示.

表 6.1 CG 法与 Jacobi 法的数值结果

算法	迭代次数	CPU 时间	极小解	极小值
Jacobi	151	0.0025	$(1.3482, 2.7533, 2.0536, 2.7970)^{\mathrm{T}}$	8.0473
CG	4	0.0009	$(1.3482, 2.7533, 2.0536, 2.7970)^{\mathrm{T}}$	8.0473

习 题 6

6.1 利用等式

$$\|A(x+\alpha w) - b\|_2^2 = \|Ax - b\|_2^2 + 2\alpha w^{\mathrm{T}} A^{\mathrm{T}}(Ax - b) + \alpha^2 \|Aw\|_2^2.$$

证明: 若 $x \in S_{\mathrm{LS}}$, 则 $A^{\mathrm{T}}Ax = A^{\mathrm{T}}b$.

6.2 给定矩阵 $A \in \mathbf{R}^{m\times n}$, 其 Moore-Penrose 广义逆矩阵记为 $A^{\dagger}$. 试证明:

(1) 若 $\mathrm{rank}(A) = n$, 则 $A^{\dagger} = (A^{\mathrm{T}}A)^{-1}A^{\mathrm{T}}$;

(2) 若 $\mathrm{rank}(A) = r \leqslant n$, 且 $A = BC$, 其中 $B \in \mathbf{R}^{m\times r}$, $C \in \mathbf{R}^{r\times n}$, 则 $A^{\dagger} = C^{\dagger}B^{\dagger}$;

(3) $A^{\dagger}b$ 是超定方程组 $Ax = b$ 的极小范数最小二乘解.

6.3 证明问题 (6.18) 和问题 (6.19) 的等价性.

6.4 设

$$A = \begin{bmatrix} 2 & 1 \\ 1 & 0 \\ 1 & 0 \end{bmatrix}, \quad b = \begin{bmatrix} 2 \\ 1 \\ 1 \end{bmatrix}.$$

求 LS 问题 (6.1) 的 LS 解 x_{LS}.

6.5 设

$$A = \begin{bmatrix} 1 & 3 & 1 & 1 \\ 2 & 0 & 0 & 0 \\ 1 & 0 & 0 & 0 \end{bmatrix}, \quad b = \begin{bmatrix} 1 \\ 1 \\ 1 \end{bmatrix}.$$

求 LS 问题的全部解.

6.6 设矩阵 $A \in \mathbf{R}^{m\times n}$, 且存在 $X \in \mathbf{C}^{n\times m}$ 使得对每个 $b \in \mathbf{R}^{m}$, $x = Xb$ 均极小化 $\|Ax - b\|_2$. 试证明: $AXA = A$ 和 $(AX)^{\mathrm{T}} = AX$.

6.7 给定 $f \in \mathbf{R}^{m}$, $g \in \mathbf{R}^{n}$. 定义

$$\mathcal{X} = \{X \in \mathbf{R}^{m\times n} : X^{\mathrm{T}}f = g\}.$$

证明: 当且仅当 $gf^{\dagger}f = g$ 时, $\mathcal{X} \neq \varnothing$, 且当 $\mathcal{X} \neq \varnothing$ 时, 任一 $X \in \mathcal{X}$ 都可表示成

$$X = (f^{\mathrm{T}})^{\dagger}g^{\mathrm{T}} + (I - ff^{\dagger})Z,$$

其中 $Z \in \mathbf{R}^{m\times n}$.

6.8 给定矩阵 $A \in \mathbf{C}^{m\times m}$, $B \in \mathbf{C}^{n\times n}$ 和 $C \in \mathbf{C}^{m\times n}$. 求矩阵 $X \in \mathbf{C}^{m\times n}$, 使其满足

$$\|AX - XB - C\|_{\mathrm{F}} = \min,$$

并讨论 $AX - XB = C$ 相容的条件.

第 7 章 矩阵特征值问题的数值方法

许多工程实际问题的求解, 如振动问题、稳定性问题等, 最终都归结为求某些矩阵的特征值和特征向量的问题. n 阶方阵 $A \in \mathbf{C}^{n\times n}$ 的特征值与特征向量, 是满足如下两个方程的数 $\lambda \in \mathbf{C}$ 和非零向量 $x \in \mathbf{C}^n$:

$$p(\lambda) = \det(A - \lambda I) = 0, \tag{7.1}$$

$$Ax = \lambda x \quad \text{或} \quad (A - \lambda I)x = 0. \tag{7.2}$$

式 (7.1) 称为矩阵 A 的特征方程, I 是 n 阶单位阵, $\det(A-\lambda I)$ 表示方阵 $A-\lambda I$ 的行列式, 它是 λ 的 n 次代数多项式, 当 n 较大时其零点难以准确求解. 因此, 从数值计算的观点来看, 用特征多项式来求矩阵特征值的方法并不可取, 必须建立有效的数值方法.

在实际应用中, 求矩阵的特征值和特征向量通常采用迭代法. 其基本思想是, 将特征值和特征向量作为一个无限序列的极限来求得. 舍入误差对这类方法的影响很小, 但通常计算量较大.

根据具体问题的需要, 有些实际问题只要计算模最大的特征值. 当然, 更多的问题则要求计算全部特征值和特征向量. 本章介绍几种目前在计算机上比较常用的矩阵特征值问题的数值方法.

7.1 矩阵的特征值估计

在数值计算和其他学科中, 往往需要估计一个矩阵的特征值在复平面上的位置. 例如, 在研究一个迭代算法时, 需要判断迭代矩阵的特征值是否全部落在单位圆内. 又如, 分析一个非线性系统是否稳定时, 需要知道有关矩阵的特征值是否全部落在复平面的左半部. 本节扼要介绍一些这方面的结果.

首先讨论 Hermite 矩阵的特征值表示问题. 由于 Hermite 矩阵 $A \in \mathbf{C}^{n\times n}$ 的特征值均为实数, 故可约定其 n 个特征值的排列次序为

$$\lambda_1 \geqslant \lambda_2 \geqslant \cdots \geqslant \lambda_n. \tag{7.3}$$

定义 7.1 设 $A \in \mathbf{C}^{n\times n}$ 为 Hermite 矩阵, 对任意的非零向量 $x \in \mathbf{C}^n$, 称

$$R(x) = \frac{(Ax, x)}{(x, x)}$$

为 x 的 Rayleigh 商.

下面的定理说明了 Hermite 矩阵的特征值可以用 Rayleigh 商的极大值和极小值来描述.

定理 7.1 设矩阵 $A^* = A \in \mathbf{C}^{n\times n}$, 则

$$\max_{0\neq x\in\mathbf{C}^n} \frac{(Ax,x)}{(x,x)} = \lambda_{\max}(A), \quad \min_{0\neq x\in\mathbf{C}^n} \frac{(Ax,x)}{(x,x)} = \lambda_{\min}(A). \tag{7.4}$$

证明 设 A 的特征值为 $\lambda_1 \geqslant \lambda_2 \geqslant \cdots \geqslant \lambda_n$, 则存在酉矩阵 Q 使得

$$A = Q\text{diag}(\lambda_1, \lambda_2, \cdots, \lambda_n)Q^*,$$

故

$$\begin{aligned}\frac{(Ax,x)}{(x,x)} &= \frac{(Q\text{diag}(\lambda_1,\lambda_2,\cdots,\lambda_n)Q^*x, x)}{(Q^*x, Q^*x)} \\ &= \frac{(\text{diag}(\lambda_1,\lambda_2,\cdots,\lambda_n)Q^*x, Q^*x)}{(Q^*x, Q^*x)}.\end{aligned}$$

令

$$y = Q^*x = (y_1, y_2, \cdots, y_n)^{\mathrm{T}},$$

则

$$\begin{aligned}\frac{(Ax,x)}{(x,x)} &= \frac{(\text{diag}(\lambda_1,\lambda_2,\cdots,\lambda_n)y, y)}{(y,y)} \\ &= \frac{\lambda_1 y_1^2 + \lambda_2 y_2^2 + \cdots + \lambda_n y_n^2}{y_1^2 + y_2^2 + \cdots + y_n^2}.\end{aligned}$$

由于

$$\lambda_n(y_1^2 + y_2^2 + \cdots + y_n^2) \leqslant \lambda_1 y_1^2 + \lambda_2 y_2^2 + \cdots + \lambda_n y_n^2 \leqslant \lambda_1(y_1^2 + y_2^2 + \cdots + y_n^2),$$

故

$$\lambda_n \leqslant \frac{(Ax,x)}{(x,x)} \leqslant \lambda_1, \quad \forall\, 0 \neq x \in \mathbf{C}^n.$$

取 x_1 和 x_n 分别为对应于 λ_1 和 λ_n 的特征向量, 则

$$\frac{(Ax_1, x_1)}{(x_1, x_1)} = \lambda_1, \quad \frac{(Ax_n, x_n)}{(x_n, x_n)} = \lambda_n,$$

因此结论成立. □

为了细致描述 n 阶矩阵的特征值在复平面上的分布范围, 下面引进 Gerschgorin 圆盘 (简称盖尔圆或盖氏圆).

定义 7.2　设 $A=(a_{ij})\in \mathbf{C}^{n\times n}$, 令 $R_i=\sum\limits_{j=1,\,j\neq i}^{n}|a_{ij}|$, 则称

$$G_i=\{z|z\in \mathbf{C}:|z-a_{ii}|\leqslant R_i\},\quad i=1,2,\cdots n \tag{7.5}$$

为 A 的第 i 个盖氏圆.

定理 7.2　设 λ 是 $A\in \mathbf{C}^{n\times n}$ 的任一特征值, 则 $\lambda\in\bigcup\limits_{i=1}^{n}G_i$, 即 A 的任一特征值都落在它的 n 个盖氏圆盘的并集内.

证明　设 A 的对应于特征值 λ 的特征向量为 $x=(x_1,x_2,\cdots,x_n)^{\mathrm{T}}$. 选取 i_0 使得 $|x_{i_0}|=\max\limits_{1\leqslant i\leqslant n}|x_i|$, 则由 $Ax=\lambda x$ 可得

$$\begin{aligned}\sum_{j=1}^{n}a_{i_0j}x_j=\lambda x_{i_0}&\Longrightarrow(\lambda-a_{i_0i_0})x_{i_0}=\sum_{j=1,j\neq i_0}^{n}a_{i_0j}x_j\\&\Longrightarrow|\lambda-a_{i_0i_0}|=\left|\sum_{j=1,j\neq i_0}^{n}a_{i_0j}\frac{x_j}{x_{i_0}}\right|\leqslant R_{i_0},\end{aligned}$$

即 $\lambda\in G_{i_0}\subset\bigcup\limits_{i=1}^{n}G_i$. □

定理 7.2 用一组圆盘覆盖矩阵的特征值分布区域, 下面介绍用另外一组几何图形覆盖矩阵的特征值分布区域的定理, 后者可以看作前者的推广.

定理 7.3　设 λ 是 $A\in \mathbf{C}^{n\times n}\,(n>1)$ 的任一特征值, 则 λ 位于某个

$$\Omega_{ij}=\big\{z\,|\,z\in \mathbf{C},|z-a_{ii}||z-a_{jj}|\leqslant R_iR_j,\,i\neq j;\,i,j=1,2,\cdots,n\big\}$$

之中, 称 $\Omega_{ij}(i\neq j)$ 为 A 的 Cassini (卡西尼) 卵形.

证明　设 A 的对应于特征值 λ 的特征向量为 $x=(x_1,x_2,\cdots,x_n)^{\mathrm{T}}$. 选取 $i_0\neq j_0$ 满足 $|x_{i_0}|\geqslant|x_{j_0}|\geqslant|x_k|(k\neq i_0,j_0)$, 下证 $\lambda\in\Omega_{i_0j_0}$.

(1) 如果 $x_{j_0}=0$, 则 $x_{i_0}\neq 0$, $x_k=0\ (k\neq i_0)$. 由 $Ax=\lambda x$ 可得

$$\lambda x_{i_0}=\sum_{k=1}^{n}a_{i_0k}x_k=a_{i_0i_0}x_{i_0}\Longrightarrow\lambda=a_{i_0i_0}.$$

故

$$\left|\lambda - a_{i_0 i_0}\right|\left|\lambda - a_{j_0 j_0}\right| = 0 \leqslant R_{i_0} R_{j_0}.$$

(2) 如果 $x_{j_0} \neq 0$, 则 $\left|x_{i_0}\right| \geqslant \left|x_{j_0}\right| > 0$, 再由 $Ax = \lambda x$ 可得

$$(\lambda - a_{ii})x_i = \sum_{k \neq i} a_{ik} x_k, \quad i = 1, 2, \cdots, n.$$

取 $i = i_0$ 时, 可得

$$|\lambda - a_{i_0 i_0}||x_{i_0}| \leqslant \sum_{k \neq i_0} |a_{i_0 k}||x_k| \leqslant |x_{j_0}| R_{i_0}.$$

取 $i = j_0$ 时, 可得

$$|\lambda - a_{j_0 j_0}||x_{j_0}| \leqslant \sum_{k \neq j_0} |a_{j_0 k}||x_k| \leqslant |x_{i_0}| R_{j_0}.$$

因此 $|\lambda - a_{i_0 i_0}||\lambda - a_{j_0 j_0}| \leqslant R_{i_0} R_{j_0}$. 综述 (1) 和 (2) 即得 $\lambda \in \Omega_{i_0 j_0}$. □

推论 7.1 设 $A = (a_{ij}) \in \mathbf{C}^{n \times n}\,(n > 1)$ 满足 $|a_{ii}||a_{jj}| > R_i R_j\,(i \neq j)$, 则 $\det(A) \neq 0$.

证明 设 λ 是 A 的任一特征值, 那么必有 Ω_{ij} 使得 $\lambda \in \Omega_{ij}$, 即

$$|\lambda - a_{ii}||\lambda - a_{jj}| \leqslant R_i R_j.$$

如果 $\lambda = 0$, 则有 $|a_{ii}||a_{jj}| \leqslant R_i R_j$, 这与题设矛盾, 故 $\lambda \neq 0$. 从而 $\det(A) \neq 0$. □

7.2 幂法和反幂法

本节介绍求解矩阵模最大特征值的幂法及模最小特征值的反幂法.

1. 幂法

幂法是通过求矩阵的特征向量来求出相应特征值的一种迭代法. 它主要用来求按模最大的特征值和相应的特征向量. 其优点是算法简单, 容易计算机实现, 缺点是收敛速度慢, 其有效性依赖于矩阵特征值的分布情况.

适于使用幂法的常见情形是: A 的特征值可按模的大小排列为 $|\lambda_1| > |\lambda_2| \geqslant \cdots \geqslant |\lambda_n|$, 且其对应特征向量 $\xi_1, \xi_2, \cdots, \xi_n$ 线性无关. 此时, 任意非零向量 $x^{(0)}$ 均可用 $\xi_1, \xi_2, \cdots, \xi_n$ 线性表示, 即

$$x^{(0)} = \alpha_1 \xi_1 + \alpha_2 \xi_2 + \cdots + \alpha_n \xi_n, \tag{7.6}$$

且 $\alpha_1, \alpha_2, \cdots, \alpha_n$ 不全为零. 作向量序列 $x^{(k)} = A^k x^{(0)}$, 则

$$
\begin{aligned}
x^{(k)} &= A^k x^{(0)} = \alpha_1 A^k \xi_1 + \alpha_2 A^k \xi_2 + \cdots + \alpha_n A^k \xi_n \\
&= \alpha_1 \lambda_1^k \xi_1 + \alpha_2 \lambda_2^k \xi_2 + \cdots + \alpha_n \lambda_n^k \xi_n \\
&= \lambda_1^k \left[\alpha_1 \xi_1 + \alpha_2 \left(\frac{\lambda_2}{\lambda_1} \right)^k \xi_2 + \cdots + \alpha_n \left(\frac{\lambda_n}{\lambda_1} \right)^k \xi_n \right].
\end{aligned}
$$

由此可见, 若 $\alpha_1 \neq 0$, 则因 $k \to \infty$ 时, 有

$$
\left(\frac{\lambda_i}{\lambda_1} \right)^k \to 0, \quad i = 2, \cdots, n,
$$

故当 k 充分大时, 必有

$$
x^{(k)} \approx \lambda_1^k \alpha_1 \xi_1,
$$

即 $x^{(k)}$ 可以近似看成 λ_1 对应的特征向量; 而 $x^{(k)}$ 与 $x^{(k-1)}$ 分量之比为

$$
\frac{x_i^{(k)}}{x_i^{(k-1)}} \approx \frac{\lambda_1^k \alpha_1 (\xi_1)_i}{\lambda_1^{k-1} \alpha_1 (\xi_1)_i} = \lambda_1.
$$

于是利用向量序列 $\{x^{(k)}\}$ 既可求出按模最大的特征值 λ_1, 又可求出对应的特征向量 ξ_1.

在实际计算中, 考虑到当 $|\lambda_1| > 1$ 时, $\lambda_1^k \to \infty$; 当 $|\lambda_1| < 1$ 时, $\lambda_1^k \to 0$, 因而计算 $x^{(k)}$ 时可能会导致计算机“上溢”或“下溢”现象发生, 故采取每步将 $x^{(k)}$ 归一化处理的办法, 即将 $x^{(k)}$ 的各分量都除以模最大的分量, 使 $\|x^{(k)}\|_\infty = 1$. 于是, 求 A 按模最大的特征值 λ_1 和对应的特征向量 ξ_1 的算法, 可归纳为如下步骤.

算法 7.1(幂法)

步 1, 输入矩阵 A, 初始向量 $v^{(0)}$, 误差限 ε, 最大迭代次数 N. 记 m_0 是 $v^{(0)}$ 按模最大的分量, $x^{(0)} = v^{(0)}/m_0$. 置 $k := 0$.

步 2, 计算 $v^{(k+1)} = Ax^{(k)}$. 记 m_{k+1} 是 $v^{(k+1)}$ 按模最大的分量, $x^{(k+1)} = v^{(k+1)}/m_{k+1}$.

步 3, 若 $|m_{k+1} - m_k| < \varepsilon$, 停算, 输出近似特征值 m_{k+1} 和近似特征向量 $x^{(k+1)}$; 否则, 转步 4.

步 4, 若 $k < N$, 置 $k := k+1$, 转步 2; 否则输出计算失败信息, 停算.

算法 7.1 称为幂法. 幂法的算法结构简单, 容易编程实现. 其 MATLAB 程序如下:

```
function [lam,v,k]=mypower(A,x,tol,N)
%用幂法计算矩阵的模最大特征值和对应的特征向量
```

```
%输入:A为n阶方阵,x为初始向量,tol为控制精度,N为最大迭代次数
%输出:lam为按模最大的特征值,v为对应的特征向量,k为迭代次数
if nargin<4,N=1000;end
if nargin<3,tol=1e-6;end
m=0; k=0;
while(k<N)
   v=A*x;[~,t]=max(abs(v));
   m1=v(t);x=v/m1;err=abs(m1-m);
   if(err<tol),break;end
   m=m1;k=k+1;
end
lam=m1;v=x;
```

例 7.1 利用程序 mypower.m 求矩阵 A 按模最大的特征值 λ_1 和对应的特征向量 ξ_1, 其中

$$A=\begin{bmatrix} 1 & -1 & & & \\ -1 & 2 & -1 & & \\ & \ddots & \ddots & \ddots & \\ & & -1 & 99 & -1 \\ & & & -1 & 100 \end{bmatrix}.$$

解 用幂法的 MATLAB 程序, 编写 MATLAB 脚本文件 ex71.m, 取容许误差为 $\varepsilon=10^{-6}$, 在命令窗口运行之, 迭代 661 次得到模最大的特征值 $\lambda_1=100.7461$.

下面证明算法 7.1 的收敛性定理.

定理 7.4 设矩阵 A 的特征值可按模的大小排列为 $|\lambda_1|>|\lambda_2|\geqslant\cdots\geqslant|\lambda_n|$, 且其对应特征向量 $\xi_1,\xi_2,\cdots,\xi_n$ 线性无关. 序列 $\{x^{(k)}\}$ 由算法 7.1 产生, 则有

$$\lim_{k\to\infty}x^{(k)}=\frac{\xi_1}{\max\{\xi_1\}}:=\xi_1^0,\quad \lim_{k\to\infty}m_k=\lambda_1, \tag{7.7}$$

式中, ξ_1^0 为将 ξ_1 归一化后得到的向量; $\max\{\xi_1\}$ 为向量 ξ_1 模最大的分量.

证明 由算法 7.1 的步 2 和步 3 知

$$x^{(k)}=\frac{v^{(k)}}{m_k}=\frac{Ax^{(k-1)}}{m_k}=\frac{A^2x^{(k-2)}}{m_km_{k-1}}=\cdots=\frac{A^kx^{(0)}}{m_km_{k-1}\cdots m_1}.$$

由于 $x^{(k)}$ 的最大分量为 1, 即 $\max\{x^{(k)}\}=1$, 故

$$m_km_{k-1}\cdots m_1=\max\{A^kx^{(0)}\}.$$

从而

$$x^{(k)} = \frac{A^k x^{(0)}}{\max\{A^k x^{(0)}\}} = \frac{\lambda_1^k \left[\alpha_1 \xi_1 + \sum_{i=2}^{n} \alpha_i \left(\frac{\lambda_i}{\lambda_1}\right)^k \xi_i\right]}{\max\left\{\lambda_1^k \left[\alpha_1 \xi_1 + \sum_{i=2}^{n} \alpha_i \left(\frac{\lambda_i}{\lambda_1}\right)^k \xi_i\right]\right\}}$$

$$= \frac{\alpha_1 \xi_1 + \sum_{i=2}^{n} \alpha_i \left(\frac{\lambda_i}{\lambda_1}\right)^k \xi_i}{\max\left\{\alpha_1 \xi_1 + \sum_{i=2}^{n} \alpha_i \left(\frac{\lambda_i}{\lambda_1}\right)^k \xi_i\right\}}.$$

可见

$$\lim_{k\to\infty} x^{(k)} = \frac{\alpha_1 \xi_1}{\max\{\alpha_1 \xi_1\}} = \frac{\xi_1}{\max\{\xi_1\}} = \xi_1^0.$$

又

$$v^{(k)} = A x^{(k-1)} = \frac{A^k x^{(0)}}{m_{k-1} \cdots m_1} = \frac{A^k x^{(0)}}{\max\{A^{k-1} x^{(0)}\}}$$

$$= \frac{\lambda_1^k \left[\alpha_1 \xi_1 + \sum_{i=2}^{n} \alpha_i \left(\frac{\lambda_i}{\lambda_1}\right)^k \xi_i\right]}{\lambda_1^{k-1} \max\left\{\alpha_1 \xi_1 + \sum_{i=2}^{n} \alpha_i \left(\frac{\lambda_i}{\lambda_1}\right)^{k-1} \xi_i\right\}},$$

注意到 m_k 是 $v^{(k)}$ 模最大的分量, 即有

$$m_k = \max\{v^{(k)}\} = \lambda_1 \frac{\max\left\{\alpha_1 \xi_1 + \sum_{i=2}^{n} \alpha_i \left(\frac{\lambda_i}{\lambda_1}\right)^k \xi_i\right\}}{\max\left\{\alpha_1 \xi_1 + \sum_{i=2}^{n} \alpha_i \left(\frac{\lambda_i}{\lambda_1}\right)^{k-1} \xi_i\right\}},$$

从而 $\lim_{k\to\infty} m_k = \lambda_1$ 成立. □

2. 幂法的加速技术

定理 7.5　在定理 7.4 的条件下, 算法 7.1 是线性收敛的.

证明　设 k 充分大时, $A^k x^{(0)}$ 的按模最大分量是它的第 j 个分量, 则

$$
\begin{aligned}
m_k-\lambda_1&=\max\{v^{(k)}\}-\lambda_1=\frac{\max\{A^kx^{(0)}\}}{\max\{A^{k-1}x^{(0)}\}}-\lambda_1\\
&=\frac{\left[\beta_1\lambda_1^k\xi_1+\beta_2\lambda_2^k\xi_2+\cdots+\beta_n\lambda_n^k\xi_n\right]_j}{\left[\beta_1\lambda_1^{k-1}\xi_1+\beta_2\lambda_2^{k-1}\xi_2+\cdots+\beta_n\lambda_n^{k-1}\xi_n\right]_j}-\lambda_1\\
&=\frac{\left[\beta_2\lambda_2^{k-1}(\lambda_2-\lambda_1)\xi_2+\cdots+\beta_n\lambda_n^{k-1}(\lambda_n-\lambda_1)\xi_n\right]_j}{\left[\beta_1\lambda_1^{k-1}\xi_1+\beta_2\lambda_2^{k-1}\xi_2+\cdots+\beta_n\lambda_n^{k-1}\xi_n\right]_j}.
\end{aligned}
$$

于是有

$$
\begin{aligned}
m_k-\lambda_1&=\left(\frac{\lambda_2}{\lambda_1}\right)^{k-1}\frac{\left[\beta_2(\lambda_2-\lambda_1)\xi_2+\sum_{i=3}^{n}\beta_i\left(\frac{\lambda_i}{\lambda_2}\right)^{k-1}(\lambda_i-\lambda_1)\xi_i\right]_j}{\left[\beta_1\xi_1+\sum_{i=2}^{n}\beta_i\left(\frac{\lambda_i}{\lambda_1}\right)^{k-1}\xi_i\right]_j}\\
&=\left(\frac{\lambda_2}{\lambda_1}\right)^{k-1}M_k,\quad M_k\to M,
\end{aligned}
$$

式中, M 为常数. 所以, 当 $k\to\infty$ 时, 有

$$
\frac{|m_{k+1}-\lambda_1|}{|m_k-\lambda_1|}=\left|\frac{M_{k+1}(\lambda_2/\lambda_1)^k}{M_k(\lambda_2/\lambda_1)^{k-1}}\right|\to\left|\frac{\lambda_2}{\lambda_1}\right|,
$$

这就证明了幂法的线性收敛速度. □

定理 7.5 表明, 幂法的收敛速度与比值 $|\lambda_2/\lambda_1|$ 的大小有关, $|\lambda_2/\lambda_1|$ 越小, 收敛速度越快, 当此比值接近于 1 时, 收敛速度是非常缓慢的. 因此, 可以对矩阵作一原点位移, 令

$$
B=A-\alpha I,
$$

式中, α 为参数. 选择此参数可使矩阵 B 的上述比值更小, 以加快幂法的收敛速度. 设矩阵 A 的特征值为 $\lambda_1,\lambda_2,\cdots,\lambda_n$, 对应的特征向量为 $\xi_1,\xi_2,\cdots,\xi_n$, 则矩阵 B 的特征值为 $\lambda_1-\alpha,\lambda_2-\alpha,\cdots,\lambda_n-\alpha$, B 的特征向量和 A 的特征向量相同. 假设原点位移后, B 的特征值 $\lambda_1-\alpha$ 仍为模最大的特征值, 选择 α 的目的是使

$$
\max_{2\leqslant i\leqslant n}\frac{|\lambda_i-\alpha|}{|\lambda_1-\alpha|}<\left|\frac{\lambda_2}{\lambda_1}\right|. \tag{7.8}
$$

适当地选择 α 可使幂法的收敛速度得到加速. 此时 $m_k\to\lambda_1-\alpha$, $m_k+\alpha\to\lambda_1$, 而 $x^{(k)}$ 仍然收敛于 A 的特征向量 ξ_1^0. 这种加速收敛的方法称为*原点位移法*.

在实际计算中, 由于矩阵的特征值分布情况事先一般是不知道的, 参数 α 的选取存在困难, 因为 α 的选取要保证 $\lambda_1-\alpha$ 仍然是矩阵 $B(=A-\alpha I)$ 模最大的特征值, 故原点位移法是很难实现的. 但是, 在反幂法中, 原点位移参数 α 是非常容易选取的, 因此, 带原点位移的反幂法已成为改进特征值和特征向量精度的标准算法.

采用原点位移加速技术的幂法 MATLAB 程序如下:

```
function [lam,v,k]=mopower(A,x,alpha,tol,N)
%用原点位移幂法求矩阵的模最大特征值和对应的特征向量
%输入:A为n阶方阵,x为初始向量,tol为控制精度,N最大迭代次数,
%alpha为原点位移参数
%输出:lam返回按模最大的特征值,v返回对应的特征向量,k返回迭代次数
if nargin<5,N=1000;end
if nargin<4,tol=1e-6;end
m=0;k=0;
A=A-alpha*eye(length(x));
while(k<N)
    v=A*x;
    [~,t]=max(abs(v));
    m1=v(t);x=v/m1;err=abs(m1-m);
    if err<tol,break;end
    m=m1;k=k+1;
end
lam=m1+alpha;v=x;
```

例 7.2　利用原点位移幂法通用程序, 取 $\alpha=50$, 求例 7.1 中的矩阵 A 按模最大的特征值 λ_1 和对应的特征向量 ξ_1.

解　用原点位移幂法的 MATLAB 程序, 编写 M 文件 ex72.m, 在命令窗口运行该文件, 迭代 353 次得到模最大的特征值 $\lambda_1=100.7461$.

由计算结果可以看出, 在同样的精度控制下, 带原点位移加速的幂法只需要迭代 353 次, 而纯粹的幂法则需要迭代 661 次 (例 7.1).

3. 反幂法

设 A 可逆, 则对 A 的逆阵 A^{-1} 执行幂法称为反幂法. 由于 $A\xi_i=\lambda_i\xi_i$ 时, 则有 $A^{-1}\xi_i=\lambda_i^{-1}\xi_i$. 因此, 若 $|\lambda_1|\geqslant|\lambda_2|\geqslant\cdots\geqslant|\lambda_{n-1}|>|\lambda_n|$, 则 λ_n^{-1} 是 A^{-1} 按模最大的特征值, 此时按反幂法, 必有

$$m_k\to\lambda_n^{-1},\quad x^{(k)}\to\xi_n^0,$$

且其收敛率为 $|\lambda_n/\lambda_{n-1}|$. 任取初始向量 $x^{(0)}$, 构造向量序列

$$x^{(k+1)} = A^{-1}x^{(k)}, \quad k = 0, 1, 2, \cdots \tag{7.9}$$

按幂法计算即可. 但用式 (7.9) 计算, 首先要求 A^{-1}, 这比较麻烦而且是不经济的. 实际计算中, 通常用解方程组的办法, 即通过解方程

$$Ax^{(k+1)} = x^{(k)}, \quad k = 0, 1, 2, \cdots \tag{7.10}$$

来求 $x^{(k+1)}$. 为防止计算机溢出, 实际计算时所用的公式为

$$\begin{cases} v^{(k)} = x^{(k)}/\max(x^{(k)}), \\ Ax^{(k+1)} = v^{(k)}, \end{cases} \quad k = 0, 1, 2, \cdots, \tag{7.11}$$

式中, $\max(x^{(k)})$ 为 $x^{(k)}$ 模最大的分量.

反幂法主要用于已知矩阵的近似特征值为 α 时, 求矩阵的特征向量并提高特征值的精度. 此时, 可以用原点位移法来加速迭代过程, 于是式 (7.11) 相应为

$$\begin{cases} v^{(k)} = x^{(k)}/\max(x^{(k)}), \\ (A - \alpha I)x^{(k+1)} = v^{(k)}, \end{cases} \quad k = 0, 1, 2, \cdots. \tag{7.12}$$

反幂法的计算步骤如下.

算法 7.2(反幂法)

步 1, 选取初值 $x^{(0)}$, 近似值 α, 误差限 ε, 最大迭代次数 N. 记 m_0 为 $x^{(0)}$ 中按模最大的分量, $v^{(0)} = x^{(0)}/m_0$. 置 $k := 0$.

步 2, 解方程组 $(A - \alpha I)x^{(k+1)} = v^{(k)}$ 得 $x^{(k+1)}$.

步 3, 记 m_{k+1} 为 $x^{(k+1)}$ 中按模最大的分量, $v^{(k+1)} = x^{(k+1)}/m_{k+1}$.

步 4, 若 $|m_{k+1}^{-1} - m_k^{-1}| < \varepsilon$, 则置 $\lambda := m_{k+1}^{-1} + \alpha$, 输出 λ 和 $x^{(k+1)}$, 停算; 否则, 转步 5.

步 5, 若 $k < N$, 置 $k := k + 1$, 转步 2, 否则输出计算失败信息, 停算.

注 7.1 (1) 算法 7.2 计算出与数 α 最接近的特征值及相应的特征向量. 若取 $\alpha = 0$, 则求出 A 的按模最小的特征值.

(2) 通常首先用幂法求出 A 的按模最大的近似特征值作为算法 7.2 中的 α 值, 再使用该算法对 α 和相应的特征向量进行精确化.

(3) 为节省计算量, 通常先用列主元 LU 分解将矩阵 $A - \alpha I$ 分解为下三角矩阵 L 和上三角矩阵 U, 这样在迭代过程中每一步就只需求解两个三角方程组即可.

反幂法的 MATLAB 程序如下:

```
function [lam,v,k]=mvpower(A,x,alpha,tol,N)
%用反幂法计算矩阵与alpha最接近的特征值和对应的特征向量
%输入:A为n阶方阵,x为初始向量,tol为精度,N为最大迭代数,alpha为某个常数
%输出:lam返回与alpha最接近的特征值,v返回对应的特征向量,k返回迭代次数
if nargin<5,N=500;end
if nargin<4,tol=1e-5;end
m=0.5;k=0;
A=A-alpha*eye(length(x));
[L,U,P]=lu(A);
while (k<N)
    [~,t]=max(abs(x));m1=x(t);v=x/m1;
    z=L\(P*v);x=U\z;err=abs(1/m1-1/m);
    if err<=tol,break;end
    k=k+1;m=m1;
end
lam=alpha+1/m;
```

例 7.3 利用反幂法程序, 求例 7.1 中的矩阵 A 最接近 101, 99, 2 和 0 的特征值和对应的特征向量.

解 注意到此处 α 的值分别取 $101, 99, 2, 0$. 用反幂法的 MATLAB 程序, 编写 M 文件 ex73.m, 取容许误差为 $\varepsilon = 10^{-6}$, 在命令窗口运行该文件, 得到 4 个近似特征值: 100.7462, 99.2107, 1.7893, 0.2538, 这是矩阵 A 的两个模最大和两个模最小的特征值.

7.3 Jacobi 方法

Jacobi 方法用于求解实对称矩阵的全部特征值和对应的特征向量. 其数学原理如下:

(1) n 阶实对称矩阵的特征值全为实数, 其对应的特征向量线性无关且两两正交;

(2) 相似矩阵具有相同的特征值;

(3) 若 n 阶实矩阵 A 是对称的, 则存在正交矩阵 Q, 使得 $Q^{\mathrm{T}}AQ = D$, 其中 D 是一个对角矩阵, 它的对角元素 $\lambda_1, \lambda_2, \cdots, \lambda_n$ 就是 A 的特征值, Q 的第 i 列向量就是 λ_i 对应的特征向量.

Jacobi 方法就是基于上述原理, 用一系列正交变换对角化 A, 即逐步消去 A 的非对角元, 从而得到 A 的全部特征值.

1. 实对称矩阵的旋转正交相似变换

首先回顾一下第 2 章介绍过的一种正交变换——Givens 变换, 它是 Jacobi 方法的基本工具.

定义 7.3 设 $1 \leqslant i < j \leqslant n$, 则称矩阵

$$G_{ij} = \begin{bmatrix} 1 & & & & & & & \\ & \ddots & & & & & & \\ & & c & & & s & & \\ & & & 1 & & & & \\ & & & & \ddots & & & \\ & & & & & 1 & & \\ & & -s & & & c & & \\ & & & & & & \ddots & \\ & & & & & & & 1 \end{bmatrix} \begin{matrix} \\ \\ i \\ \\ \\ \\ j \\ \\ \\ \end{matrix} \tag{7.13}$$

$$\qquad\qquad\quad i \qquad\qquad\qquad j$$

为 (i, j) 平面的旋转矩阵, 或 Givens 变换矩阵, 其中 $c^2 + s^2 = 1$.

显然, $G = G_{ij}$ 为正交矩阵, 即 $G^{\mathrm{T}}G = I$. 对于向量 $x \in \mathbf{R}^n$, 由线性变换 $y = Gx$ 得到的 y 的分量为

$$\begin{cases} y_i = x_i c + x_j s, \\ y_j = -x_i s + x_j c, \\ y_k = x_k, \quad k \neq i, j, \end{cases} \tag{7.14}$$

即用 G_{ij} 对向量 x 作用, 只改变其第 i, j 两个分量.

由矩阵 $G = G_{ij}$ 确定的正交变换 $y = Gx$ 称为平面旋转变换, 或 Givens 变换. 根据式 (7.14) 容易验证, 矩阵 G_{ij} 具有下列基本性质.

定理 7.6 设 $x \in \mathbf{R}^n$ 的第 j 个分量 $x_j \neq 0$, $1 \leqslant i < j \leqslant n$. 若令

$$c = \frac{x_i}{\sqrt{x_i^2 + x_j^2}}, \quad s = \frac{x_j}{\sqrt{x_i^2 + x_j^2}}, \tag{7.15}$$

则 $y = G_{ij}x$ 的分量为

$$\begin{cases} y_i = \sqrt{x_i^2 + x_j^2}, \quad y_j = 0, \\ y_k = x_k, \quad k \neq i, j. \end{cases} \tag{7.16}$$

定理 7.6 表明, 可以用 Givens 变换将向量的某个分量变为零元素.

下面讨论 Givens 变换对实对称矩阵的作用. 用旋转矩阵 G_{ij} 对实对称矩阵 $A=(a_{ij})_{n\times n}$ 作正交相似变换, 所得矩阵记为 A_1, 即

$$A_1 = G_{ij}AG_{ij}^{\mathrm{T}} = (a_{ij}^{(1)}).$$

显然

$$A_1^{\mathrm{T}} = (G_{ij}AG_{ij}^{\mathrm{T}})^{\mathrm{T}} = G_{ij}AG_{ij}^{\mathrm{T}} = A_1,$$

即 A_1 仍为实对称矩阵. 直接计算, 得

$$\begin{cases} a_{ii}^{(1)} = a_{ii}c^2 + a_{jj}s^2 + 2a_{ij}cs, \\ a_{jj}^{(1)} = a_{ii}s^2 + a_{jj}c^2 - 2a_{ij}cs, \\ a_{ij}^{(1)} = a_{ji}^{(1)} = a_{ij}(c^2-s^2) - (a_{ii}-a_{jj})cs, \\ a_{il}^{(1)} = a_{li}^{(1)} = a_{il}c + a_{jl}s, \qquad l \neq i,j, \\ a_{jl}^{(1)} = a_{lj}^{(1)} = -a_{il}s + a_{jl}c, \quad l \neq i,j, \\ a_{lm}^{(1)} = a_{ml}^{(1)} = a_{ml}, \qquad\qquad m,l \neq i,j. \end{cases} \tag{7.17}$$

不难看出, A 经过 G_{ij} 的正交相似变换后, A_1 的元素和 A 的元素相比, 只有第 i 行、第 j 行和第 i 列、第 j 列的元素发生了变化, 而其他元素和 A 是相同的.

由式 (7.17) 的第三个等式可知, 若 $a_{ij} \neq 0$, 则可适当选取 c, s 的值, 使得 $a_{ij}^{(1)} = a_{ji}^{(1)} = 0$. 事实上, 令

$$a_{ij}(c^2-s^2) - (a_{ii}-a_{jj})cs = 0,$$

解得

$$\tan(2\varphi) = \frac{2a_{ij}}{a_{ii}-a_{jj}} = \frac{2cs}{c^2-s^2} = \frac{2(s/c)}{1-(s/c)^2}, \quad -\frac{\pi}{4} \leqslant \varphi \leqslant \frac{\pi}{4}. \tag{7.18}$$

在 Jacobi 方法中, 总是按上式选取 φ.

在实际计算时, 为了避免计算三角函数, 可令

$$t = s/c, \quad d = \frac{a_{ii}-a_{jj}}{2a_{ij}}. \tag{7.19}$$

由式 (7.18), 得

$$t^2 + 2dt - 1 = 0. \tag{7.20}$$

式 (7.20) 有两个根, 取其绝对值最小者为 t, 即

$$t=\begin{cases}-d+\sqrt{d^2+1}, & d\geqslant 0,\\ -d-\sqrt{d^2+1}, & d<0.\end{cases}\tag{7.21}$$

若记

$$c=\frac{1}{\sqrt{1+t^2}},\quad s=\frac{t}{\sqrt{1+t^2}}=ct,\tag{7.22}$$

这时, 式 (7.17) 可写为

$$\begin{cases}a_{ii}^{(1)}=a_{ii}c^2+a_{jj}s^2+2csa_{ij},\\ a_{jj}^{(1)}=a_{ii}s^2+a_{jj}c^2-2csa_{ij},\quad a_{ij}^{(1)}=a_{ji}^{(1)}=0,\\ a_{il}^{(1)}=a_{li}^{(1)}=ca_{il}+sa_{jl},\ a_{jl}^{(1)}=a_{lj}^{(1)}=-sa_{il}+ca_{jl},\quad l\neq i,j,\\ a_{lm}^{(1)}=a_{ml}^{(1)}=a_{ml},\quad m,l\neq i,j.\end{cases}\tag{7.23}$$

利用等式 $a_{ij}(c^2-s^2)-(a_{ii}-a_{jj})cs=0$, 可以验证

$$\left(a_{ii}^{(1)}\right)^2+\left(a_{jj}^{(1)}\right)^2=a_{ii}^2+a_{jj}^2+2a_{ij}^2,\tag{7.24}$$

即 A 经过一次这种正交相似变换后, 所得到的矩阵 A_1 的对角元素平方和增加了 $2a_{ij}^2$.

2. Jacobi 方法及其收敛性

选择 $A_0=A$ 中一对非零的非对角元素 a_{ij}, a_{ji}, 使用平面旋转矩阵 G_{ij} 作正交相似变换得 A_1, 可使 A_1 的这对非对角元素 $a_{ij}^{(1)}=a_{ji}^{(1)}=0$; 再选择 A_1 中一对非零的非对角元素作上述旋转正交相似变换得 A_2, 可使 A_2 的这对非对角元素为 0. 如此不断地作旋转正交相似变换, 可产生一个矩阵序列 $A=A_0,A_1,\cdots,A_k,\cdots$. 虽然 A 至多只有 $n(n-1)/2$ 对非零非对角元素, 但不能期望通过 $n(n-1)/2$ 次旋转正交相似变换使其对角化. 因为每次旋转变换虽然能使一对特定的非对角元素化为 0, 但这次变换可能将前面已经化为 0 了的一对非对角元素变成非 0.

但是, 在 Jacobi 方法中的每一步, 如由 A_{k-1} 变成 A_k, 取其绝对值最大的一对非零非对角元素, 即取

$$\left|a_{i_kj_k}^{(k-1)}\right|=\max_{\substack{1\leqslant i,j\leqslant n\\ i\neq j}}\left|a_{ij}^{(k-1)}\right|\tag{7.25}$$

作旋转相似变换, 这时记旋转矩阵 $G_{ij} = G_{i_k j_k}$. 后面将证明, 这样产生的矩阵序列 $A_0, A_1, \cdots, A_k, \cdots$ 趋向于对角矩阵, 即 Jacobi 方法是收敛的.

在实际计算中, 可预先取一个小的控制量 $\varepsilon > 0$, 若成立

$$\left|a_{ij}^{(k)}\right| < \varepsilon, \quad i, j = 1, 2, \cdots, n,\ i \neq j, \tag{7.26}$$

则可视 A_k 为对角矩阵, 从而结束计算. A_k 的对角元素可视为 A 的特征值.

Jacobi 方法可以求 A 的所有特征向量. 事实上, 由

$$\begin{aligned} A_k &= G_k A_{k-1} G_k^{\mathrm{T}} = G_k G_{k-1} A_{k-2} G_{k-1}^{\mathrm{T}} G_k^{\mathrm{T}} = \cdots \\ &= G_k G_{k-1} \cdots G_1 A G_1^{\mathrm{T}} \cdots G_{k-1}^{\mathrm{T}} G_k^{\mathrm{T}}, \end{aligned}$$

若记

$$Q_k = G_1^{\mathrm{T}} \cdots G_{k-1}^{\mathrm{T}} G_k^{\mathrm{T}}, \tag{7.27}$$

则

$$A_k = Q_k^{\mathrm{T}} A Q_k. \tag{7.28}$$

式中, Q_k 为正交矩阵.

若 A_k 可视为对角矩阵, 其对角元即为 A 的特征值, 其第 i 个对角元 $a_{ii}^{(k)}$ 对应的特征向量就是 Q_k 的第 i 列元素构成的向量. Q_k 的计算可与 A 的旋转相似变换同步进行. 若令 $Q_0 = I$, 则

$$Q_k = Q_{k-1} G_k^{\mathrm{T}}. \tag{7.29}$$

若 $G_k = G_{ij}$, 得 Q_k 的计算公式如下

$$\begin{cases} q_{li}^{(k)} = q_{li}^{(k-1)} c + q_{lj}^{(k-1)} s, & l = 1, 2, \cdots, n, \\ q_{lj}^{(k)} = -q_{li}^{(k-1)} s + q_{lj}^{(k-1)} c, & l = 1, 2, \cdots, n, \\ q_{km}^{(k)} = q_{km}^{(k-1)}, & k, m \neq i, j. \end{cases} \tag{7.30}$$

也就是说, 除了第 i, j 列元素发生变化外, 其他元素不变. 若不需要计算特征向量, 则可省略此步.

根据上述讨论, 可得 Jacobi 方法的计算步骤如下.

算法 7.3(Jacobi 方法)

步 1, 输入矩阵 A, $Q = I$, 初始向量 x, 误差限 ε, 最大迭代次数 N. 置 $k := 1$.

步 2, 在矩阵中找绝对值最大的非对角元

$$\mu = \left|a_{i_r j_r}\right| = \max_{\substack{1 \leqslant i, j \leqslant n \\ i \neq j}} |a_{ij}|,$$

置 $i := i_r,\ j := j_r$.

步 3, 按式 (7.19) ~ 式 (7.23) 计算 d, t, c, s 的值和矩阵 A_1 的元素 $a_{lm}^{(1)}$, $l, m = 1, 2, \cdots, n$.

步 4, 更新 Q 的元素:

$$\begin{cases} q_{li} := q_{li}c + q_{lj}s, \\ q_{lj} := -q_{li}s + q_{lj}c, \end{cases} \quad l = 1, 2, \cdots, n.$$

步 5, 若 $\mu < \varepsilon$, 输出 A_1 的对角元和 Q 的列向量, 停算; 否则, 转步 6.

步 6, 若 $k < N$, 置 $k := k + 1$, 转步 2; 否则输出计算失败信息, 停算.

根据算法 7.3, 编制 Jacobi 方法的 MATLAB 程序如下:

```
function [lambda,Q]=Jacobi_eig(A,tol)
%本程序用Jacobi方法求实对称矩阵A的全部特征值和特征向量
%输入参数:A为n阶对称方阵,tol为容许误差.
%输出参数:lambda为向量,其分量为A的特征值,Q为矩阵,其元素为矩阵A的n个特征
%向量
if nargin<2,tol=1e-10;end
[n]=size(A,1);Q=eye(n);
%计算A的非对角元绝对值最大元素所在的行p和列q
[w1,p]=max(abs(A-diag(diag(A))));
[~,q]=max(w1);p=p(q);
while(1)
  d=(A(p,p)-A(q,q))/(2*A(p,q));
  if(d>=0)
     t=-d+sqrt(d^2+1);
  else
     t=-d-sqrt(d^2+1);
  end
  c=1/sqrt(t^2+1);s=c*t;G=[c s; -s c];
  A([p q],:)=G*A([p q],:);
  A(:,[p q])=A(:,[p q])*G';
  Q(:,[p q])=Q(:,[p q])*G';
  [w1,p]=max(abs(A-diag(diag(A))));
  [~,q]=max(w1); p=p(q);
  if (abs(A(p,q))<tol*sqrt(sum(diag(A).^2)/n))
     break;
  end
end
lambda=sort(diag(A));
```

例 7.4 利用 Jacobi 方法程序, 求例 7.1 中的矩阵 A 的全部特征值和对应的特征向量.

解 在 MATLAB 命令窗口执行程序 ex74.m 得到矩阵 A 的全部特征值 $\widehat{\lambda}$. 此外, 利用 MATLAB 自带的函数 eig 求得其特征值为 λ, 计算其误差 $\|\widehat{\lambda}-\lambda\|_2 = 2.5880\times 10^{-12}$. 特征值的分布如图 7.1 所示.

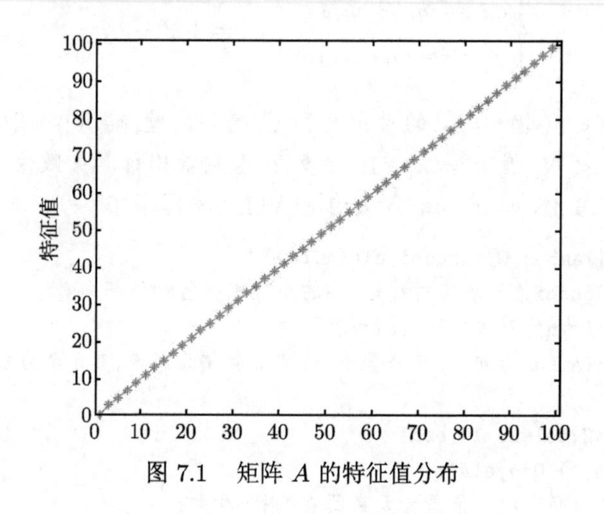

图 7.1 矩阵 A 的特征值分布

下面考虑 Jacobi 方法的收敛性. 记实对称矩阵 A 的非对角元素的平方和为

$$S(A)=\sum_{\substack{l,m=1\\ l\neq m}}^{n} a_{lm}^2. \tag{7.31}$$

设 $A_{k+1}=G_{ij}A_kG_{ij}^{\mathrm{T}}$, 则由式 (7.23) 不难验证

$$S(A_{k+1})=S(A_k)-2\big[a_{ij}^{(k)}\big]^2. \tag{7.32}$$

即经过这种正交相似变换后, A_{k+1} 的非对角元素平方和减少了 $2[a_{ij}^{(k)}]^2$. 同时, 由式 (7.24), 有

$$\big[a_{ii}^{(k+1)}\big]^2+\big[a_{jj}^{(k+1)}\big]^2=\big[a_{ii}^{(k)}\big]^2+\big[a_{jj}^{(k)}\big]^2+2\big[a_{ij}^{(k)}\big]^2, \tag{7.33}$$

即对角元素的平方和增加了 $2[a_{ij}^{(k)}]^2$. 若在 Jacobi 方法中, 每次旋转正交相似变换使 A_k 的绝对值最大的非对角元素化为 0, 则成立以下定理.

定理 7.7 记实对称矩阵 $A=A_0$, 若在 Jacobi 方法中, 每次旋转正交相似变换使 A_k 的绝对值最大的非对角元素化为 0, 则得到的矩阵序列 $\{A_k\}$ 趋向于对角矩阵.

证明 设 A_k 的绝对值最大的非对角元素为 $a_{ij}^{(k)}$, 故有

$$\left[a_{ij}^{(k)}\right]^2 \geqslant \frac{1}{n(n-1)}S(A_k).$$

用旋转正交相似变换将其化为 0, 得 A_{k+1}, 此时

$$\begin{aligned} S(A_{k+1}) &= S(A_k) - 2\left[a_{ij}^{(k)}\right]^2 \leqslant S(A_k) - \frac{2}{n(n-1)}S(A_k) \\ &= \left[1-\frac{2}{n(n-1)}\right]S(A_k) \leqslant \left[1-\frac{2}{n(n-1)}\right]^{k+1}S(A). \end{aligned}$$

由于

$$1-\frac{2}{n(n-1)}<1,$$

所以

$$\lim_{k\to\infty} S(A_{k+1}) = 0,$$

即 A_{k+1} 趋向于对角矩阵, 故 Jacobi 方法是收敛的. □

7.4 QR 方法

QR 方法用于求一般矩阵的全部特征值, 是目前最有效的方法之一. 本节就实矩阵的情形进行介绍.

众所周知, 对于任何实对称矩阵 $A\in\mathbf{R}^{n\times n}$, 存在正交矩阵 Q 使得

$$Q^{\mathrm{T}}AQ = \mathrm{diag}(\lambda_1,\lambda_2,\cdots,\lambda_n),$$

式中, $\lambda_1,\lambda_2,\cdots,\lambda_n$ 为 A 的全部特征值; Q 的列向量为对应的特征向量.

而对于一般的 $A\in\mathbf{R}^{n\times n}$, 有下面的实 Schur 分解定理.

定理 7.8 对于任何实矩阵 $A\in\mathbf{R}^{n\times n}$, 存在正交矩阵 Q 使得

$$Q^{\mathrm{T}}AQ = \begin{bmatrix} R_{11} & R_{12} & \cdots & R_{1m} \\ & R_{22} & \cdots & R_{2m} \\ & & \ddots & \vdots \\ & & & R_{mm} \end{bmatrix}, \tag{7.34}$$

式中, 对角块 $R_{ii}\,(i=1,2,\cdots,m)$ 为 1×1 或 2×2 的子矩阵, 1 阶子矩阵的元素是 A 的实特征值, 2 阶子矩阵的两个特征值是 A 的一对复共轭特征值.

式 (7.34) 通常称为矩阵 A 的实 Schur 分解, 而右边的分块上三角矩阵称为 A 的实 Schur 标准形. 显然, 只要求得一个实矩阵的实 Schur 标准形, 就很容易求得它的全部特征值.

因此, 通常希望构造一种迭代 (相似变换), 希望它能逼近矩阵 A 的实 Schur 标准形. 例如, 对于给定的矩阵 $A\in\mathbf{R}^{n\times n}$, 令 $A_1:=A$, 构造迭代:

$$\begin{cases}A_k=Q_kR_k,\\ A_{k+1}=R_kQ_k,\end{cases}\qquad k=1,2,\cdots,\tag{7.35}$$

式中, Q_k 为正交矩阵; R_k 为上三角矩阵.

可以证明, 在一定条件下, 由式 (7.35) 产生的矩阵序列 $\{A_k\}$ 将 "逼近" 于 A 的实 Schur 标准形.

然而, 式 (7.35) 作为一种实用的迭代法是没有竞争力的: 一是每步迭代的运算量太大 (大约是 $O(n^3)$); 二是收敛速度太缓慢 (依赖于特征值的分离程度). 因此, 要想其成为一种高效的迭代方法, 必须设法尽可能地减少每步迭代的运算量, 提高其收敛速度. 一个可行的办法是, 首先把矩阵 A 正交相似变换为上 Hessenberg 形, 然后再用正交相似变换对它进行迭代. 下面就循着这个思路介绍实用的 QR 方法来求实矩阵 A 的全部特征值.

7.4.1 上 Hessenberg 矩阵的 QR 分解

在用 QR 方法求矩阵特征值时, Householder 矩阵有两个作用: 一是对 A 作正交相似变换, 把 A 化为上 Hessenberg 矩阵; 二是对矩阵作正交三角分解.

首先讨论把 A 化为上 Hessenberg 矩阵. 设 $A_1=A=(a_{ij}^{(1)})$ 是 n 阶实方阵, 取 $x=(0,a_{21}^{(1)},\cdots,a_{n1}^{(1)})^{\mathrm T}$, 记 $a_1=\operatorname{sgn}(x_2)\|x\|_2$, 则由定理 2.2 和定理 2.3 构造 Householder 矩阵

$$H_1=\begin{bmatrix}1&0&\cdots&0\\0&*&\cdots&*\\ \vdots&\vdots&\ddots&\vdots\\0&*&\cdots&*\end{bmatrix},$$

使得

$$H_1x=a_1e_2.$$

所以 H_1A_1 的第 1 列为

$$H_1\begin{bmatrix} a_{11}^{(1)} \\ a_{21}^{(1)} \\ \vdots \\ a_{n1}^{(1)} \end{bmatrix} = H_1x + H_1\begin{bmatrix} a_{11}^{(1)} \\ 0 \\ \vdots \\ 0 \end{bmatrix} = a_1e_2 + \begin{bmatrix} a_{11}^{(1)} \\ 0 \\ \vdots \\ 0 \end{bmatrix} = \begin{bmatrix} a_{11}^{(1)} \\ a_1 \\ \vdots \\ 0 \end{bmatrix}.$$

因为用 H_1 右乘一个矩阵不改变该矩阵的第 1 列, 于是

$$A_2 = H_1A_1H_1 = \begin{bmatrix} a_{11}^{(1)} & a_{12}^{(2)} & \cdots & a_{1n}^{(2)} \\ a_1 & a_{22}^{(2)} & \cdots & a_{2n}^{(2)} \\ 0 & a_{32}^{(2)} & \cdots & a_{3n}^{(2)} \\ \vdots & \vdots & \ddots & \vdots \\ 0 & a_{n2}^{(2)} & \cdots & a_{nn}^{(2)} \end{bmatrix}.$$

再取 $x = (0, 0, a_{32}^{(2)}, \cdots, a_{n2}^{(2)})^{\mathrm{T}}$, 记 $a_2 = \mathrm{sgn}(x_3)\|x\|_2$, 构造 H_2 为

$$H_2 = \begin{bmatrix} 1 & 0 & 0 & \cdots & 0 \\ 0 & 1 & 0 & \cdots & 0 \\ 0 & 0 & * & \cdots & * \\ \vdots & \vdots & \vdots & \ddots & \vdots \\ 0 & 0 & * & \cdots & * \end{bmatrix},$$

使得

$$H_2x = a_2e_3.$$

所以 H_2A_2 的第 1 列与 A_2 的第 1 列相同, H_2A_2 的第 2 列变为

$$H_2x + H_2\begin{bmatrix} a_{12}^{(2)} \\ a_{22}^{(2)} \\ 0 \\ \vdots \\ 0 \end{bmatrix} = a_2e_3 + \begin{bmatrix} a_{12}^{(2)} \\ a_{22}^{(2)} \\ 0 \\ \vdots \\ 0 \end{bmatrix} = \begin{bmatrix} a_{12}^{(2)} \\ a_{22}^{(2)} \\ a_2 \\ \vdots \\ 0 \end{bmatrix}.$$

而用 H_2 右乘一个矩阵不改变该矩阵的第 1 列和第 2 列, 于是

$$A_3 = H_2 A_2 H_2 = \begin{bmatrix} * & * & * & \cdots & * \\ a_1 & * & * & \cdots & * \\ 0 & a_2 & * & \cdots & * \\ 0 & 0 & * & \cdots & * \\ \vdots & \vdots & \vdots & \ddots & \vdots \\ 0 & 0 & * & \cdots & * \end{bmatrix}.$$

这样下去, 经过 $n-2$ 次变换后, A_1 就化为上 Hessenberg 矩阵 A_{n-1}, 即

$$A_{n-1} = H_{n-2} \cdots H_2 H_1 A_1 H_1 H_2 \cdots H_{n-2}$$

$$= \begin{bmatrix} * & * & * & * & \cdots & * \\ a_1 & * & * & * & \cdots & * \\ & a_2 & * & * & \cdots & * \\ & & a_3 & * & \cdots & * \\ & & & \ddots & \ddots & \vdots \\ & & & & a_{n-1} & * \end{bmatrix}.$$

如果 A_1 是对称矩阵, 则 A_{n-1} 仍是对称矩阵, 此时 A_{n-1} 将是对称三对角矩阵:

$$A_{n-1} = \begin{bmatrix} * & a_1 & & & \\ a_1 & * & a_2 & & \\ & a_2 & * & a_3 & \\ & & \ddots & \ddots & a_{n-1} \\ & & & a_{n-1} & * \end{bmatrix}.$$

以上利用 Householder 变换约化 A 为上 Hessenberg 形的方法, 可总结为如下实用算法.

算法 7.4(上 Hessenberg 化)

步 1, 输入 $A = (a_{ij})$, $k := 1$.

步 2, 计算 $n-k$ 阶 Householder 矩阵 $\widetilde{H}_k$, 使

$$
\widetilde{H}_k \begin{bmatrix} a_{k+1,k} \\ a_{k+2,k} \\ \vdots \\ a_{n,k} \end{bmatrix} = \begin{bmatrix} * \\ 0 \\ \vdots \\ 0 \end{bmatrix},
$$

置 $A := H_k A H_k$, 其中 $H_k = \mathrm{diag}(I_k, \widetilde{H}_k)$.

步 3, 若 $k < n-2$, 则 $k := k+1$, 转步 2; 否则输出有关信息, 停算.

注意: 为了节省存储量, 算法 7.4 计算出 A 的上 Hessenberg 形可以存放在 A 所对应的存储单元内.

算法 7.4 的 MATLAB 程序如下:

```
function [A,Q]=mhessen(A)
%用Householder变换化n阶矩阵A为上Hessenberg矩阵
%调用函数:house_r.m
n=size(A,1);Q=eye(n);
for k=1:(n-2)
    x=A(k+1:n,k);[v,beta]=mhouse(x);
    H=(eye(length(v))-beta*v*v');
    A(k+1:n,1:n)=H*A(k+1:n,1:n);
    A(1:n,k+1:n)=A(1:n,k+1:n)*H;
    Q=Q*blkdiag(eye(k),H);
end
```

例 7.5 利用 MATLAB 程序 mhessen.m, 将下列矩阵化为上 Hessenberg 矩阵:

$$
A = \begin{bmatrix} -1 & 2 & 3 & 5 \\ 2 & -3 & 8 & 1 \\ 3 & 8 & -2 & 7 \\ 5 & 1 & 7 & 6 \end{bmatrix}.
$$

解 编写脚本程序 ex75.m, 在 MATLAB 命令窗口输入 ex75 即得结果.

一般来说, 上 Hessenberg 分解是不唯一的, 但可以证明下面的结果.

定理 7.9 设 $A \in \mathbf{R}^{n\times n}$ 有如下两个上 Hessenberg 分解:

$$
U^{\mathrm{T}} A U = H, \quad V^{\mathrm{T}} A V = G, \tag{7.36}
$$

式中, $U = [u_1, u_2, \cdots, u_n]$ 和 $V = [v_1, v_2, \cdots, v_n]$ 为 n 阶正交矩阵; $H = (h_{ij})$ 和 $G = (g_{ij})$ 为上 Hessenberg 矩阵. 若 $u_1 = v_1$, 且 H 的次对角元 $h_{i+1,i} \neq 0\,(i =$

$1,2,\cdots,n)$, 则存在对角元均为 1 或 -1 的对角矩阵 D, 使得

$$U=VD,\quad H=DGD, \tag{7.37}$$

即 $u_i=\pm v_i$, $|h_{ij}|=|g_{ij}|$, $i,j=1,2,\cdots,n$.

证明　对矩阵的阶数 n 用归纳法. 对于 $n=1$ 时结论显然成立. 假设 $n=m$ 时结论成立, 即

$$u_i=\varepsilon_i v_i,\quad i=1,2,\cdots,m, \tag{7.38}$$

式中, $\varepsilon_1=1$, $\varepsilon_i=1$ 或 -1, $i=2,\cdots,m$. 下面证明存在 ε_{m+1} 为 1 或 -1 使得

$$u_{m+1}=\varepsilon_{m+1}v_{m+1}.$$

由式 (7.36), 得

$$AU=UH,\quad AV=VG.$$

分别比较上面两个矩阵等式两边的第 m 列, 可得

$$Au_m=h_{1m}u_1+\cdots+h_{mm}u_m+h_{m+1,m}u_{m+1}, \tag{7.39}$$

$$Av_m=g_{1m}v_1+\cdots+g_{mm}v_m+g_{m+1,m}v_{m+1}. \tag{7.40}$$

分别在式 (7.39) 和式 (7.40) 两边左乘 u_i^{T} 和 $v_i^{\mathrm{T}}\,(i=1,2,\cdots,m)$, 得

$$h_{im}=u_i^{\mathrm{T}}Au_m,\quad g_{im}=v_i^{\mathrm{T}}Av_m,\quad i=1,2,\cdots,m. \tag{7.41}$$

由式 (7.38) 和式 (7.41), 得

$$h_{im}=\varepsilon_i\varepsilon_m g_{im},\quad i=1,2,\cdots,m. \tag{7.42}$$

将式 (7.42) 代入式 (7.39), 并利用式 (7.38) 和式 (7.40), 得

$$\begin{aligned}
h_{m+1,m}u_{m+1}&=Au_m-\varepsilon_1\varepsilon_m g_{1m}u_1-\cdots-\varepsilon_m\varepsilon_m g_{mm}u_m\\
&=\varepsilon_m(Av_m-\varepsilon_1^2 g_{1m}v_1-\cdots-\varepsilon_m^2 g_{mm}v_m)\\
&=\varepsilon_m(Av_m-g_{1m}v_1-\cdots-g_{mm}v_m)\\
&=\varepsilon_m g_{m+1,m}v_{m+1}.
\end{aligned} \tag{7.43}$$

上式两边取范数, 得 $|h_{m+1,m}|=|g_{m+1,m}|$. 由于 $h_{m+1,m}\neq 0$, 故式 (7.43) 蕴含着

$$u_{m+1}=\varepsilon_{m+1}v_{m+1},$$

式中, $\varepsilon_{m+1}=1$ 或 -1. □

注 7.2 一个上 Hessenberg 矩阵 $H=(h_{ij})$, 如果其次对角元均不为零, 即 $h_{i+1,i}\neq 0, i=1,2,\cdots,n-1$, 则它是不可约的. 定理 7.9 表明, 如果 $Q^{\mathrm{T}}AQ=H$ 为不可约的上 Hessenberg 矩阵, 则 Q 和 H 完全由 Q 的第 1 列确定 (这里是在相差一个正负号意义下的唯一).

下面考虑上 Hessenberg 矩阵的 QR 分解. 对于上 Hessenberg 矩阵

$$H=\begin{bmatrix} h_{11}^{(1)} & h_{12}^{(1)} & h_{13}^{(1)} & \cdots & h_{1n}^{(1)} \\ h_{21}^{(1)} & h_{22}^{(1)} & h_{23}^{(1)} & \cdots & h_{2n}^{(1)} \\ & h_{32}^{(1)} & h_{33}^{(1)} & \cdots & h_{3n}^{(1)} \\ & & \ddots & \ddots & \vdots \\ & & & h_{n,n-1}^{(1)} & h_{nn}^{(1)} \end{bmatrix},$$

通常可以通过 $n-1$ 次 Givens 变换将它化成上三角矩阵, 从而得到 H 的 QR 分解式. 具体步骤是:

(1) 记 $H_1=H$. 设 $h_{21}^{(1)}\neq 0$ (否则可进行下一步), 取 Givens 矩阵

$$G_{21}=\begin{bmatrix} c_1 & s_1 & & & \\ -s_1 & c_1 & & & \\ & & 1 & & \\ & & & \ddots & \\ & & & & 1 \end{bmatrix},$$

式中

$$c_1=\frac{h_{11}^{(1)}}{r_1},\quad s_1=\frac{h_{21}^{(1)}}{r_1},\quad r_1=\sqrt{(h_{11}^{(1)})^2+(h_{21}^{(1)})^2},$$

则

$$G_{21}H_1=\begin{bmatrix} r_1 & h_{12}^{(2)} & h_{13}^{(2)} & \cdots & h_{1n}^{(2)} \\ 0 & h_{22}^{(2)} & h_{23}^{(2)} & \cdots & h_{2n}^{(2)} \\ & h_{32}^{(2)} & h_{33}^{(2)} & \cdots & h_{3n}^{(2)} \\ & & \ddots & \ddots & \vdots \\ & & & h_{n,n-1}^{(2)} & h_{nn}^{(2)} \end{bmatrix}:=H_2.$$

(2) 设 $h_{32}^{(1)} \neq 0$ (否则可进行下一步), 再取 Givens 矩阵

$$G_{32} = \begin{bmatrix} 1 & & & & & \\ & c_2 & s_2 & & & \\ & -s_2 & c_2 & & & \\ & & & 1 & & \\ & & & & \ddots & \\ & & & & & 1 \end{bmatrix},$$

式中

$$c_2 = \frac{h_{22}^{(2)}}{r_2}, \quad s_2 = \frac{h_{32}^{(2)}}{r_2}, \quad r_2 = \sqrt{(h_{22}^{(2)})^2 + (h_{32}^{(2)})^2},$$

则

$$G_{32}H_2 = \begin{bmatrix} r_1 & h_{12}^{(3)} & h_{13}^{(3)} & \cdots & h_{1,n-1}^{(3)} & h_{1n}^{(3)} \\ 0 & r_2 & h_{23}^{(3)} & \cdots & h_{2,n-1}^{(3)} & h_{2n}^{(3)} \\ & 0 & h_{33}^{(3)} & \cdots & h_{3,n-1}^{(3)} & h_{3n}^{(3)} \\ & & h_{43}^{(3)} & \cdots & h_{4,n-1}^{(3)} & h_{4n}^{(3)} \\ & & & \ddots & \vdots & \vdots \\ & & & & h_{n,n-1}^{(3)} & h_{nn}^{(3)} \end{bmatrix} := H_3.$$

(3) 假设上述过程已经进行了 $k-1$ 步, 有

$$H_k = G_{k,k-1}H_{k-1} = \begin{bmatrix} r_1 & \cdots & h_{1,k-1}^{(k)} & h_{1k}^{(k)} & \cdots & h_{1,n-1}^{(k)} & h_{1n}^{(k)} \\ & \ddots & & & & & \\ & & r_{k-1} & h_{k-1,k}^{(k)} & \cdots & h_{k-1,n-1}^{(k)} & h_{k-1,n}^{(k)} \\ & & & h_{kk}^{(k)} & \cdots & h_{k,n-1}^{(k)} & h_{kn}^{(k)} \\ & & & h_{k+1,k}^{(k)} & \cdots & h_{k+1,n-1}^{(k)} & h_{k+1,n}^{(k)} \\ & & & & \ddots & \vdots & \vdots \\ & & & & & h_{n,n-1}^{(k)} & h_{nn}^{(k)} \end{bmatrix}.$$

设 $h_{k+1,k}^{(k)} \neq 0$, 取 Givens 矩阵

$$G_{k+1,k} = \begin{bmatrix} 1 & & & & & & & \\ & \ddots & & & & & & \\ & & 1 & & & & & \\ & & & c_k & s_k & & & \\ & & & -s_k & c_k & & & \\ & & & & & 1 & & \\ & & & & & & \ddots & \\ & & & & & & & 1 \end{bmatrix},$$

式中

$$c_k = \frac{h_{kk}^{(k)}}{r_k}, \quad s_k = \frac{h_{k+1,k}^{(k)}}{r_k}, \quad r_k = \sqrt{(h_{kk}^{(k)})^2 + (h_{k+1,k}^{(k)})^2},$$

于是

$$G_{k+1,k}H_k = \begin{bmatrix} r_1 & \cdots & h_{1,k}^{(k+1)} & h_{1,k+1}^{(k+1)} & \cdots & h_{1,n-1}^{(k+1)} & h_{1n}^{(k+1)} \\ & \ddots & & & & & \\ & & r_k & h_{k,k+1}^{(k+1)} & \cdots & h_{k,n-1}^{(k+1)} & h_{kn}^{(k+1)} \\ & & & h_{k+1,k+1}^{(k+1)} & \cdots & h_{k+1,n-1}^{(k+1)} & h_{k+1,n}^{(k+1)} \\ & & & h_{k+2,k+1}^{(k+1)} & \cdots & h_{k+2,n-1}^{(k+1)} & h_{k+2,n}^{(k+1)} \\ & & & & \ddots & \vdots & \vdots \\ & & & & & h_{n,n-1}^{(k+1)} & h_{nn}^{(k+1)} \end{bmatrix} := H_{k+1}.$$

因此, 最多作 $n-1$ 次 Givens 变换, 即得

$$G_{n,n-1}\cdots G_{32}G_{21}H = \begin{bmatrix} r_1 & h_{12}^{(n)} & h_{13}^{(n)} & \cdots & h_{1n}^{(n)} \\ & r_2 & h_{23}^{(n)} & \cdots & h_{2n}^{(n)} \\ & & r_3 & \cdots & h_{3n}^{(n)} \\ & & & \ddots & \vdots \\ & & & & r_n \end{bmatrix} = R.$$

因为 $G_{k,k-1}\,(k=2,\cdots,n)$ 均为正交阵, 故

$$H=G_{21}^{\mathrm{T}}G_{32}^{\mathrm{T}}\cdots G_{n,n-1}^{\mathrm{T}}R=QR,$$

式中, $Q=G_{21}^{\mathrm{T}}G_{32}^{\mathrm{T}}\cdots G_{n,n-1}^{\mathrm{T}}$ 仍为正交阵.

值得注意的是, 可以证明 $\widetilde{H}=RQ=Q^{\mathrm{T}}HQ$ 仍为上 Hessenberg 矩阵, 于是可按上述步骤一直迭代下去, 直到 H 正交相似于上三角矩阵或块上三角矩阵 (对角块为 1×1 或 2×2 矩阵) 为止, 从而求得矩阵 H 的全部特征值和相应的特征向量.

上 Hessenberg 矩阵 QR 分解的 MATLAB 程序如下:

```
function A=hessen_qrtran(A,m)
%本程序输入n阶上Hessenberg矩阵A,用Givens变换对其左上角m阶主子块进行QR分解,
%再作相似变换,最后输出变换后的上Hessenberg矩阵A
Q=eye(m);
for i=1:m-1
   xi=A(i,i); xk=A(i+1,i);
   if xk~=0
      d=sqrt(xi^2+xk^2);
      c=xi/d; s=xk/d;G=[c, s; -s, c];
      A(i:i+1,i:m)=G*A(i:i+1,i:m);
      Q(1:m,i:i+1)=Q(1:m,i:i+1)*G';
   end
end
%Q*A,%验证Q*R=A
A(1:m,1:m)=A(1:m,1:m)*Q;
```

例 7.6　利用程序将上 Hessenberg 矩阵 A 进行 QR 变换, 其中

$$A=\begin{bmatrix}2&3&5&7&8\\4&2&3&5&9\\0&8&3&6&2\\0&0&7&1&3\\0&0&0&6&9\end{bmatrix}.$$

解　编写脚本程序 ex76.m, 在 MATLAB 命令窗口输入 ex76 即得结果.

7.4.2 基本 QR 方法及原点位移 QR 方法

1. 基本 QR 方法

现在介绍求一般方阵全部特征值的 QR 方法. 令 $A_1 = A$, 对 A_1 作 QR 分解:

$$A_1 = Q_1 R_1,$$

然后令 $A_2 = R_1 Q_1$, 再对 A_2 作 QR 分解:

$$A_2 = Q_2 R_2,$$

并令 $A_3 = R_2 Q_2$, 这样下去就得到一个矩阵序列 $\{A_k\}$, 其产生过程可概述如下

$$\begin{cases} A_1 = A, \\ A_k = Q_k R_k, & k = 1, 2, \cdots. \\ A_{k+1} = R_k Q_k, \end{cases} \tag{7.44}$$

容易证明, A_{k+1} 与 A_k 相似, 故 $\{A_k\}$ 有相同的特征值.

在一定条件下, $\{A_k\}$ 本质上收敛于上三角矩阵 (或分块上三角矩阵). 若它们收敛于上三角矩阵, 则该上三角矩阵的对角元就是原矩阵 A 的全部特征值; 若收敛于分块上三角矩阵, 则这些分块矩阵的特征值也就是 A 的特征值.

由于当 A 为一般的实矩阵时, $\{A_k\}$ 的收敛速度较慢, 故在 QR 方法的实际应用中, 通常先将 A 化为相似的上 Hessenberg 矩阵, 再求特征值以加快收敛速度. 它的计算过程如下.

算法 7.5(基本 QR 方法)

步 1, 输入上 Hessenberg 矩阵 $A \in \mathbf{R}^{n\times n}$.

步 2, 记 $A_1 := A$. 对于 $k = 1, 2, \cdots$, 有

(1) $A_k = Q_k R_k$ (QR 分解);

(2) $A_{k+1} = Q_k^{\mathrm{T}} A_k Q_k = R_k Q_k$ (正交相似变换).

基本 QR 方法的 MATLAB 程序如下:

```
function [iter,D]=qr_eig(A,tol,N)
%用基本QR方法求n阶实方阵A的全部特征值
%输入:A为实对称矩阵,tol为控制精度,N为最大迭代次数
%输出:iter为迭代次数,D为A的全部特征值
%调用函数:mhessen.m,hessen_qrtran.m,eig-仅用于1,2矩阵
if nargin<3,N=500;end
if nargin<2,tol=1e-5;end
```

```
n=size(A,1);D=zeros(n,1);
i=n;m=n;iter=0;%初始化
A=mhessen(A);%化矩阵A为Hessenberg矩阵
while (iter<=N) %用基本QR方法进行迭代
    iter=iter+1;
    if m<=2
        la=eig(A(1:m,1:m));D(1:m)=la';break;
    end
  %对上Hessenberg矩阵作QR分解并作正交相似变换
  A=hessen_qrtarn(A,m);
  %下面的程序段判断是否终止
  for k=m-1:-1:1
      if abs(A(k+1,k))<tol
          if m-k<=2
             la=eig(A(k+1:m,k+1:m));
             j=i-m+k+1;D(j:i)=la';
             i=j-1;m=k;break;
          end
      end
  end
end
```

例 7.7　利用基本 QR 方法程序|qr_eig.m|,$求下列矩阵的全部特征值:

$$A=\begin{bmatrix} 3 & 2 & 3 & 4 & 5 & 6 & 7 \\ 11 & 1 & 2 & 3 & 4 & 5 & 6 \\ 2 & 8 & 9 & 1 & 2 & 3 & 4 \\ -4 & 2 & 9 & 11 & 13 & 15 & 8 \\ -1 & -2 & -3 & -1 & -1 & -1 & -1 \\ 3 & 2 & 3 & 4 & 13 & 15 & 8 \\ -2 & -2 & -3 & -4 & -5 & -3 & -3 \end{bmatrix}.$$

解　编制 MATLAB 脚本程序 ex77.m, 在命令窗口输入 ex77 即得结果.

下面分析基本 QR 方法的收敛性.

定义 7.4　若由 QR 方法产生的序列 $\{A_k\}$ 当 $k\to\infty$ 时收敛于分块上三角矩阵 (对角块为一阶或二阶子块), 则称 QR 方法是收敛的. 若序列 $\{A_k\}$ 当 $k\to\infty$ 时, 其对角元均收敛且严格下三角部分元素收敛于 0, 则称 $\{A_k\}$ 基本收敛到上三角矩阵.

值得注意的是, 基本收敛的概念并未指出 $\{A_k\}$ 严格上三角部分元素是否收敛. 但对求矩阵 A 的特征值而言, 基本收敛足够了.

算法 7.5 具有下列性质.

性质 7.1 在算法 7.5 中, 若记

$$\widetilde{Q}_k = Q_1 Q_2 \cdots Q_k, \quad \widetilde{R}_k = R_k R_{k-1} \cdots R_1, \tag{7.45}$$

显然 $\widetilde{Q}_k$ 为正交矩阵, $\widetilde{R}_k$ 为上三角矩阵. 则有

(1) Q_k 和 A_{k+1} 都是上 Hessenberg 矩阵;

(2) $A_{k+1} = \widetilde{Q}_k^{\mathrm{T}} A \widetilde{Q}_k \sim A$ (相似性); (7.46)

(3) $A^k = \widetilde{Q}_k \widetilde{R}_k$ (A 的 k 次幂 A^k 的 QR 分解). (7.47)

证明 结论 (1), (2) 易证. 用归纳法证明性质 (3). 当 $k=1$ 时, 有

$$A = A_1 = Q_1 R_1 = \widetilde{Q}_1 \widetilde{R}_1.$$

设 $A^{k-1} = \widetilde{Q}_{k-1} \widetilde{R}_{k-1}$, 则

$$\begin{aligned} A^k &= A(\widetilde{Q}_{k-1} \widetilde{R}_{k-1}) = \widetilde{Q}_{k-1} (\widetilde{Q}_{k-1}^{\mathrm{T}} A \widetilde{Q}_{k-1}) \widetilde{R}_{k-1} \\ &= \widetilde{Q}_{k-1} A_k \widetilde{R}_{k-1} = \widetilde{Q}_{k-1} Q_k R_k \widetilde{R}_{k-1} = \widetilde{Q}_k \widetilde{R}_k. \end{aligned}$$

□

注 7.3 性质 (1) 称为上 Hessenberg 形在 QR 变换下的不变性. 它的意义是, 算法 7.5 可以始终对上 Hessenberg 矩阵进行操作. 这时, QR 分解中每列的消元只要作一次 Givens 变换, 从而简化了 QR 变换的计算. 性质 (2) 表示, 由 QR 方法生成的矩阵序列 $\{A_k\}$ 保持原矩阵 A 的特征值不变. 性质 (3) 说明, QR 方法即 QR 变换过程, 实质上是对 A 的 k 次幂 A^k 进行 QR 分解的过程. 由此可见, QR 方法与幂法有内在的联系.

下面给出 QR 方法的一个最简单的收敛性定理, 它表明, 在一定条件下可以把 QR 方法看成幂法的推广. 为此, 先给出下面的引理.

引理 7.1 设 $Q = [q_1, Q_{n-1}] \in \mathbf{R}^{n\times n}$ 为正交矩阵, 其中 q_1 为 Q 的第 1 列. 对于矩阵 A, 若记

$$Q^{\mathrm{T}} A Q = \begin{bmatrix} q_1^{\mathrm{T}} A q_1 & \beta^{\mathrm{T}} \\ \alpha & C \end{bmatrix}, \quad 其中 \quad \alpha = Q_{n-1}^{\mathrm{T}} A q_1 \in \mathbf{R}^{n-1},$$

则有

$$\|\alpha\|_2 = \|Aq_1 - (q_1^{\mathrm{T}} A q_1) q_1\|_2. \tag{7.48}$$

证明 因为对任意的 $x \in \mathbf{R}^n$ 都有 $\|Q^{\mathrm{T}}x\|_2 = \|x\|_2$, 故

$$
\begin{aligned}
\|Aq_1 - (q_1^{\mathrm{T}}Aq_1)q_1\|_2 &= \|[q_1, Q_{n-1}]^{\mathrm{T}}[Aq_1 - (q_1^{\mathrm{T}}Aq_1)q_1]\|_2 \\
&= \left\| \begin{bmatrix} q_1^{\mathrm{T}}[Aq_1 - (q_1^{\mathrm{T}}Aq_1)q_1] \\ Q_{n-1}^{\mathrm{T}}[Aq_1 - (q_1^{\mathrm{T}}Aq_1)q_1] \end{bmatrix} \right\|_2 = \left\| \begin{bmatrix} 0 \\ \alpha \end{bmatrix} \right\|_2 = \|\alpha\|_2. \ \square
\end{aligned}
$$

定理 7.10 设对称矩阵 $A \in \mathbf{R}^{n\times n}$ 满足

$$|\lambda_1| > |\lambda_2| \geqslant \cdots \geqslant |\lambda_n| > 0,$$

对应的规范正交化特征向量为 $x_1, x_2, \cdots, x_n$. 如果单位坐标向量

$$e_1 = (1, 0, \cdots, 0)^{\mathrm{T}} = \sum_{i=1}^{n} \alpha_i x_i$$

中的 $\alpha_1 \neq 0$, 那么由算法 7.5 生成的矩阵序列 $\{A_k\}$ 具有收敛性质

$$\lim_{k\to\infty} A_k e_1 = \lambda_1 e_1. \tag{7.49}$$

证明 记 $\widetilde{Q}_k$ 的第 1 列为 $\widetilde{q}_1^{(k)} = \widetilde{Q}_k e_1$, $\widetilde{R}_k$ 的第 1 个对角元为 $\widetilde{r}_{11}^{(k)}$, 则由式 (7.47) 可知

$$A^k e_1 = \widetilde{Q}_k \widetilde{R}_k e_1 = \widetilde{Q}_k (\widetilde{r}_{11}^{(k)} e_1) = \widetilde{r}_{11}^{(k)} \widetilde{q}_1^{(k)}.$$

注意到 $\|\widetilde{q}_1^{(k)}\|_2 = 1$, $\widetilde{r}_{11}^{(k)} \neq 0$ (因矩阵 A 非奇异). 从而 $|\widetilde{r}_{11}^{(k)}| = \|A^k e_1\|_2$. 于是, 根据幂法的收敛性, 有

$$\lim_{k\to\infty} \widetilde{q}_1^{(k)} = \lim_{k\to\infty} \frac{A^k e_1}{\widetilde{r}_{11}^{(k)}} = z_1, \tag{7.50}$$

其中 z_1 为矩阵 A 的对应于 λ_1 的规范化特征向量 (可以相差一个常数因子 ± 1). 进而, 由式 (7.46), 可以把 A_{k+1} 写成

$$
\begin{aligned}
A_{k+1} &= \widetilde{Q}_k^{\mathrm{T}} A \widetilde{Q}_k = [\widetilde{q}_1^{(k)}, \widetilde{Q}_{k-1}]^{\mathrm{T}} A [\widetilde{q}_1^{(k)}, \widetilde{Q}_{k-1}] \\
&= \begin{bmatrix} a_{11}^{(k+1)} & * \\ \alpha^{(k+1)} & * \end{bmatrix},
\end{aligned}
$$

其中 $a_{11}^{(k+1)} = (\widetilde{q}_1^{(k)})^{\mathrm{T}} A \widetilde{q}_1^{(k)}$, $\alpha^{(k+1)} = (\widetilde{Q}_{k-1}^{(k)})^{\mathrm{T}} A \widetilde{q}_1^{(k)}$. 根据式 (7.50), 得

$$\lim_{k\to\infty} a_{11}^{(k+1)} = \lim_{k\to\infty} (\widetilde{q}_1^{(k)})^{\mathrm{T}} A \widetilde{q}_1^{(k)} = z_1^{\mathrm{T}} A z_1 = \lambda_1.$$

另一方面, 由引理 7.1, 得

$$\begin{aligned}\lim_{k\to\infty}\|\alpha^{(k+1)}\|_2 &= \lim_{k\to\infty}\|A\widetilde{q}_1^{(k)} - [(\widetilde{q}_1^{(k)})^{\mathrm{T}}A\widetilde{q}_1^{(k)}]\widetilde{q}_1^{(k)}\|_2 \\ &= \|Az_1 - [z_1^{\mathrm{T}}Az_1]z_1\|_2 = 0.\end{aligned}$$

因此, $\lim\limits_{k\to\infty}\alpha^{(k+1)} = 0$. 于是有

$$\lim_{k\to\infty}A_{k+1} = \begin{bmatrix}\lambda_1 & * \\ 0 & *\end{bmatrix},$$

即式 (7.49) 成立. □

作为定理 7.10 的推广, 有下面的收敛性结果.

定理 7.11 设 $A = X\Lambda X^{-1}$, 其中 $\Lambda = \mathrm{diag}(\lambda_1, \lambda_2, \cdots, \lambda_n)$. 如果

(1) $|\lambda_1| > |\lambda_2| > \cdots > |\lambda_n| > 0$; (2) X^{-1} 具有 LU 分解 $X^{-1} = LU$.

则 QR 方法基本收敛于上三角矩阵.

证明 由式 (7.46) 可知, 只需分析 $\widetilde{Q}_k$ 的极限情况. 而由式 (7.47), 只需分析 A^k 的极限情况. 注意到

$$A^k = X\Lambda^kX^{-1} = X\Lambda^kLU = X(\Lambda^kL\Lambda^{-k})\Lambda^kU.$$

令 $\Lambda^kL\Lambda^{-k} = I + E_k$, 则

$$A^k = X(I + E_k)\Lambda^kU.$$

由于 L 是单位下三角矩阵, 故

$$(E_k)_{ij} = \begin{cases}0, & i \leqslant j, \\ l_{ij}(\lambda_i/\lambda_j)^k, & i > j.\end{cases}$$

由假设条件 (1) 知, $E_k \to O$ 且 $(E_k)_{ij}$ 的收敛速度是 $|\lambda_i/\lambda_j|$.

设 $X = QR$ 且 R 的对角元均为正数, 则有

$$\begin{aligned}A^k &= QR(I + E_k)\Lambda^kU \\ &= Q(I + RE_kR^{-1})R\Lambda^kU.\end{aligned}$$

因为 $E_k \to O\,(k\to\infty)$, 故当 k 充分大时, $I + RE_kR^{-1}$ 非奇异, 所以有唯一的 QR 分解 $I + RE_kR^{-1} = \widehat{Q}_k\widehat{R}_k$ ($\widehat{R}_k$ 的对角元为正), 而且当 $k\to\infty$ 时, $\widehat{Q}_k \to I$, $\widehat{R}_k \to I$. 此时, A^k 有如下分解

$$A^k = (Q\widehat{Q}_k)(\widehat{R}_kR\Lambda^kU).$$

不难发现, 妨碍上式成为 A^k 的 QR 分解的仅仅是上式右端第 2 个因子 (上三角矩阵) 的对角元可能非正. 为补救这一点, 可引入两个对角正交矩阵

$$D_1=\mathrm{diag}\left(\frac{\lambda_1}{|\lambda_1|},\cdots,\frac{\lambda_n}{|\lambda_n|}\right),\quad D_2=\mathrm{diag}\left(\frac{U_{11}}{|U_{11}|},\cdots,\frac{U_{nn}}{|U_{nn}|}\right),$$

式中, $U_{ii}\,(i=1,2,\cdots,n)$ 为矩阵 U 的对角元. 于是

$$A^k=\left((Q\widehat{Q}_k)(D_2D_1^k)\right)\left(D_1^{-k}D_2^{-1}\widehat{R}_kR\Lambda^kU\right)$$

是 A^k 的唯一 QR 分解. 从而由式 (7.46), 有

$$A_{k+1}=\left(Q\widehat{Q}_kD_2D_1^k\right)^{\mathrm{T}}A\left(Q\widehat{Q}_kD_2D_1^k\right).$$

将 $A=X\Lambda X^{-1}=QR\Lambda R^{-1}Q^{-1}$ 代入上式, 得

$$A_{k+1}=\left(D_2D_1^k\right)^{\mathrm{T}}\left(\widehat{Q}_k^{-1}R\Lambda R^{-1}\widehat{Q}_k\right)\left(D_2D_1^k\right).$$

因为 $\widehat{Q}_k^{-1}R\Lambda R^{-1}\widehat{Q}_k\to R\Lambda R^{-1}\equiv\bar{R}$ (上三角矩阵), 所以 A_k 的对角线以下元素收敛于 0. 因为 D_1^k 可能不收敛, 故 A_k 基本收敛于 $\bar{R}$. □

2. 带原点位移的 QR 方法

定理 7.11 表明 A_k 的对角元 $a_{ii}^{(k)}\to\lambda_i\,(k\to+\infty)$. 从证明过程中可以看出 A_k 的下三角部分的元素趋于 0 的速度由 $k\to+\infty$ 时, $\widehat{Q}_k\to I$ 和 $\widehat{R}_k\to I$ 的速度, 亦即由 $E_k\to O$ 的速度所决定. 而从矩阵 E_k 的构成可以看出, E_k 的第 i 行元素趋于 0 的速度由 $|\lambda_i/\lambda_{i-1}|$ 决定, 第 i 列元素趋于 0 的速度由 $|\lambda_{i+1}/\lambda_i|$ 决定. 可以证明, A_k 的下三角部分的元素趋于 0 的情况也是这样. 所以 $a_{ii}^{(k)}\to\lambda_i$ 的速度由 A_k 的第 i 行和第 i 列的下三角部分的元素趋于 0 的速度确定, 这个速度即为 $O(\rho_i)$, 其中

$$\rho_i=\max\left\{\frac{|\lambda_i|}{|\lambda_{i-1}|},\ \frac{|\lambda_{i+1}|}{|\lambda_i|},\ \lambda_0=+\infty,\ \lambda_{n+1}=0\right\}.$$

在实际计算中, 线性收敛速度是不令人满意的, 特别是当 ρ_i 不算很小时, 收敛将是十分缓慢的. 为此, 将使用原点位移的方法进行加速. 现在 $\rho_n=|\lambda_n/\lambda_{n-1}|$, 如果将算法用于矩阵 $A-sI$, 则 $a_{nn}^{(k)}$ 将以商 $|\lambda_n-s|/|\lambda_{n-1}-s|$ 线性收敛于 λ_n-s. 当 s 是 λ_n 的一个较好的近似时, 收敛是很快的. 基于这个想法, 可构造原点位移 QR 方法如下.

算法 7.6(原点位移 QR 方法)

步 1, 输入上 Hessenberg 矩阵 $A \in \mathbf{R}^{n\times n}$.

步 2, 记 $A_1 := A$. 对于 $k = 1, 2, \cdots$,

(1) $A_k - s_k I = Q_k R_k$ (QR 分解);

(2) $A_{k+1} = Q_k^{\mathrm{T}} A_k Q_k = R_k Q_k + s_k I$ (正交相似变换),

其中, 由 A_k 到 A_{k+1} 的变换称为原点位移的 QR 变换.

与算法 7.5 相类似, 由此生成的矩阵序列 $\{A_k\}$ 和 $\{Q_k\}$ 都是上 Hessenberg 形, 并且 A_k 与 A 相似. 现在的问题是如何选择 s_k 使得收敛速度加快. 下面讨论一类特殊情形.

假设 $A \in \mathbf{R}^{n\times n}$ 满足定理 7.10 的条件, 并设由基本 QR 方法生成的 A_k 右下角 2 阶子矩阵

$$J_k = \begin{bmatrix} a_{n-1,n-1}^{(k)} & a_{n-1,n}^{(k)} \\ a_{n,n-1}^{(k)} & a_{n,n}^{(k)} \end{bmatrix} \tag{7.51}$$

的特征值为 $\lambda_{n-1}^{(k)}$ 和 $\lambda_n^{(k)}$, 则有

$$\lim_{k\to+\infty} a_{n,n}^{(k)} = \lambda_n, \quad \lim_{k\to+\infty} \lambda_{n-1}^{(k)} = \lambda_{n-1}, \quad \lim_{k\to+\infty} \lambda_n^{(k)} = \lambda_n. \tag{7.52}$$

下面考虑位移量 s_k 的取法. 因为矩阵 $A_k - s_k I$ 的特征值 $\mu_k = \lambda_k - s_k$, 所以, 如果取 $s_k \approx \lambda_n$, 那么在定理 7.10 的条件下, 有

$$\left|\frac{\mu_{k+1}}{\mu_k}\right| = \left|\frac{\lambda_{k+1} - \lambda_n}{\lambda_k - \lambda_n}\right| < \left|\frac{\lambda_{k+1}}{\lambda_k}\right|, \quad k = 1, 2, \cdots, n-1.$$

这表明算法 7.6 的收敛速度比算法 7.5 快. 因此, 由子矩阵 (7.51) 的收敛性质 (7.52), 位移量 s_k 有下列两种取法:

(1) $s_k = a_{nn}^{(k)}$;

(2) 当 $\lambda_{n-1}^{(k)}$ 和 $\lambda_n^{(k)}$ 为实数时, 取 s_k 为其中与 $a_{nn}^{(k)}$ 最接近的一个.

这两种位移策略特别适用于对称矩阵, 因为此时子矩阵 J_k 对称, 从而它的两个特征值都是实数. 可以证明, 采用这种位移策略的算法 7.6, A_k 基本收敛于上三角矩阵, 收敛是二阶的, 并且 $a_{n,n-1}^{(k)}$ 最先趋于零, 从而首先得到绝对值最小的特征值 λ_n.

7.4.3 双重步位移隐式 QR 方法

对于一般的实方阵 $A \in \mathbf{R}^{n\times n}$, 前面讨论的算法 7.5 和算法 7.6 都不太好. 首先, 这两种方法都是显式方法, 即每次迭代都需要明显地作矩阵的 QR 分解, 并用

所得到的正交矩阵作相似变换 (实际上是作三角矩阵与正交矩阵的乘积), 计算量和存储量都很大. 其次, 基本 QR 方法 (算法 7.5) 若收敛则是线性的, 而原点位移 QR 方法 (算法 7.6) 只有当特征值是实数时才有可能改善收敛性. 这是可以理解的, 因为这两种算法都是在实数域上进行运算, 因此当实矩阵 A 有复特征值时, 即使收敛也是很缓慢的.

理论分析和实际计算的经验表明: QR 迭代产生的矩阵序列右下角最先显露 A 的特征值. 在原点位移 QR 方法中正是利用这一特点来选取位移参数 s_k 的. 如果显露的是 A 的实特征值, 即 $a_{nn}^{(k)}$ 是 A 的较好的近似特征值时, 就可以简单地选取 $s_k = a_{nn}^{(k)}$. 然而, 如果显露的是 A 的复共轭特征值时, 即式 (7.51) 中的矩阵 J_k 的特征值是一对互相共轭的复数 μ_1 和 μ_2, 且与 A 的特征值比较接近时, 就应该选择 J_k 某一特征值 μ_i 作为位移参数. 但这样一来, 就引进了复运算, 而这是所不希望的.

实数运算的优点是, 计算简单, 工作量小. 为了用实数运算来求一般实方阵的全部特征值, 特别是复特征值, 可以引进双重步位移隐式 QR 方法. 它的基本思想是: 首先把原点位移推广到复数域 (当然包括实数), 并且每次迭代作两次原点位移的 QR 变换, 因此称为双重步 QR 方法, 这时的运算都可以是复数; 然后把这两次 QR 变换合在一起, 转化成实数运算, 并且构成隐式方法, 即不明显地进行 QR 变换. 它的优点是, 迭代过程都是实数运算, 原点位移加速了收敛性, 隐式方法可减少计算工作量并节省存储空间.

1. 双重步位移隐式 QR 变换

双重步位移隐式 QR 方法的核心是双重步位移隐式 QR 变换. 设矩阵 $A \in \mathbf{R}^{n\times n}$ 是不可约的上 Hessenberg 矩阵, 它的右下角的 2 阶子矩阵

$$\begin{bmatrix} a_{n-1,n-1} & a_{n-1,n} \\ a_{n,n-1} & a_{n,n} \end{bmatrix}$$

的特征值为 μ_1 和 μ_2, 它们可能都是实数, 也可能是一对共轭复数. 记

$$s = a_{n-1,n-1} + a_{n,n}, \quad t = a_{n-1,n-1}a_{n,n} - a_{n,n-1}a_{n-1,n},$$

s 和 t 都是实数, 则有

$$\mu_1 + \mu_2 = s, \quad \mu_1\mu_2 = t. \tag{7.53}$$

现在取 μ_1 和 μ_2 作为位移量, 作两次原点位移的 QR 变换:

$$\begin{cases} A - \mu_1 I = Q_1R_1,\ B = Q_1^*AQ_1 = R_1Q_1 + \mu_1 I, \\ B - \mu_2 I = Q_2R_2,\ C = Q_2^*BQ_2 = R_2Q_2 + \mu_2 I, \end{cases} \tag{7.54}$$

式中, Q_1, Q_2 为酉矩阵, 也是上 Hessenberg 矩阵; B 和 C 都是上 Hessenberg 矩阵; R_1 和 R_2 都是上三角矩阵. 双重步位移的 QR 变换 (7.54) 具有如下性质: 若记

$$H = (A - \mu_2 I)(A - \mu_1 I), \quad Q = Q_1 Q_2, \quad R = R_2 R_1, \tag{7.55}$$

其中 Q 为酉矩阵, R 为上三角矩阵, 则有

$$H = QR, \quad C = Q^* A Q. \tag{7.56}$$

事实上, 有

$$\begin{aligned} H &= (A - \mu_2 I)(A - \mu_1 I) = (A - \mu_2 I) Q_1 R_1 \\ &= Q_1 (Q_1^* A Q_1 - \mu_2 I) R_1 = Q_1 (B - \mu_2 I) R_1 \\ &= Q_1 (Q_2 R_2) R_1 = QR, \\ C &= Q_2^* B Q_2 = Q_2^* (Q_1^* A Q_1) Q_2 = Q^* A Q. \end{aligned}$$

进一步, 注意到

$$\begin{aligned} H &= A^2 - (\mu_1 + \mu_2) A + \mu_1 \mu_2 I = A^2 - sA + tI \\ &= \begin{bmatrix} h_{11} & \times & \times & \times & \cdots & \times \\ h_{21} & \times & \times & \times & \cdots & \times \\ h_{31} & \times & \times & \times & \cdots & \times \\ & \times & \times & \times & \cdots & \times \\ & & \ddots & \ddots & \ddots & \vdots \\ & & & \times & \times & \times \end{bmatrix} \end{aligned} \tag{7.57}$$

是实矩阵, 其中

$$\begin{cases} h_{11} = a_{11}^2 + a_{12} a_{21} - s a_{11} + t, \\ h_{21} = a_{21}(a_{11} + a_{22} - s), \\ h_{31} = a_{21} a_{32}. \end{cases} \tag{7.58}$$

所以式 (7.56) 的第 1 式 $H = QR$ 是实的 QR 分解, 即其中的酉矩阵 Q 必定是正交矩阵, R 必是实上三角矩阵. 从而式 (7.56) 的第 2 式为正交相似变换 $C = Q^{\mathrm{T}} A Q$.

综上所述, 为了确保计算得到的 C 仍为实矩阵, 根据式 (7.56), 自然考虑按如下的步骤来计算 C:

(1) 计算 $H = A^2 - sA + tI$;

(2) 计算 H 的 QR 分解 $H = QR$;

(3) 计算 C 的正交相似变换 $C = Q^{\mathrm{T}}AQ$.

然而, 如此计算的第 1 步形成 H 的运算量就为 $O(n^3)$, 这使得前面为减少每次迭代所需运算量所做的努力付之东流. 幸运的是, 定理 7.9 表明, 不论采取什么方法计算正交矩阵 $\widetilde{Q}$ 使得 $\widetilde{Q}^{\mathrm{T}}A\widetilde{Q} = \widetilde{C}$ 成为上 Hessenberg 矩阵, 只要保证 $\widetilde{Q}$ 的第 1 列与 Q 的第 1 列一样, 则 $\widetilde{C}$ 就与 C 在本质上是一样的 (所有元素的绝对值相等). 因此, 可以有很大的自由度去寻求更有效的方法来实现 A 到 C 的变换.

首先, 从式 (7.56) 的第 1 式 $H = QR$ 知, Q 的第 1 列与 H 的第 1 列共线, 即 Qe_1 由 He_1 单位化得到. 而由式 (7.57) 容易算出

$$He_1 = (h_{11}, h_{21}, h_{31}, 0, \cdots, 0)^{\mathrm{T}},$$

式中, h_{11}, h_{21}, h_{31} 由式 (7.58) 得出.

其次, 如果 Householder 变换 P_0 将 He_1 变为 αe_1, 即 $P_0(He_1) = \alpha e_1$, 其中 $\alpha \in \mathbf{R}$, 则易知, P_0 的第 1 列就与 He_1 共线, 从而 $P_0e_1 = Qe_1$. 而由 Householder 变换的性质, P_0 可按如下方式确定:

$$P_0 = \mathrm{diag}(\widetilde{P}_0, I_{n-3}),$$

其中

$$\widetilde{P}_0 = I_3 - \beta vv^{\mathrm{T}}, \quad \beta = 2/v^{\mathrm{T}}v,$$
$$v = (h_{11} + \alpha\mathrm{sign}(h_{11}), h_{21}, h_{31})^{\mathrm{T}}, \quad \alpha = \sqrt{h_{11}^2 + h_{21}^2 + h_{31}^2}.$$

现令

$$D_1 = P_0AP_0,$$

那么只要找到第 1 列为 e_1 的正交矩阵 $\widetilde{Q}$ 使 $\widetilde{Q}^{\mathrm{T}}D_1\widetilde{Q} = \widetilde{H}$ 为上 Hessenberg 矩阵, 则 $\widetilde{H}$ 就是希望得到的矩阵 C. 这只需确定 $n-1$ 个 Householder 变换 $P_1, \cdots, P_{n-1}$, 使

$$(P_{n-1} \cdots P_1)D_1(P_1 \cdots P_{n-1}) = \widetilde{H}$$

为上 Hessenberg 矩阵, 即有 $\widetilde{Q} = P_1 \cdots P_{n-1}$ 的第 1 列为 e_1. 而且由于 D_1 所具有的特殊性质, 实现这一约化过程所需的运算量仅为 $O(n^2)$.

事实上, 由于用 P_0 将 A 相似变换为 D_1 只改变了 A 的前三行和前三列, 故 D_1 具有如下形状, 即

$$D_1 = P_0 A P_0 = \begin{bmatrix} \times & \times & \times & \times & \cdots & \times & \times \\ \times & \times & \times & \times & \cdots & \times & \times \\ \oplus & \times & \times & \times & \cdots & \times & \times \\ \oplus & \oplus & \times & \times & \cdots & \times & \times \\ & & & \times & \cdots & \times & \times \\ & & & & \ddots & \vdots & \vdots \\ & & & & & \times & \times \end{bmatrix},$$

仅比上 Hessenberg 形多 3 个非零元 “$\oplus$”. 由 D_1 的这种特殊性, 易知用来约化 D_1 为上 Hessenberg 形的第一个 Householder 变换 P_1 具有如下形状, 即

$$P_1 = \mathrm{diag}(1, \widetilde{P}_1, I_{n-4}),$$

式中, $\widetilde{P}_1$ 为 3 阶 Householder 变换, 而且 $P_1 D_1 P_1$ 具有如下形状, 即

$$D_2 = P_1 D_1 P_1 = P_1 P_0 A P_0 P_1 = \begin{bmatrix} \times & \times & \times & \times & \cdots & \times & \times \\ \times & \times & \times & \times & \cdots & \times & \times \\ 0 & \times & \times & \times & \cdots & \times & \times \\ 0 & \oplus & \times & \times & \cdots & \times & \times \\ & \oplus & \oplus & \times & \cdots & \times & \times \\ & & & & \ddots & \vdots & \vdots \\ & & & & & \times & \times \end{bmatrix},$$

如此递推地进行下去, 不难发现, 第 k 次约化所用的 Householder 变换 P_k 具有如下形状, 即

$$P_k = \mathrm{diag}(I_k, \widetilde{P}_k, I_{n-k-3}),$$

其中 $\widetilde{P}_k$ 为 3 阶 Householder 变换, $k = 2, \cdots, n-3$, 而且 $D_{n-2} := P_{n-3} D_{n-3} P_{n-3}$ 具有如下形状

$$\begin{aligned} D_{n-2} &= P_{n-3} D_{n-3} P_{n-3} \\ &= P_{n-3} P_{n-4} \cdots P_1 D_1 P_1 \cdots P_{n-4} P_{n-3} \end{aligned}$$

$$
= \begin{bmatrix}
\times & \times & \times & \cdots & \times & \times \\
\times & \times & \times & \cdots & \times & \times \\
 & \times & \times & \cdots & \times & \times \\
 & & \ddots & \ddots & \vdots & \vdots \\
 & & & \times & \times & \times \\
 & & & \oplus & \times & \times
\end{bmatrix}.
$$

因此, 最后一次约化所用的 Householder 变换 P_{n-2} 具有如下形状, 即

$$
P_{n-1} = \mathrm{diag}(I_{n-2}, \widetilde{P}_{n-2}),
$$

式中, $\widetilde{P}_{n-2}$ 为 2 阶 Householder 变换. 而且 $D_{n-1} := P_{n-2}D_{n-2}P_{n-2}$ 具有如下形状, 即

$$
\begin{aligned}
D_{n-1} &= P_{n-2}D_{n-2}P_{n-2} \\
&= P_{n-2}\cdots P_1P_0AP_0P_1\cdots P_{n-2} \\
&= \begin{bmatrix}
\times & \times & \times & \cdots & \times & \times \\
\times & \times & \times & \cdots & \times & \times \\
 & \times & \times & \cdots & \times & \times \\
 & & \ddots & \ddots & \vdots & \vdots \\
 & & & \times & \times & \times \\
 & & & & \times & \times
\end{bmatrix} := D.
\end{aligned} \tag{7.59}
$$

这样, 就找到了一种由 A 到 C 的变换方法, 它既避免了复运算的出现, 又减少了运算量. 当然, 这一变换过程对 J_k 的两个特征值都是实数的情形也是可行的. 因此, 不必在选取位移参数时区别显露的是实特征值还是复共轭特征值的情形, 而只需取作 J_k 的两个特征值即可.

定理 7.12 由式 (7.59) 得到的矩阵 D "基本收敛" 于变换 (7.56) 中的矩阵 C.

证明 若记正交矩阵

$$
U = P_0P_1\cdots P_{n-2},
$$

则式 (7.59) 即为 $D = U^{\mathrm{T}}AU$. 易知, U 的第 1 列与 P_0 的第 1 列相同, 即

$$
Ue_1 = P_0e_1.
$$

另外, 用 Householder 变换对矩阵 H 作 QR 分解的过程是

$$\widetilde{P}_{n-1}\cdots\widetilde{P}_2\widetilde{P}_1H=R,$$

式中, $\widetilde{P}_1=P_0$. 对于 $i=2,\cdots,n-2$, 有

$$\widetilde{P}_i=\begin{bmatrix} I_{i-1} & & \\ & \widetilde{V}_i & \\ & & I_{n-i-2}\end{bmatrix},$$

式中, $\widetilde{V}_i\in\mathbf{R}^{3\times3}$ 为 Householder 矩阵.

当 $i=n-1$ 时, 有

$$\widetilde{P}_{n-1}=\begin{bmatrix} I_{n-2} & \\ & \widetilde{V}_{n-1}\end{bmatrix},$$

式中, $\widetilde{V}_{n-1}\in\mathbf{R}^{2\times2}$ 为 Householder 矩阵. 若记正交矩阵

$$Q=\widetilde{P}_1\widetilde{P}_2\cdots\widetilde{P}_{n-1}=P_0\widetilde{P}_2\cdots\widetilde{P}_{n-1},$$

则有 $H=QR$. 注意到 Q 的第 1 列

$$Qe_1=P_0e_1=Ue_1,$$

根据定理 7.9, 在化上 Hessenberg 形 $C=Q^{\mathrm{T}}AQ$ 的变换中, 矩阵 Q 和 C 本质上由 Q 的第 1 列唯一确定 (相差一个 1 或 -1 因子的意义下). 因此, 定理的结论成立. □

综上所述, 可得双重步位移的 QR 变换的迭代过程.

算法 7.7(双重步位移隐式 QR 变换)

步 1, 输入不可约上 Hessenberg 矩阵 $A=(a_{ij})\in\mathbf{R}^{n\times n}$.

步 2, $k:=0$; $m:=n-1$; $s:=a_{mm}+a_{nn}$;

$t:=a_{mm}a_{nn}-a_{mn}a_{nm}$;

$x:=a_{11}^2+a_{12}a_{21}-sa_{11}+t$;

$y:=a_{21}(a_{11}+a_{22}-s)$; $z:=a_{21}a_{32}$.

步 3, 若 $k=n-2$, 则转步 5; 否则, 确定 Householder 矩阵 $\widetilde{P}_k\in\mathbf{R}^{3\times3}$ 使

$$\widetilde{P}_k\begin{bmatrix}x\\y\\z\end{bmatrix}=\begin{bmatrix}*\\0\\0\end{bmatrix},$$

置 $A := P_kAP_k$, 其中 $P_k = \text{diag}(I_k, \widetilde{P}_k, I_{n-k-3})$.

步 4, 更新:

$$x := a_{k+2,k+1}, \quad y := a_{k+3,k+1}, \quad z := \begin{cases} a_{k+4,k+1}, & k < n-3, \\ 0, & k = n-3. \end{cases}$$

置 $k := k+1$, 转步 3.

步 5, 确定 Householder 矩阵 $\widetilde{P}_{n-2} \in \mathbf{R}^{2\times 2}$ 使

$$\widetilde{P}_{n-2}\begin{bmatrix} x \\ y \end{bmatrix} = \begin{bmatrix} * \\ 0 \end{bmatrix},$$

置 $A := P_{n-2}AP_{n-2}$, 其中 $P_k = \text{diag}(I_{n-2}, \widetilde{P}_{n-2})$. 迭代结束.

算法 7.7 的运算量是 $6n^2$. 如果需要把正交变换累积起来, 还需再增加运算量 $6n^2$.

双重步位移隐式 QR 变换的 MATLAB 程序如下:

```
function A=ddiqr_tran(A,n)
%双重步位移隐式QR变换.给定不可约n阶上Hessenberg矩阵A,其最后2×2阶主子矩阵
%有特征值a和b.本算法计算Q̂TAQ并覆盖A,这里Q=P_1...P_{n-2}是一系列Householder
%矩阵的积且Q̂T(A-aI)(A-bI)是上三角形矩阵.
I3=eye(3);I2=eye(2);s=A(n-1,n-1)+A(n,n);
t=A(n-1,n-1)*A(n,n)-A(n-1,n)*A(n,n-1);
x=A(1,1)^2+A(1,2)*A(2,1)-s*A(1,1)+t;
y=A(2,1)*(A(1,1)+A(2,2)-s);z=A(2,1)*A(3,2);
for k=0:n-3
   [v,beta]=mhouse([x,y,z]');q=max(1,k);
   A(k+1:k+3,q:n)=(I3-beta*v*v')*A(k+1:k+3,q:n);
   r=min(k+4,n);
   A(1:r,k+1:k+3)=A(1:r,k+1:k+3)*(I3-beta*v*v');
   x=A(k+2,k+1); y=A(k+3,k+1);
   if(k<n-3),z=A(k+4,k+1);end
end
[v,beta]=mhouse([x,y]');
A(n-1:n,n-2:n)=(I2-beta*v*v')*A(n-1:n,n-2:n);
A(1:n,n-1:n)=A(1:n,n-1:n)*(I2-beta*v*v');
```

2. 双重步位移隐式 QR 方法

前面的讨论已经解决了用 QR 方法求一个给定实矩阵的实 Schur 分解的几个关键性问题. 然而, 作为一种实用的算法, 还需给出一种有效的判定准则, 来判定迭代过程中所产生的上 Hessenberg 矩阵的次对角元素何时可以忽略不计. 一种简单而实用的准则是: 当

$$|a_{i+1,i}| \leqslant (|a_{ii}| + |a_{i+1,i+1}|)\varepsilon \tag{7.60}$$

时, 就将 $a_{i+1,i}$ 看作 0.

将算法 7.4 和算法 7.7 与收敛准则 (7.60) 结合起来, 就得到了双重步位移隐式 QR 方法. 这一算法是计算一给定的 n 阶实矩阵 A 实 Schur 分解: $Q^{\mathrm{T}}AQ = T$, 其中 Q 为正交矩阵, T 为拟上三角矩阵, 即对角块为 1×1 或 2×2 方阵的块上三角矩阵. 由于其中的 QR 变换不明显, 故称为隐式方法.

算法 7.8(双重步位移隐式 QR 方法)

步 1, 输入矩阵 $A = (a_{ij}) \in \mathbf{R}^{n\times n}$.

步 2, 上 Hessenberg 化. 用算法 7.4 计算 A 的上 Hessenberg 分解 $A := Q^{\mathrm{T}}AQ$.

步 3, 若满足收敛性准则, 停算; 否则返回步 2 继续进行双重步位移隐式 QR 迭代.

双重步位移隐式 QR 方法的 MATLAB 程序如下:

```
function [IT,D]=ddiqr_eig(A,tol)
%本程序用双重步位移隐式QR方法求实方阵的全部特征值
%输入:n阶实方阵A,控制精度tol(默认是1e-5)
%输出:迭代次数IT,A的全部特征值D
if nargin<2,tol=1e-5;end
n=size(A,1);D=zeros(n,1);i=n;m=n;IT=0;%初始化
[A]=hessenb(A);%化矩阵A为Hessenberg矩阵
while(m>0)
    %用双重步位移隐式QR方法进行迭代
    if m<=2
        la=eig(A(1:m,1:m));D(1:m)=la';break;
    end
    IT=IT+1;%记录迭代步数
    A=ddiqr_tran(A,m);%对上Hessenberg矩阵作QR分解,并作正交相似变换
    for k=m-1:-1:1 %下面的程序段判断是否终止
        if abs(A(k+1,k))<tol
            if m-k<=2
```

```
                la=eig(A(k+1:m,k+1:m));
                j=i-m+k+1;D(j:i)=la';
                i=j-1;m=k;break;
            end
        end
    end
end
```

例 7.8 用双重步位移隐式 QR 方法求例 7.7 中矩阵 A 的全部特征值.

解 编写 M 文件 ex78.m, 在 MATLAB 命令窗口输入 ex78 得

```
>> ex78
  算   法       迭代次数      CPU时间
  基本QR方法      622         0.0702
 双位移QR方法      8          0.0201
 基本QR方法特征值    双位移QR方法特征值
 18.4123 + 0.0000i  18.4123 + 0.0000i
 11.1805 + 0.0000i  11.1805 + 0.0000i
  1.7099 - 4.2522i   1.7099 - 4.2522i
  1.7099 + 4.2522i   1.7099 + 4.2522i
  4.4983 + 0.0000i  -2.2327 + 0.0000i
 -2.2327 + 0.0000i   4.4983 + 0.0000i
 -0.2783 + 0.0000i  -0.2783 + 0.0000i
```

3. 特征向量的计算方法

下面讨论在用 (双重步位移隐式) QR 方法求得给定矩阵的特征值之后, 如何求其对应的特征向量. 设 $A \in \mathbf{R}^{n\times n}$, 并假定已用 QR 方法求得 A 的特征值 λ 的一个近似 $\widetilde{\lambda}$. 现在讨论如何求对应于 λ 的特征向量.

目前, 解决这一问题最好的方法是带原点位移的反幂法 (也称为反迭代法、逆迭代法), 其基本迭代格式如下

$$(A-\alpha I)z^{(k)} = x^{(k-1)}, \tag{7.61a}$$

$$x^{(k)} = z^{(k)}/\|z^{(k)}\|_2, \quad k = 1, 2, \cdots, \tag{7.61b}$$

其中 α 为选定的位移参数, $x^{(0)}$ 为给定的初始向量.

从式 (7.61a) 可以看出, 每迭代一次就需要解一个线性方程组, 这要比幂法的运算量大得多. 但由于方程组的系数矩阵不随 k 变化, 故可事先对它进行列主元 LU 分解, 然后每次迭代只需解两个三角形方程组即可. 顺便指出, 式 (7.61b) 只

是为了防止迭代“溢出”而作的归一化处理, 在实际计算时可以用 $\|\cdot\|_\infty$ 进行归一化.

现假定 A 是非亏损的, 即存在 $X=[\xi_1,\xi_2,\cdots,\xi_n]\in\mathbf{C}^{n\times n}$ 非奇异, 使得

$$X^{-1}AX=\Lambda\equiv\operatorname{diag}\{\lambda_1,\lambda_2,\cdots,\lambda_n\}. \tag{7.62}$$

而且不失一般性, 还可以假设 $\|\xi_i\|_2=1\,(i=1,2,\cdots,n)$. 现将初始向量 $x^{(0)}$ 按 $\xi_1,\xi_2,\cdots,\xi_n$ 展开

$$x^{(0)}=\sum_{i=1}^{n}\beta_i\xi_i. \tag{7.63}$$

再假定 α 与 A 的特征值 λ_s 最靠近, 并有

$$0<|\alpha-\lambda_s|<|\alpha-\lambda_i|,\quad i\neq s, \tag{7.64a}$$

$$\beta_s\neq 0. \tag{7.64b}$$

由式 (7.61a)、式 (7.62) 和式 (7.63), 得

$$\begin{aligned} z^{(k)}&=\theta_k(A-\alpha I)^{-k}x^{(0)}\\ &=\theta_k\sum_{i=1}^{n}\beta_k(A-\alpha I)^{-k}\xi_i=\theta_k\sum_{i=1}^{n}\beta_k(\lambda_i-\alpha)^{-k}\xi_i\\ &=\theta_k\beta_s(\lambda_s-\alpha)^{-k}\left[\xi_s+\sum_{i\neq s}^{n}\left(\frac{\lambda_s-\alpha}{\lambda_i-\alpha}\right)^k\frac{\beta_i}{\beta_s}\xi_i\right]\\ &:=\theta_k\beta_s(\lambda_s-\alpha)^{-k}(\xi_s+u_k), \end{aligned} \tag{7.65}$$

其中 θ_k 为正数, 而 $u_k\to 0\,(k\to\infty)$, 其收敛速度依赖于

$$\frac{|\lambda_s-\alpha|}{\min\limits_{i\neq s}|\alpha-\lambda_i|}$$

的大小. 将式 (7.65) 代入式 (7.61b), 得

$$x^{(k)}=\frac{z^{(k)}}{\|z^{(k)}\|_2}=\frac{\eta_k}{\|\xi_s+u_k\|_2}(\xi_s+u_k),$$

其中

$$\eta_k=\frac{\theta_k\beta_s(\lambda_s-\alpha)^{-k}}{|\theta_k\beta_s(\lambda_s-\alpha)^{-k}|}=\frac{\beta_s}{|\beta_s|}\left(\frac{\lambda_s-\alpha}{|\lambda_s-\alpha|}\right)^{-k}$$

为满足 $|\eta_k| = 1$ 的复数. 从而有

$$\begin{aligned}\operatorname{dist}\big(x^{(k)}, \xi_s\big) &= \|\mathcal{P}_{x^{(k)}} - \mathcal{P}_{\xi_s}\|_2 = \|x^{(k)}(x^{(k)})^* - \xi_s\xi_s^*\|_2 \\ &= \left\| \frac{(\xi_s + u_k)(\xi_s + u_k)^*}{(\xi_s + u_k)^*(\xi_s + u_k)} - \xi_s\xi_s^* \right\|_2 \\ &\to 0, \quad k \to \infty,\end{aligned}$$

收敛速度依赖于 $|\lambda_s - \alpha|/\min\limits_{i\neq s}|\alpha - \lambda_i|$ 的大小. 换言之, 即 $x^{(k)}$ 将按方向收敛于 A 的特征向量. α 与 λ_s 越靠近, 收敛速度越快.

由此可见, 从收敛速度的角度来考虑, 用式 (7.61) 迭代时, 自然是 α 取得越靠近 A 的某个特征值越好. 但是, 当 α 与 A 的某个特征值很靠近时, $A - \alpha I$ 就很接近于一个奇异矩阵, 每一步迭代就需要解一个非常病态的线性方程组. 幸运的是理论分析以及大量的计算实践表明: $A - \alpha I$ 的病态性并不影响其收敛速度, 而且当 α 很靠近 A 的某个特征值时, 常常只需要一次迭代就可以得到相当好的近似特征向量. 为此, 下面进行简要的理论分析.

设 λ 是 A 的特征值, $z \in \mathbf{C}^n$ 满足 $\|z\|_2 = 1$. 定义

$$r = (A - \lambda I)z \tag{7.66}$$

为向量 z 的残差向量. 由式 (7.66), 得

$$(A - rz^*)z = \lambda z,$$

即 z 是矩阵 $A - rz^*$ 对应于 λ 的特征向量. 如果 $\|r\|_2$ 很小, 则 $\|rz^*\|_2$ 也会很小. 从而, 当 $\|r\|_2$ 很小时, z 就是 A 的对应于 λ 的一个很好的近似特征向量. 即可用 z 的残差向量大小来衡量 z 可否作为对应于 λ 的近似特征向量.

进一步, 假定

$$|\alpha - \lambda| = \min_{\widetilde{\lambda} \in \lambda(A)} |\alpha - \widetilde{\lambda}| \leqslant \varepsilon_1, \tag{7.67}$$

其中 ε_1 为很小的正数, 通常 $\varepsilon_1 = O(\epsilon)$; ϵ 为机器精度. 再假定对给定的初始向量 $x^{(0)}$, 用列主元 Gauss 消去法求解方程组 (7.61a) 得到向量 $z^{(1)}$ 的计算值 $\widetilde{z}^{(1)}$. 则由 Gauss 消去法的舍入误差分析结果可知

$$(A - \alpha I + E)\widetilde{z}^{(1)} = x^{(0)}, \tag{7.68}$$

式中, $\|E\|_2 \leqslant \varepsilon_2$ (通常 $\varepsilon_2 = O(\epsilon)$). 这样, 由式 (7.61b) 计算得

$$x^{(1)} = \widetilde{z}^{(1)}/\|\widetilde{z}^{(1)}\|_2, \tag{7.69}$$

这里忽略了计算 $x^{(1)}$ 所产生的误差.

利用式 (7.68), 可得向量 $x^{(1)}$ 的残差向量为

$$r=(A-\lambda I)x^{(1)}=(\alpha-\lambda)x^{(1)}-Ex^{(1)}+\frac{x^{(0)}}{\|\widetilde{z}^{(1)}\|_2}.$$

于是有

$$\|r\|_2\leqslant\varepsilon_1+\varepsilon_2+\|\widetilde{z}^{(1)}\|_2^{-1},\tag{7.70}$$

这里假定 $\|x^{(0)}\|_2=1$.

由此可见, 如果计算得到的 $\widetilde{z}^{(1)}$ 具有很大的范数, 则由式 (7.61) 迭代一次所得的向量就有很小的残差向量, 从而在特征值问题不是十分病态的条件下, 就得到了很好的近似特征向量. 因此, 只需说明在式 (7.67) 成立的前提下确有 $\widetilde{z}^{(1)}$ 的范数很大.

事实上, 设 $A-\alpha I+E$ 的奇异值分解为

$$A-\alpha I+E=U\Sigma V^*,\tag{7.71}$$

其中 $U=[u_1,u_2,\cdots,u_n]$; $V=[v_1,v_2,\cdots,v_n]$; $\Sigma=\mathrm{diag}(\sigma_1,\sigma_2,\cdots,\sigma_n)$, $\sigma_1\geqslant\sigma_2\geqslant\cdots\geqslant\sigma_n>0$. 由 $\lambda-\alpha$ 是矩阵 $A-\alpha I$ 的特征值, 得

$$\sigma_n(A-\alpha I)\leqslant|\lambda-\alpha|\leqslant\varepsilon_1,$$

其中 $\sigma_n(A-\alpha I)$ 为 $A-\alpha I$ 的最小奇异值. 则由特征值的分离理论, 有

$$\sigma_n\leqslant\sigma_n(A-\alpha I)+\|E\|_2\leqslant\varepsilon_1+\varepsilon_2.\tag{7.72}$$

将 $x^{(0)}$ 按 $u_1,u_2,\cdots,u_n$ 展开, 有

$$x^{(0)}=\sum_{i=1}^n\beta_iu_i,\quad\sum_{i=1}^n|\beta_i|^2=\|x^{(0)}\|_2^2=1.$$

从而有

$$\widetilde{z}^{(1)}=(A-\alpha I+E)^{-1}x^{(0)}=V\Sigma^{-1}U^*\left(\sum_{i=1}^n\beta_iu_i\right)=\sum_{i=1}^n\frac{\beta_i}{\sigma_i}v_i.\tag{7.73}$$

于是有

$$\|\widetilde{z}^{(1)}\|_2=\left(\sum_{i=1}^n\left|\frac{\beta_i}{\sigma_i}\right|^2\right)^{\frac{1}{2}}\geqslant\frac{|\beta_n|}{\sigma_n}\geqslant\frac{|\beta_n|}{\varepsilon_1+\varepsilon_2}.$$

这样一来, 只要 $|\beta_n|$ 不是很小 (即 $x^{(0)}$ 在 u_n 方向上不是十分亏损), $\|\tilde{z}^{(1)}\|_2$ 就会很大. 因此, 通常反幂法只需要迭代一次就足够了.

上述分析表明, 利用反幂法求特征向量时, 位移量 α 取为较精确的近似特征值最好. 此时, 一般只需要迭代一次就可以得到很好的近似特征向量. 因此, 通常总是在用某种方法求得 A 的近似特征值之后, 再利用反幂法求对应的特征向量. 连同 QR 方法一起来使用反幂法的基本步骤如下.

算法 7.9(特征向量的计算)

步 1, 输入矩阵 $A=(a_{ij})\in\mathbf{R}^{n\times n}$.

步 2, 上 Hessenberg 化. 用算法 7.4 计算 A 的上 Hessenberg 分解 $A:=Q^{\mathrm{T}}AQ$.

步 3, 用双重步位移隐式 QR 方法 (算法 7.7) 求出 A 的特征值, 而不累积正交变换矩阵.

步 4, 对每个计算得到的近似特征值 $\widetilde{\lambda}$, 在式 (7.61a) 和 (7.61b) 中取位移参数 $\alpha=\widetilde{\lambda}$ 进行迭代, 求出特征向量 z.

步 5, 计算 $x=Qz$ (则 x 就是对应于 $\widetilde{\lambda}$ 的近似特征向量).

算法 7.9 的 MATLAB 程序如下:

```
function [Lam,V,IT,ki]=ddiqr_eigvec(A,tol)
%用双重步位移隐式QR方法求实方阵的全部特征值和相应的特征向量
%输入:n阶实方阵A,控制精度tol(默认是1.e-5)
%输出:迭代次数IT,A的全部特征值Lam和特征向量V
if nargin<2,tol=1e-5;end
n=size(A,1);x=rand(n,1);%初始向量
Lam=zeros(n,1);V=zeros(n,n);%初始化
[A,Q]=mhessen(A);%调用上Hessenberg化程序
[IT,lam]=ddiqr_eig(A,tol);%调用双重步位移隐式QR方法求全部特征值
for i=1:n
    [lam,v,k]=mvpower(A,x,lam(i));%调用反幂法程序
    V(:,i)=v;ki(i)=k;Lam(i)=lam;
end
V=Q*V;%V的每一列为特征向量
```

例 7.9 用算法 7.9 求例 7.7 中矩阵 A 的全部特征值和特征向量.

解 编写脚本 M 文件 ex79.m, 然后在 MATLAB 命令窗口执行之, 得计算结果:

```
>> ex79
双位移QR方法结果      eig函数计算结果
18.4123 + 0.0000i  18.4123 + 0.0000i
```

```
11.1805 + 0.0000i  11.1805 + 0.0000i
 1.7099 - 4.2522i   4.4983 + 0.0000i
 1.7099 + 4.2522i   1.7099 + 4.2522i
-2.2327 + 0.0000i   1.7099 - 4.2522i
 4.4983 + 0.0000i  -2.2327 + 0.0000i
-0.2783 + 0.0000i  -0.2783 + 0.0000i
iter =
     8
ki =
     2    2    2    2    2    2    2
err =
   9.2754e-06
```

特征向量存放在返回变量 V 中, 可以查看结果.

习 题 7

7.1 设 $A \in \mathbf{R}^{m\times n}$, $B \in \mathbf{R}^{n\times m}$. 试证明: 矩阵 AB 与 BA 具有相同的非零特征值.

7.2 设 $A \in \mathbf{R}^{n\times n}$, $\xi \pm \mathrm{i}\eta$ 为 A 的一对共轭特征值, 对应的特征向量为 $x \pm \mathrm{i}y$, 其中 $\xi, \eta \in \mathbf{R}$, $\eta \neq 0$, $x, y \in \mathbf{R}^n$. 试证明:

(1) x 与 y 线性无关;

(2) 存在正交矩阵 $Q \in \mathbf{R}^{n\times n}$, 使满足 $Q^{\mathrm{T}}AQ = \begin{bmatrix} P & S \\ O & T \end{bmatrix}$, 其中 $P \in \mathbf{R}^{2\times 2}$.

7.3 矩阵的任一特征值及其相应的特征向量称为矩阵的一个特征对. 设 (λ, v) 是矩阵 A 的特征对, 试证明:

(1) 对于任意的常数 α, 则 $(\lambda - \alpha, v)$ 是矩阵 $A - \alpha I$ 的特征对;

(2) 若 $\lambda \neq 0$, 则 $(1/\lambda, v)$ 是矩阵 A^{-1} 的特征对;

(3) 若 $\alpha \neq \lambda$, 则 $(1/(\lambda - \alpha), v)$ 是矩阵 $(A - \alpha I)^{-1}$ 的特征对.

7.4 设 $A \in \mathbf{C}^{n\times n}$. 对于给定的非零向量 $x \in \mathbf{C}^n$, 定义

$$\rho(x) = \frac{x^* A x}{x^* x},$$

称为 x 对 A 的 Rayleigh 商. 试证明: 对任意的非零向量 $x \in \mathbf{C}^n$, 有

$$\|Ax - \rho(x)x\|_2 = \inf_{\mu \in \mathbf{C}} \|Ax - \mu x\|_2.$$

7.5 设 A 为奇异的不可约上 Hessenberg 矩阵. 试证明: 进行一次基本的 QR 迭代后, A 的零特征值将出现.

7.6 设 $A, B \in \mathbf{R}^{n\times n}$, $C = A + \mathrm{i}B$, $\mathrm{i} = \sqrt{-1}$, $M = \begin{bmatrix} A & -B \\ B & A \end{bmatrix}$.

(1) 证明 C 为 Hermite 矩阵的充分必要条件是 M 为实对称矩阵;

(2) 指出 C 的特征值和特征向量与 M 的特征值和特征向量的关系.

7.7　设 A 为实对称矩阵, $\{A_k\}$ 是按算法 7.3 (Jacobi 方法) 产生的矩阵序列, 记

$$S(A_k)=\sum_{\substack{i,j=1\\ i\neq j}}^{n}\left[a_{ij}^{(k)}\right]^2,$$

证明:

$$\lim_{k\to\infty}S(A_k)=0.$$

7.8　设

$$A=\begin{bmatrix}(A_{11})_{3\times 3} & O_{3\times 2}\\ O_{2\times 3} & (A_{22})_{2\times 2}\end{bmatrix}.$$

又设 λ_i 为 A_{11} 的特征值, λ_j 为 A_{22} 的特征值, $x_i=(\alpha_1,\alpha_2,\alpha_3)^{\mathrm T}$ 是 A_{11} 对应于 λ_i 的特征向量, $y_j=(\beta_1,\beta_2)^{\mathrm T}$ 是 A_{22} 对应于 λ_j 的特征向量. 求证:

(1) λ_i 和 λ_j 是 A 的特征值;

(2) $\bar{x}_i=(\alpha_1,\alpha_2,\alpha_3,0,0)^{\mathrm T}$ 是 A 对应于 λ_i 的特征向量, $\bar{y}_j=(0,0,0,\beta_1,\beta_2)^{\mathrm T}$ 是 A 对应于 λ_j 的特征向量.

7.9　设 A 为不可约对称三对角矩阵, 对其实行 QR 方法时, 每个迭代矩阵 $A_k=Q_kR_k$, $k=0,1,\cdots$, 其中 $A_0=A$. 试证明:

(1) $R_k=(r_{ij})$ 为上三角矩阵, 且只有 r_{ij}, $i\leqslant j\leqslant i+2$, $i,j=1,2,\cdots,n$ 可能不为零;

(2) Q_k 为不可约上 Hessenberg 矩阵;

(3) A_{k+1} 仍为不可约对称三对角矩阵.

7.10　设 $A\in\mathbf{C}^{n\times n}$ 有实特征值且满足 $\lambda_1>\lambda_2\geqslant\cdots\geqslant\lambda_{n-1}>\lambda_n$. 现应用幂法于矩阵 $A-\mu I$, 试证明: 选择 $\mu=\dfrac{1}{2}(\lambda_2+\lambda_n)$ 时, 所产生的向量序列收敛到属于 λ_1 的特征向量的速度最快.

7.11　设 $A\in\mathbf{C}^{n\times n}$, $x\in\mathbf{C}^n$, 且 $X=[x,Ax,\cdots,A^{n-1}x]$. 试证明: 若 X 非奇异, 则 $X^{-1}AX$ 为上 Hessenberg 矩阵.

7.12　设 A 是上 Hessenberg 矩阵, 其列主元 LU 分解为 $PA=LU$, 这里 P 是置换矩阵, L 为单位下三角矩阵, U 为上三角矩阵. 试证明: $\widetilde{A}=U(P^{\mathrm T}L)$ 仍为上 Hessenberg 矩阵, 并且相似于 A.

参 考 文 献

蔡大用. 1987. 数值代数. 北京: 清华大学出版社.

曹志浩. 1996. 数值线性代数. 上海: 复旦大学出版社.

谷同祥, 安恒斌, 刘兴平, 等. 2015. 迭代方法和预处理技术 (上册). 北京: 科学出版社.

谷同祥, 徐小文, 刘兴平, 等. 2016. 迭代方法和预处理技术 (下册). 北京: 科学出版社.

何旭初, 孙文瑜. 1991. 广义逆矩阵引论. 南京: 江苏科学技术出版社.

胡家赣. 1991. 线性代数方程组的迭代解法. 北京: 科学出版社.

蒋尔雄. 2008. 矩阵计算. 北京: 科学出版社.

李大明. 2010. 数值线性代数. 北京: 清华大学出版社.

马昌凤, 柯艺芬, 唐嘉, 等. 2017. 数值线性代数与算法 (MATLAB 版). 北京: 国防工业出版社.

孙继广. 1987. 矩阵扰动分析. 北京: 科学出版社.

王国荣. 1994. 矩阵与算子广义逆. 北京: 科学出版社.

魏木生. 2006. 广义最小二乘问题的理论和计算. 北京: 科学出版社.

徐树方, 高立, 张平文. 2013. 数值线性代数. 2 版. 北京: 北京大学出版社.

张凯院, 徐仲. 2006. 数值代数. 2 版. 北京: 科学出版社.

Bai Z Z, Golub G H, Ng M K. 2003. Hermitian and skew-Hermitian splitting methods for non-Hermitian positive definite linear systems. SIAM J. Matrix Anal. Appl., 24(3): 603-626.

Bai Z Z, Golub G H, Pan J Y. 2004. Preconditioned Hermitian and skew-Hermitian splitting methods for non-Hermitian positive semidefinite linear systems. Numer. Math., 98(1): 1-32.

Golub G H, Van Loan C F. 2011. Matrix Computations. 3rd ed (中译本). 袁亚湘, 等译. 北京: 人民邮电出版社.

Saad Y. 2003. Iterative Methods for Sparse Linear Systems. 2nd ed. Philadelphia: SIAM.

Varga R S. 2000. Matrix Iterative Analysis. 2nd ed. New York: Springer.

Young D M. 1971. Iterative Solution of Large Linear Systems. New York: Academic Press.

本书程序